（2023年版）

国网河南省电力公司35～220kV变电站
通用造价（预算分册）

国网河南省电力公司
国网河南省电力公司经济技术研究院 组编

中国电力出版社
CHINA ELECTRIC POWER PRESS

图书在版编目（CIP）数据

国网河南省电力公司 35～220kV 变电站通用造价. 预算分册：2023 年版/国网河南省电力公司，国网河南省电力公司经济技术研究院组编. —北京：中国电力出版社，2023.12
ISBN 978-7-5198-8458-1

Ⅰ. ①国… Ⅱ. ①国… ②国… Ⅲ. ①变电所－电力工程－工程造价－预算－河南 Ⅳ. ①TM63

中国国家版本馆 CIP 数据核字（2023）第 242886 号

出版发行：中国电力出版社
地　　址：北京市东城区北京站西街 19 号（邮政编码 100005）
网　　址：http://www.cepp.sgcc.com.cn
责任编辑：邓慧都（010-63412636）
责任校对：黄　蓓　常燕昆
装帧设计：张俊霞
责任印制：石　雷

印　　刷：中国电力出版社有限公司
版　　次：2023 年 12 月第一版
印　　次：2023 年 12 月北京第一次印刷
开　　本：880 毫米×1230 毫米　16 开本
印　　张：13
字　　数：477 千字
定　　价：468.00 元（含 1DVD）

《国网河南省电力公司35～220kV变电站通用造价（预算分册）（2023年版）》

《国网河南省电力公司35～220kV变电站通用造价（预算分册）（2023年版）》

《国网河南省电力公司 35～220kV 变电站通用造价（预算分册）（2023 年版）》

编 写 人 员

第一篇　总论

审　　定：周　怡

审　　核：李大鹏

编　　写：李凌云　李旭阳　李勇杰　甘景双　牛　鑫　康艳芳
郭晓菡　卫　璞　徐焓娱　武东亚　徐　扬　胡　鑫
程佳璐　王　晶

第二篇　国网河南省电力公司 35～220kV 变电站通用方案、子模块说明及通用造价指标

审　　定：徐京哲

审　　核：李大鹏

编　　写：李旭阳　李凌云　路晓军　郭　雷　周铁军　尚永常
付瑞芝　康礼彦　张俊波　王文峰　高纪云　王　岩
杨　敏　任宗强　邵亚南

第三篇　国网河南省电力公司 35～220kV 变电站通用方案、子模块通用造价

第 8 章　220kV 变电站通用方案 HA-220-A2-10 通用造价

编 写 单 位：国网河南能源互联网电力设计院有限公司

审　　定：王红训

设计总工程师：张正华

校　　　　核：逯云峰　牛庆亮　杨建华

编　　　　写：李　伦　金　蕊　董立淑　窦新燕　张林涛　顾晓伟

肖巍巍　王　晓　杨　博　张子璇

第9章　220kV变电站通用方案HA-220-A3-2通用造价

编 写 单 位：国网河南能源互联网电力设计院有限公司

审　　　　定：王　璐

设计总工程师：张正华

校　　　　核：李　伦　逯云峰　李　化

编　　　　写：陈凯凯　董立淑　金　蕊　程　健　石国良　赵继彤

都全红　后　鹏　张　瑾　秦子暄

第10章　220kV变电站通用方案HA-220-B-1通用造价

编 写 单 位：河南经纬电力设计咨询有限公司

审　　　　定：陈　晨

设计总工程师：宋晓帆

校　　　　核：殷　毅　董平先　周　正

编　　　　写：薛文杰　翟育新　宋景博　白萍萍　王　卿　王顺然

闫向阳　宋文卓　郭　放　赵　冲

第11章　110kV变电站通用方案HA-110-A2-3通用造价

编 写 单 位：郑州祥和电力设计有限公司

审　　　　定：朱　勇

设计总工程师：白由柯

校　　　　核：叶　华

编　　　　写：王乐怡　王　丹　王桐桐　彭新惠　樊鑫鑫　陈天元

刘雅馨

第 12 章　110kV 变电站通用方案 HA-110-A3-3 通用造价

编 写 单 位：漯河汇力电力勘察设计有限公司

审　　　　定：樊贺伟

设计总工程师：赵　胜

校　　　　核：杨红涛　郑沛豪　赵晓慧

编　　　　写：赵　胜　刘　斌　王占京　程爱萍　李春风　赵蕊蕊

肖　燕　徐秋丽　沈明辉　马润植

第 13 章　110kV 变电站通用方案 HA-110-B-1 通用造价

编 写 单 位：许昌鲲鹏电力设计咨询有限公司

审　　　　定：张少辉

设计总工程师：孙　嘉

校　　　　核：张莎莎　李德峰　朱占坡

编　　　　写：郭少林　孙晓辉　田玉龙　王建立　李旭阳　杨玉珍

郝占宾

第 14 章　110kV 变电站通用方案 HA-110-B-3 通用造价

编 写 单 位：新乡华源电力勘察设计有限公司

审　　　　定：杨增涛

设计总工程师：焦　坦

校　　　　核：高　倩　尚怡轩

编　　　　写：王湘晖　李　怡　任友新　赵　军　杨雅慧

第 15 章　35kV 变电站通用方案 HA-35-E3-1 通用造价

编 写 单 位：洛阳电力勘察设计有限公司

审　　　　定：李　建

设计总工程师：王绍辉

校　　　　核：刘丽平　薛　隆　相　力

编　　　　写：侯玉红　李　雯　刘晓楠　李宾卓　王莹莹　姚　辉

周雪霏　郭艳玲　岳浩然

前　言

为全面推进河南电网工程造价标准化，深化应用国家电网有限公司输变电工程通用造价成果，国网河南省电力公司组织国网河南省电力公司 35～220kV 变电站通用造价修编，实现造价标准一致、深度统一，提升造价管理水平，从源头推进电网高质量建设和精益管控。

国网河南省电力公司 35～220kV 变电站通用造价的修编是落实国家电网有限公司“六精四化”要求和坚持“合理造价、合理依据、合理程序、精准高效控制”原则的具体体现，保证通用造价作为电网项目可行性研究、工程初步设计、集中规模招标和工程竣工结算等工作支撑标准的时效性、权威性。

本版通用造价是在国网河南省电力公司 2020 年版通用造价和最新版通用设计实施方案的基础上，优化完善典型方案，按照新的设计规程规范、建设标准和现行的概预算编制依据编制完成。

本书是《国网河南省电力公司 35～220kV 变电站通用造价 预算分册（2023 年版）》，共分为三篇，第一篇为总论，包括通用造价的目的和意义、总体原则、工作方式和过程、编制依据、编制范围等内容；第二篇为国网河南省电力公司 35～220kV 变电站通用方案、子模块说明及通用造价指标；第三篇为国网河南省电力公司 35～220kV 变电站通用方案、子模块通用造价，包括各通用方案、子模块的技术条件，主要设备材料表，建筑工程量表，预算书。

由于编者水平有限，不妥之处在所难免，敬请各位读者批评指正。

编　者

2023 年 7 月

目　　录

第一篇　总　　论

第1章　概　　述

1.1　目的和意义

为深入推进河南电网工程造价管理标准化，用造价高质量管理保障电网高质量发展，国网河南省电力公司坚持“合理造价、合理依据、合理程序、精准高效控制”原则，深化应用国家电网有限公司输变电工程通用造价成果，在国网河南省电力公司2020年版通用造价和最新版通用设计施工图实施方案的基础上修编完成了2023年版国网河南省电力公司35～220kV变电站通用造价。

通用造价是通用设计、通用设备、通用造价、标准化工艺（“三通一标”）的重要组成部分。国网河南省电力公司35～220kV变电站通用造价对促进国网河南省电力公司造价标准化、合理控制造价水平、提高投资效益具有重要作用。修编通用造价是贯彻落实国家电网有限公司“精打细算控造价”的重要举措，有利于提高通用造价的时效性、权威性，提高工程造价精益化管理水平。

（1）修编通用造价是国网河南省电力公司对国家电网有限公司输变电工程通用造价的深化应用，是精准管控造价、践行“六精四化”的具体体现。

（2）修编通用造价是为了适应电网高质量建设需求，实现工程造价可控、在控的具体举措。

（3）修编通用造价是国网河南省电力公司基建标准化管理体系的重要建设内容，也是实现造价标准统一、内容深度统一的基础支撑。

（4）通用造价为河南电网项目可行性研究、工程初步设计等工作的开展创造有利条件。

修编国网河南省电力公司35～220kV变电站通用造价的目的是：

（1）统一工程造价标准，控制工程投资，降低电网工程建设和运行成本，合理评价工程的技术经济指标水平。

（2）方便设备材料招标，加快设计、评审的进度，提高电网工程建设效率。

（3）为电网高质量建设创造有利条件。

1.2　工作思路

修编国网河南省电力公司35～220kV变电站通用造价的基本思路是：全面贯彻国家电网有限公司变电站模块化建设要求，以国网河南省电力公司通用方案设计为基础，通过分析原有典型方案适应性，结合国网河南省电力公司实际工程建设管理需要，优化提出既能满足当前建设要求又具有一定超前性的典型方案，按照新设计规程规范、新建设标准和现行的预算编制依据，统筹考虑安全、技术、经济、社会、环境效益等因素，制定国网河南省电力公司通用造价标准，实现变电站造价标准化，为工程建设管理提供决策依据。

（1）根据国网河南省电力公司35～220kV变电站通用设计施工图实施方案，确定通用造价方案和子模块。

（2）研究确定国网河南省电力公司变电站通用造价方案、子模块的边界条件和通用造价的编制依据等。

（3）研究确定用于国网河南省电力公司变电站通用造价编制的主设备、主材料价格。

（4）对确定后的35～220kV变电站通用造价方案、子模块编制预算。

1.3　主要变化

本次通用造价修编较2020年版通用造价的主要变化如下：

（1）增加方案类型。本次通用造价较2020年版新增了220kV、110kV半户内方案，即HA-220-A3-2、HA-110-A3-3，并将2020年版110kV HGIS方案拆分为2个方案，即HA-110-B-1、HA-110-B-3，方案更具普遍性和指导意义。

（2）优化技术条件。本次通用造价按照《国网河南省电力公司 35～220kV 变电站通用设计施工图实施方案》最新版技术条件编制，充分考虑了绿色建造、防洪涝设计提升、智能辅助控制系统等新技术要求，更加适应电网技术进步、政策调整和市场变化。

（3）更新计价依据。本次通用造价根据最新的设备材料价格、人材机调整系数等计价依据进行编制，反映了当前的价格水平，更具时效性。

1.4 适用范围

本次修编的国网河南省电力公司 35～220kV 变电站通用造价适用于国网河南省电力公司 35～220kV 变电站 8 个通用方案，具有较好的实用性和指导性。

第2章 通用造价编制与应用总体原则

2.1 编制总体原则

国网河南省电力公司 35～220kV 变电站通用造价修编按照“方案典型、结合实际，标准统一、造价合理，边界清晰、模块全面，使用灵活、简洁适用”的总体原则开展。

修编通用造价认真贯彻落实国家电网有限公司“安全可靠、优质适用、性价合理”电网工程建设的总体标准，设备为国内或合资厂家技术先进、质量优良、性能价格比优的标准设备；结合河南实际情况选择通用设计方案；更新最新设计标准；按照现行的预算编制依据重新编制通用造价。

（1）方案典型，结合实际。以国网河南省电力公司通用设计方案为基础，结合国网河南省电力公司实际工程建设管理需要，优化提出既能满足当前建设要求又具有一定超前性的典型方案，最终确定 8 个常用的通用设计方案编制通用造价，较 2020 年版通用造价新增 3 个方案。

（2）标准统一，造价合理。统一国网河南省电力公司变电站通用造价的编制原则、编制深度和编制依据，按照国家电网有限公司总体建设标准，综合考虑工程建设实际情况，实现合理造价。

（3）边界清晰，模块全面。国网河南省电力公司变电站通用造价明确界定各通用方案和子模块的边界条件，编制了通用方案和子模块的造价，最大限度满足变电站工程设计方案需要，增强通用造价的适应性和灵活性。

（4）使用灵活，简洁适用。国网河南省电力公司变电站通用造价包括通用方案和子模块造价。通过灵活组合，计算出实际工程边界条件范围内相对应的通用造价水平，有助于实现工程造价可控、在控。

2.2 应用总体原则

国网河南省电力公司 35～220kV 变电站通用造价在推广应用中应与通用设计方案相协调，从工程实际出发，充分考虑电网工程技术进步、国家政策等影响工程造价的各类因素，有效控制工程造价。

（1）处理好与通用设计方案的关系。国网河南省电力公司变电站通用造价是在通用设计方案的基础上，按照工程造价管理的要求，根据现行的概预算编制依据进行编制。同时增加了子模块造价，实际工程规模变化时可灵活调整。通用造价与通用设计方案的侧重点不同，但编制原则、技术条件一致，因此，在应用中可根据两者的特点，相互补充利用。

（2）因地制宜，全面加强造价管控。国网河南省电力公司变电站通用造价按照国网河南省电力公司通用设计施工图实施方案界定的边界条件，并按照《电网工程建设预算编制与计算规定（2018 年版）》确定了每个方案及模块的各类费用的具体造价，对于该部分费用，在实际工程设计、评审、管理中必须严格把关；对于建设场地征用及清理费等未计列的费用，应结合工程实际情况进行合理的计列和控制。

（3）滚动发展，与时俱进。本次修编是根据国网河南省电力公司通用设计施工图实施方案最新版，综合考虑国家有关工程建设标准和造价编制依据编制的。国网河南省电力公司将按照新的设计规程规范、建设标准和概预算编制依据，定期对通用造价成果进行滚动修编，使通用造价及时适应电网技术进步、政策调整、市场变化，不断满足工程建设实际工作需要，助力造价精准高效管控。

第 3 章　通用造价编制工作过程及成果

3.1　工作方式

国网河南省电力公司 35～220kV 变电站通用造价修编按照“统一组织、分工明确、定期协调、严格把关”的总体工作方式开展。

（1）统一组织。为加强编制工作的组织协调，确保工作质量和进度，2023 年 1 月成立国网河南省电力公司 35～220kV 变电站通用造价编制工作组。

归口管理：国网河南省电力公司建设部。

牵头单位：国网河南省电力公司经济技术研究院。

成员单位：河南九域博慧方舟咨询发展有限公司、河南经纬电力设计咨询有限公司、郑州祥和电力设计有限公司、国网河南能源互联网电力设计院有限公司、新乡华源电力勘察设计有限公司、许昌鲲鹏电力设计咨询有限公司、漯河汇力电力勘察设计有限公司、洛阳电力勘察设计有限公司。

（2）分工明确。对通用造价编制工作进行了明确的分工。

国网河南省电力公司建设部统一组织，协调并督导各参与单位按照分工开展工作，总体把握工作要求及进度，负责总体协调。

国网河南省电力公司经济技术研究院负责通用造价编制总体工作，具体负责 110～220kV 变电站通用造价推进实施。

河南九域博慧方舟咨询发展有限公司负责 35kV 变电站通用造价推进实施。

各电力设计院负责各通用造价的具体编制工作，按照确定的深度和计划，保质保量完成各阶段成果；按照工作计划承办集中工作及评审会议，并按照反馈的审查意见开展修订工作。

（3）定期协调。为了保证通用造价的进度安排，多次召开协调会和评审会，通过定期召开协调会，检查工作进展，推进整个工作的顺利开展，确保在统一的技术原则下编制工作按期完成。

（4）严格把关。为保证通用造价编制工作的质量，对技术边界条件、编制依据等关键环节进行严格把关，对每个关键环节组织研讨与评审，通过每一步工作质量的把关，确保最终成果的科学性、合理性。

3.2　工作过程

国网河南省电力公司 35～220kV 变电站通用造价编制工作分为确定技术方案组合、编制完善设计技术导则和通用造价编制依据、编制通用设计方案通用造价、中间审查及征求意见、形成并完善设计和造价成果等阶段。

（1）确定技术方案组合，明确工作分工。2023 年 1 月，根据国网河南省电力公司历年通用设计方案、通用造价使用需求，并结合国网河南省电力公司未来 5 年发展情况确定了国网河南省电力公司 35～220kV 新建变电站 8 个常用的通用设计方案（3 个 220kV 方案、4 个 110kV 方案、1 个 35kV 方案）。经讨论、评审后确定各模块主要建设规模、接线形式、布置方式等主要技术条件。

（2）编制技术导则，确定通用造价编制依据。参考国家电网有限公司通用设计方案技术导则，结合国网河南省电力公司 35～220kV 变电站建设特点，并经各专业讨论深化、细化设计后，经专家组评审后修改完善形成技术导则。结合以往概预算编制依据的各类原则，进行整合及更新，确定通用造价编制依据。

（3）编制通用设计方案通用造价。2023 年 2～4 月，选取 HA-220-A2-10、HA-220-A3-2、HA-220-B-1、HA-110-A2-3、HA-110-A3-3、HA-110-B-1、HA-110-B-3、HA-35-E3-1 共 8 个通用设计方案作为国网河南省电力公司常用设计方案（涵盖全户内、半户内、户外 HGIS）。在全省范围内筛选每个方案的依托工程，并结合工程实际情况编制通用造价。

（4）审查通用造价及统稿。2023 年 5～6 月，先后召开 3 次评审会，经编制单位内部校核、交叉互查、省内广泛征求意见后，修改、完善并形成适用于国网河南省电力公司的通用造价。2023 年 7 月，召开统稿会，统一专业划分、技术方案和条件、出版格式等，形成通用造价成果。

第 4 章　通用造价编制依据和相关说明

国网河南省电力公司 35～220kV 变电站通用造价编制严格执行国家有关法律法规、电力行业基本建设预算管理制度、规定和计价依据，以 2023 年为价格水平基准年，结合实际工程情况，确定通用造价编制依据。预算书的编制深度和内容符合《电网工程建设预算编制与计算规定（2018 年版）》要求，编制方法执行《输变电工程施工图预算（综合单价法）编制规定》。

4.1　编制依据

（1） 工程量根据《国网河南省电力公司 35～220kV 变电站通用设计施工图实施方案》最新版设计说明、施工图纸及设备材料清册，按照预算工程量计算规则进行计算。

（2） 项目划分及取费标准执行《电网工程建设预算编制与计算规定（2018 年版）》（国能发电力〔2019〕81 号）。

（3） 定额使用《电力建设工程预算定额（2018 年版）第一册　建筑工程（上册、下册）》《电力建设工程预算定额（2018 年版）第三册　电气设备安装工程》《电力建设工程预算定额（2018 年版）第六册　调试工程》《电力建设工程预算定额（2018 年版）第七册　通信工程》。

（4） 预算编制执行《输变电工程施工图预算（综合单价法）编制规定》（国家电网企管〔2019〕698 号）。

（5） 装置性材料价格执行《电力建设工程装置性材料预算价格（2018 年）》及《电力建设工程装置性材料综合预算价格（2018 年）》（中电联定额〔2020〕44 号），并根据《电力工程造价与定额管理总站关于发布 2021 年电力建设工程装置性材料综合信息价的通知》（定额〔2022〕16 号）进行调整。

（6） 定额人工费、材料和施工机械费价差调整执行《国家电网有限公司电力建设定额站转发电力工程造价与定额管理总站关于发布 2018 版电力建设工程概预算定额 2022 年度价格水平调整的通知等六个文件》（国家电网电定〔2023〕3 号）。

（7） 设备价格参照国家电网有限公司 2022 年第四季度电网工程设备材料信息价计列，不足部分参照近期同类工程设备、材料招标价计列。

（8） 社会保险费和住房公积金缴费费率执行《关于河南省电网工程建设预算社会保险费和住房公积金缴费费率计列的规定》（豫电定〔2021〕1 号），社会保险费费率按 26.80%计取，住房公积金缴费费率按 12%计取。

（9） 安全文明施工费执行《电力工程造价与定额管理总站关于调整安全文明施工费的通知》（定额〔2023〕9 号）。

（10）项目后评价费、管理车辆购置费计列原则执行《国家电网公司关于印发加强输变电工程其他费用管理意见的通知》（国家电网基建〔2013〕1434 号）。

（11）建筑材料市场价按郑州地区 2022 年第四季度信息价计列。

（12）增值税税率执行《国家电网有限公司电力建设定额站转发电力工程造价与定额管理总站关于调整电力工程计价依据增值税税率的通知》（国家电网电定〔2019〕17 号），按 9%计取。

（13）工程造价为静态投资。

4.2　编制依据的相关说明

国网河南省电力公司 35～220kV 变电站通用造价编制工作通过广泛调研，结合河南地区实际，明确了变电站技术条件，确定了编制原则和依据、费用设定，并进行了必要、适当的条件假定和取费标准（费率）设定、费用范围设定。具体如下：

（1） 各通用方案的技术条件同《国网河南省电力公司 35～220kV 变电站通用设计施工图实施方案》最新版保持一致，主接线型式、配电装置型式、出线规模、二次保护配置等条件参见各通用方案的技术条件一览表。

（2） 站址条件的假定及设计预定条件。

1） 工程地质和水文地质：站区设计动峰值加速度为 0.15g，按 7 度抗震设防烈度设计，地基承载力特征值 f_{ak}=150kPa。

2） 其他条件：设计风速 27m/s，海拔 1000m 以下。

3） 假定场地统一标高为±0.00m。

（3） 取费标准（费率）设定。

1） 项目的取费原则上依据现行规定，如前编制原则和依据所述。

2） 建筑、安装工程费取费基数及费率按河南地区计列。

3） 主要设备运杂费率按 0.5%，普通设备运杂费率按 0.7%。

（4） 费用范围设定。费用范围仅包含变电站零米以上、围墙以内有标准化技术方案部分的费用。未计列的费用主要如下：

1） 建筑工程费：未计列建筑物土方开挖及基础费用（HA-220-A2-10、HA-220-A3-2、HA-110-A2-3、HA-35-E3-1方案计列建筑物土方开挖及基础费用），未计列深井费用、场地平整费用、挡土墙等特殊构筑物费用、地基处理费用以及站外道路、站外排水、站外水源、站外电源等与站址有关的费用。

2） 安装工程费：通信部分考虑预留机房屏位、进站光缆通道，未计列光通信设备及进站光缆费用。

3） 其他费用：未计列建设场地征用及清理费、项目前期工作费、知识产权转让与研究试验费、勘察设计费、环境监测及环境保护验收费、水土保持监测及验收费、特种设备安全监测费、桩基检测费、生产职工培训及提前进场费。

具体预算书详见光盘。

第5章 通用造价编制内容

国网河南省电力公司35～220kV变电站通用造价是在《国网河南省电力公司35～220kV变电站通用设计施工图实施方案》最新版基础上，结合现行的预算编制依据进行编制的。编制内容如下：

（1）确定通用方案。根据《国网河南省电力公司35～220kV变电站通用设计施工图实施方案》最新版中选定的8个方案为通用方案，分别为220kV变电站HA-220-A2-10方案、HA-220-A3-2方案和HA-220-B-1方案，110kV变电站HA-110-A2-3方案、HA-110-A3-3方案、HA-110-B-1方案和HA-110-B-3方案，35kV变电站HA-35-E3-1方案。

（2）确定子模块。贯彻模块化设计思想，制定各模块的边界条件和划分原则，形成增加一台主变压器子模块、各电压等级增减一回出线子模块、增减一组电容器子模块等15个子模块。

（3）明确技术条件。明确通用方案和子模块的技术条件，规定技术条件表现形式及技术条件组合方案。

（4）统一设备材料表、工程量表的深度和格式。明确通用方案、子模块设计深度，规定设备材料和建筑工程量表内容深度及格式。

（5）统一通用造价编制依据。根据国家法律、法规、现行概预算管理制度研究统一通用造价编制依据，并结合依据边界条件和划分原则确定工程费用。

（6）编制通用造价。根据各通用方案、子模块的设计和通用造价编制依据，编制预算书（静态投资）。

第二篇　国网河南省电力公司 35～220kV 变电站通用方案、子模块说明及通用造价指标

第 6 章　35～220kV 变电站通用方案及模块划分说明

6.1　通用方案划分

国网河南省电力公司 35～220kV 变电站通用造价中通用方案以《国网河南省电力公司 35～220kV 变电站通用设计施工图实施方案》最新版为基础，重点突出影响变电工程造价水平的技术条件。

国网河南省电力公司 35～220kV 变电站通用方案主要技术条件见表 6-1。

表 6-1　35～220kV 变电站通用方案主要技术条件汇总表

序号	方案编号	建设规模（本期/终期）	接线形式	总布置及配电装置	围墙内占地面积（hm^2）/总建筑面积（m^2）
1	HA-220-A2-10	主变压器：2/3×240MVA； 220kV 出线：4/6 回； 110kV 出线：8/14 回； 10kV 出线：28/42 回； 10kV 电容器：每台主变压器 3/3 组； 10kV 电抗器：每台主变压器 2/2 组	220kV：本期及终期双母线接线； 110kV：本期及终期双母线接线； 10kV：本期单母线三分段接线，终期单母线四分段接线	全户内一幢楼布置，主变压器户内布置； 一层布置主变压器、220kV GIS、110kV GIS、10kV 开关柜（双列布置）及并联电抗器、二次设备；二层布置接地变压器及消弧线圈成套装置、10kV 电容器； 220kV 全电缆出线；110kV 全电缆出线； 各电压等级间隔层设备下放布置，公用及主变压器二次设备布置在二次设备室	0.6332/4996
2	HA-220-A3-2	主变压器：1/3×180MVA； 220kV 出线：4/6 回； 110kV 出线：6/12 回； 10kV 出线：12/36 回； 10kV 电器：每台主变压器 4/4 组	220kV：本期及终期双母线接线； 110kV：本期及终期双母线接线； 10kV：本期单母线接线，终期单母线三分段接线	两幢楼平行布置，主变压器户外布置； 220kV 配电装置楼：一层布置 GIS（4 回架空、2 回电缆）、电容器，局部二层布置电容器； 110kV 配电装置楼：一层布置开关柜、接地变压器及消弧线圈成套装置，二层布置 GIS（4 回架空、8 回电缆）及二次设备	0.7353/2787.65
3	HA-220-B-1	主变压器：1/3×180MVA； 220kV 出线：4/6 回； 110kV 出线：4/12 回； 10kV 出线：8/24 回； 10kV 电容器：每台主变压器 4/4 组	220kV：本期及终期双母线接线； 110kV：本期及终期双母线接线； 10kV：本期单母线接线，终期单母线三分段接线	220、110kV 及主变压器场地平行布置； 220kV 户外悬吊管型母线、HGIS 设备单列布置； 110kV 户外悬吊管型母线、HGIS 设备单列布置； 10kV 户内开关柜双列布置； 10kV 电容器户外双列布置； 接地变消弧线圈成套装置户内布置； 站控层设备、间隔层设备、交直流一体化电源柜、通信柜等均集中布置于二次设备室	1.5052/839.21
4	HA-110-A2-3	主变压器：1/3×63MVA； 110kV 出线：2/4 回； 10kV 出线：14/42 回； 10kV 电容器：每台主变压器 2/2 组	110kV：本期及终期单母线分段接线； 10kV：本期单母线接线，终期单母线四分段接线	全户内一幢楼双层布置，主变压器户内布置； 一层布置主变压器、110kV GIS、10kV 开关柜（双列布置）、接地变压器及消弧线圈成套装置；二层布置二次设备、蓄电池、10kV 电容器； 110kV 全电缆出线； 各电压等级间隔层设备下放布置，公用及主变压器二次设备布置在二次设备室	0.34/1988.3

续表 6-1

序号	方案编号	建设规模（本期/终期）	接线形式	总布置及配电装置	围墙内占地面积（hm^2）/总建筑面积（m^2）
5	HA-110-A3-3	主变压器：1/3×50MVA； 110kV 出线：2/4 回； 10kV 出线：10/30 回； 10kV 电容器：每台主变压器 2/2 组	110kV：本期及终期单母线分段接线； 10kV：本期单母线接线，终期单母线三分段接线	半户内一幢楼布置，主变压器户外布置； 110kV：户内 GIS，架空+电缆出线； 10kV：户内开关柜	0.369/906.6
6	HA-110-B-1	主变压器：1/3×50MVA； 110kV 出线：2/4 回； 35kV 出线：3/6 回； 10kV 出线：8/26 回； 10kV 电容器：每台主变压器 2/2 组	110kV：本期单母线接线，终期单母线分段接线； 35kV：本期单母线接线，终期单母线分段接线； 10kV：本期单母线接线，终期单母线三分段接线	主变压器户外布置； 110kV 及主变压器场地平行布置； 110kV 户外 HGIS，架空出线，设置 1 个Ⅱ型预制舱； 35kV 户内开关柜单列布置，全电缆出线； 10kV 户内开关柜双列布置，全电缆出线； 10kV 电容器一列式户外布置； 站用变压器、消弧线圈户外布置	0.4521/636.82
7	HA-110-B-3	主变压器：1/3×50MVA； 110kV 出线：2/4 回； 10kV 出线：10/30 回； 10kV 电容器：每台主变压器 2/2 组	110kV：本期单母线接线，终期单母线分段接线； 10kV：本期单母线接线，终期单母线三分段接线	主变压器户外布置； 110、10kV 及主变压器场地平行布置； 110kV 户外 HGIS，架空出线，设置 1 个Ⅱ型预制舱； 10kV 户内开关柜双列布置，全电缆出线； 10kV 电容器一列式户外布置； 站用变压器、消弧线圈户外布置	0.4131/475.91
8	HA-35-E3-1	主变压器：1×10/2×20MVA； 35kV 出线：2/4 回； 10kV 出线：6/16 回； 10kV 电容器：每台主变压器 2/2 组	35kV：本期及终期单母线分段接线； 10kV：本期单母线接线，终期单母线分段接线	主变压器户外布置； 35kV 户内开关柜单列布置，全电缆出线； 10kV 开关柜户内双列布置，全电缆出线； 10kV 电容器一列式户外布置； 站用变压器、消弧线圈户外布置	0.1938/448

6.2 子模块划分

本次变电站通用造价中的子模块按增加一台主变压器（HA-220-A2-10 为增减一台主变压器）、各电压等级增减一回出线、增减一组电容器、增减一组 10kV 电抗器原则划分。

子模块边界按包含相关的电气一次、二次控制、保护设备、土建（设备支架、绝缘地坪、相间电缆沟、相间内道路等）原则确定。同等型式的配电装置子模块可以根据具体情况相互调用。具体子模块汇总表见表 6-2。

表 6-2　　35～220kV 变电站工程子模块汇总表

序号	方案编号	子模块编号	子模块内容	适用范围
1	HA-220-A2-10	HA-220-A2-10-ZB	增减一台主变压器（240MVA 主变压器）	HA-220-A2-10
2		HA-220-A2-10-220	增减一回 220kV 电缆出线	HA-220-A2-10、HA-220-A3-2
3		HA-220-A2-10-10C	增减一组 10kV 电容器	HA-220-A2-10、HA-220-A3-2、HA-220-B-1
4		HA-220-A2-10-10L	增减一组 10kV 电抗器	HA-220-A2-10、HA-220-A3-2、HA-220-B-1
5	HA-220-B-1	HA-220-B-1-ZB	增加一台主变压器（180MVA 主变压器）	HA-220-B-1、HA-220-A3-2
6		HA-220-B-1-220	增减一回 220kV 架空出线	HA-220-B-1、HA-220-A3-2
7		HA-220-B-1-110	增减一回 110kV 架空出线	HA-220-B-1、HA-220-A3-2
8	HA-110-A2-3	HA-110-A2-3-ZB	增加一台主变压器（63MVA 主变压器）	HA-110-A2-3
9		HA-110-A2-3-110	增减一回 110kV 电缆出线	HA-110-A2-3、HA-220-A2-10、HA-220-A3-2、HA-110-A3-3
10		HA-110-A2-3-10	增减一回 10kV 电缆出线	所有方案
11		HA-110-A2-3-10C	增减一组 10kV 电容器	HA-110-A2-3、HA-110-A3-3、HA-110-B-1、HA-110-B-3
12	HA-110-B-1	HA-110-B-1-ZB	增加一台主变压器（50MVA 主变压器），三绕组变压器	HA-110-B-1
13		HA-110-B-1-110	增减一回 110kV 架空出线	HA-110-B-1、HA-110-B-3
14		HA-110-B-1-35	增减一回 35kV 电缆出线	HA-110-B-1
15	HA-110-B-3	HA-110-B-3-ZB	增加一台主变压器（50MVA 主变压器），双绕组变压器	HA-110-B-3、HA-110-A3-3
16	HA-35-E3-1	HA-35-E3-1-ZB	增加一台主变压器（10MVA 主变压器）	HA-35-E3-1

第 7 章　通用造价指标

根据变电站工程通用造价编制依据，分别对每个通用方案和子模块，编制完整的施工图预算，并计算单位容量造价。各通用方案和子模块通用造价指标分别见表 7-1 和表 7-2。

表 7-1　　35～220kV 变电站工程通用方案造价指标一览表　　金额单位：万元

序号	方案编号	建设规模	建筑工程费	设备购置费	安装工程费	其他费用	静态投资	单位投资（元/kVA）
1	HA-220-A2-10	户内 GIS 变电站，2/3×240MVA； 220kV：GIS 配电装置，4/6 回； 110kV：GIS 配电装置，8/14 回； 10kV：户内开关柜，28/42 回	3433	6239	1573	784	12029	251
2	HA-220-A3-2	半户内 GIS 变电站，1/3×180MVA； 220kV：GIS 配电装置，4/6 回； 110kV：GIS 配电装置，6/12 回； 10kV：户内开关柜，12/36 回	2205	4277	1196	533	8211	456
3	HA-220-B-1	户外 HGIS 变电站：1/3×180MVA； 220kV：HGIS 配电装置，4/6 回； 110kV：HGIS 配电装置，4/12 回； 10kV：户内开关柜，8/24 回	1653	3600	1152	444	6849	381
4	HA-110-A2-3	户内 GIS 变电站，1/3×63MVA； 110kV：GIS 配电装置，2/4 回； 10kV：户内开关柜，14/42 回	1271	1329	394	282	3276	520
5	HA-110-A3-3	半户内 GIS 变电站，1/3×50MVA； 110kV：GIS 配电装置，2/4 回； 10kV：户内开关柜，10/30 回	710	1370	324	193	2597	519
6	HA-110-B-1	户外 HGIS 变电站，1/3×50MVA； 110kV：HGIS 配电装置，2/4 回； 35kV：户内开关柜，3/6 回； 10kV：户内开关柜，8/26 回	560	1395	321	169	2445	489
7	HA-110-B-3	户外 HGIS 变电站：1/3×50MVA； 110kV：HGIS 配电装置，2/4 回； 10kV：户内开关柜，10/30 回	496	1277	283	151	2207	441
8	HA-35-E3-1	半户内变电站：1×10/2×20MVA； 35kV：户内开关柜，2/4 回； 10kV：户内开关柜，6/16 回	338	524	124	89	1075	1075

表 7-2　　35～220kV 变电站工程子模块造价指标一览表　　金额单位：万元

序号	方案编号	子模块编号	子模块内容	建筑工程费	设备购置费	安装工程费	其他费用	静态投资
1	HA-220-A2-10	HA-220-A2-10-ZB	增减一台主变压器（240MVA 主变压器）	138	1357	300	90	1885
2		HA-220-A2-10-220	增减一回 220kV 电缆出线		209	29	11	249
3		HA-220-A2-10-10C	增减一组 10kV 电容器		26	13	2	41
4		HA-220-A2-10-10L	增减一组 10kV 电抗器		85	14	3	102
5	HA-220-B-1	HA-220-B-1-ZB	增加一台主变压器（180MVA 主变压器）	84	1182	187	63	1516
6		HA-220-B-1-220	增减一回 220kV 架空出线	17	229	58	17	321
7		HA-220-B-1-110	增减一回 110kV 架空出线	8	97	36	12	153
8	HA-110-A2-3	HA-110-A2-3-ZB	增加一台主变压器（63MVA 主变压器）	13	448	134	34	629
9		HA-110-A2-3-110	增减一回 110kV 电缆出线		85	22	7	114

续表 7-2

序号	方案编号	子模块编号	子模块内容	建筑工程费	设备购置费	安装工程费	其他费用	静态投资
10		HA-110-A2-3-10	增减一回 10kV 电缆出线		10	2		12
11		HA-110-A2-3-10C	增减一组 10kV 电容器		26	11	1	38
12	HA-110-B-1	HA-110-B-1-ZB	增加一台主变压器（50MVA 主变压器），三绕组变压器	26	481	104	32	643
13		HA-110-B-1-110	增减一回 110kV 架空出线	3	101	20	7	131
14		HA-110-B-1-35	增减一回 35kV 电缆出线		22	5	2	29
15	HA-110-B-3	HA-110-B-3-ZB	增加一台主变压器（50MVA 主变压器），双绕组变压器	26	430	82	29	567
16	HA-35-E3-1	HA-35-E3-1-ZB	增加一台主变压器（10MVA 主变压器）	6	138	56	16	216

第三篇　国网河南省电力公司 35～220kV 变电站通用方案、子模块通用造价

第 8 章　220kV 变电站通用方案 HA-220-A2-10 通用造价

8.1　通用方案

本通用方案技术条件，根据《国网河南省电力公司 35～220kV 变电站通用设计施工图实施方案》最新版中方案 HA-220-A2-10 确定，即主变压器采用 2×240MVA 三相三绕组有载调压变压器，电压等级采用 220/110/10kV，220、110kV 均采用户内 GIS 设备，10kV 为户内开关柜。

本方案技术条件组合在本书中列表表示，变电站具体设计内容可参见已出版的通用设计配套图书。

8.1.1　主要技术条件

本方案主要技术条件包括变电站电气部分、土建部分等内容，具体见表 8-1。

表 8-1　通用方案 HA-220-A2-10 技术条件

序号	项目名称	工程技术条件
一	电气部分	
1	主变压器	220/110/10kV 三相三绕组有载调压变压器，本期 2 台 240MVA 变压器，终期 3 台 240MVA 变压器
2	出线回路数	
2.1	220kV	本期 4 回，终期 6 回，电缆出线
2.2	110kV	本期 8 回，终期 14 回，电缆出线
2.3	10kV	本期 28 回，终期 42 回，电缆出线
3	无功补偿装置	10kV 并联电容器，本期配置 6 组 8000kvar，终期配置 9 组 8000kvar； 10kV 并联电抗器，本期配置 4 组 10000kvar，终期配置 6 组 10000kvar
4	电气主接线	
4.1	220kV	本期双母线接线，终期双母线接线
4.2	110kV	本期双母线接线，终期双母线接线
4.3	10kV	本期单母线三分段接线，终期单母线四分段接线
5	短路电流水平	220、110、10kV 短路电流水平分别为 50、40、40/31.5kA
6	主要设备选型	
6.1	主变压器	户内、油浸、低损耗、自然油循环风冷型三相三绕组有载调压变压器
6.2	断路器	220kV 采用户内 GIS 设备，110kV 采用户内 GIS 设备
6.3	隔离开关	220kV 采用户内 GIS 设备，110kV 采用户内 GIS 设备
6.4	互感器	220kV 电流互感器采用电磁式，内置于 GIS 中；110kV 电流互感器采用电磁式，内置于 GIS 中；220kV 母线采用三相电磁式电压互感器；220kV 出线采用单相电磁式电压互感器，内置于 GIS 中；110kV 母线采用三相电磁式电压互感器，内置于 GIS 中；110kV 出线采用单相电磁式电压互感器，内置于 GIS 中
6.5	避雷器	220、110、10kV 避雷器采用氧化锌避雷器
6.6	10kV 开关柜	10kV 采用户内配电装置成套开关柜，真空或 SF_6 断路器

续表 8-1

序号	项目名称	工程技术条件
6.7	站用变压器	10kV 采用消弧线圈接地变压器成套装置
6.8	无功补偿装置	10kV 电容器采用户内框架式电容器补偿装置，串联电抗器电抗率按 5%考虑；10kV 电抗器采用户内干式铁芯电抗器
7	配电装置	
7.1	220kV 配电装置	220kV 采用户内 GIS 布置，采用全电缆出线和主变压器电缆进线方式
7.2	110kV 配电装置	110kV 采用户内 GIS 布置，采用全电缆出线和主变压器电缆进线方式
7.3	10kV 配电装置	10kV 采用中置式开关柜，户内双列布置，电容器组、电抗器采用户内布置
8	控制及远动	
8.1	计算机监控系统	一套：完成全站监控及远传，实现无人值班
		主机/操作员站 2 套
		Ⅰ区数据通信网关机柜：2 台通信网关机兼图形网关机，组一面柜
		Ⅱ区数据通信网关机柜：2 台Ⅱ区通信网关机
		Ⅳ区数据通信网关机柜：1 台Ⅳ区通信网关机
		综合应用服务器柜：含 1 台综合应用服务器
		智能防误主机 1 台，组 1 面柜
		公用测控柜：含 2 台公用测控装置
		10kV 公用测控柜：含 2 台公用测控装置，组柜布置于 10kV 配电小室
		主变压器测控柜：1 号主变压器含 4 台主变压器测控装置，2 号主变压器含 5 台主变压器测控装置，2 台主变压器共计 2 面柜
		母线测控装置：220、110kV 测控装置各 2 台；10kV 母线测控装置 2 台
		测控装置：220kV 测控装置 5 台、110kV 测控装置 9 台；10kV 保护测控集成装置 40 台，10kV TV 并列装置 3 台
		微机五防操作闭锁 1 套，含电脑钥匙、就地锁具、验电器等
		站控层交换机：Ⅰ区站控层中心交换机 2 台，Ⅱ区站控层中心交换机 2 台，Ⅳ区站控层中心交换机 1 台，安装于各通信网关机柜
		间隔层交换机：12 台，分散安装于 220、110kV 公用测控柜、智能控制柜及 10kV TV 开关柜内
		过程层交换机：27 台，分散安装于各保护柜及智能控制柜内
		网络分析记录装置柜：每面含分析采集单元 2 台，管理单元 1 台，共 2 面柜
		网络安全在线监测装置：1 台
		网络打印机：2 台
		铠装光缆、尾缆、铠装超五类以太网线、铠装屏蔽双绞线 1 套
		高级应用软件：实现一键顺序控制功能、顺序控制、智能告警及分析决策等高级功能
8.2	时间同步系统	含同步时钟主机（双机）、接收天线、光纤、光电转换器、配套机柜 2 面等
8.3	变电站智能辅助监控系统	1 套，含火灾消防子系统、安全防卫子系统、动环子系统、智能锁控子系统及智能巡视子系统等
8.4	调度专用网络接入设备	2 面柜，包括调度数据网络设备 2 套、安全防护设备 1 套
8.5	电量计费系统	含电能量采集终端 1 套，0.2S 级关口表 2 块，0.5S 级数字电能表 17 块，多功能电能表 40 块
9	交直流一体化电源系统	直流系统为单母线分段接线，采用辐射方式供电。蓄电池布置在主控楼内
10	继电保护	各类保护盘柜，不包括安全自动装置
11	过程层设备	合并单元 18 台；智能终端 20 台；合并单元/智能终端一体化装置 19 台
12	故障录波柜	主变故障录波装置柜、220kV 故障录波装置柜 、110kV 故障录波装置柜各 1 面
13	电缆	
13.1	220kV 电力电缆	ZR-YJLW02-127/220kV-1×1000，共 0.47km
13.2	110kV 电力电缆	ZR-YJLW02-64/110kV-1×1600，共 0.45km
13.3	10kV 电力电缆	ZR-YJV22-8.7/10-3×240，共 1.05km

续表 8-1

序号	项目名称	工程技术条件
13.4	1kV 及以下电力电缆	4.2km
13.5	控制电缆	30km，1kV、屏蔽、铜芯
13.6	低压电力电缆	NH-YJV-22-1×185，共 100 m
14	接地	铜排 4950m，热镀锌扁钢 5600m，垂直接地极 70 根
二	土建部分	
1	基本技术数据	
1.1	地震基本烈度	7 度，按设计基本地震加速度值 0.15g
1.2	设计风速	27m/s
1.3	地基承载力特征值	f_{ak}=150kPa
1.4	海拔	1000m 以下，场地同一标高
1.5	污秽等级	e 级
1.6	采暖	非采暖区
1.7	地下水	无影响
2	总平面布置	
2.1	站外道路	本次未涉及
2.2	站内道路	主变压器运输道路宽取 4.5m，其余道路为 4.0m，采用城市型道路，有路缘石，路面为混凝土
2.3	电缆隧道	总长度 62.5m；采用钢筋混凝土结构
2.4	排水方式	站内排水采用有组织集中排放方式
2.5	站区占地	围墙东西长 100.5m，南北长 63m，围墙内占地 0.6332hm^2
2.6	站区围墙	装配式围墙
3	建筑物	配电装置楼 1 座；辅助用房 1 座，消防泵房 1 座，全站总建筑面积为 4996m^2
3.1	配电装置楼	
3.1.1	建筑面积与体积	地上两层，地下一层（电缆层），建筑面积 4866m^2，建筑体积 28220m^3
3.1.2	建筑结构	采用装配式钢框架结构，地上两层钢结构，地下一层为电缆层，钢筋混凝土结构
3.1.3	建筑物基础	采用钢筋混凝土筏板基础
3.1.4	建筑装修	（1）外墙：采用铝镁锰复合板+纤维水泥饰面板；用于防火墙时，外墙内侧为一体化水泥纤维集成墙板。 （2）门窗：除部分选用木门外，其余门均采用成品防盗钢门，窗采用断桥铝合金三层中空夹胶玻璃窗。 （3）屋面：防水等级一级，设置三道设防的防水保温屋面。 （4）楼地面：二次设备室采用地砖，楼梯间采用防滑地砖，附属用房地砖地面，电缆层混凝土地面，其余电气房间自流平地面。 （5）内墙：采用一体化纤维水泥集成墙板，除卫生间和备餐间为瓷砖以外，其他均为纤维水泥饰面板
3.2	辅助用房	
3.2.1	建筑面积与体积	一层建筑面积 44.5m^2，建筑体积为 160.3m^3
3.2.2	建筑结构	钢框架结构，净高 3.6m
3.2.3	建筑物基础	采用钢筋混凝土独立基础
3.2.4	建筑装修	地面为地砖地面。内墙采用乳胶漆涂料，卫生间及备餐间设置吊顶。外面装饰材料及风格、色调同配电装置楼。门采用木门，窗采用断桥铝合金三层中空夹胶玻璃窗
4	构筑物	
4.1	构、支架基础及主变压器基础	无构架，设备支架基础均采用地脚螺栓重力式基础，主变压器基础采用钢筋混凝土整板式基础
5	其他构筑物	事故油池、消防水池等地下构筑物均采用现浇钢筋混凝土结构，抗渗等级 P6
6	供水	本次不涉及
7	采暖通风	在配电装置楼内资料室、10kV 配电装置室、二次设备室及蓄电池室等房间采用分体空调，在电缆层、10kV 配电装置室、电抗器室、接地变压器室、电容器室及蓄电池室、GIS 室设通风设备
8	消防	站内设置水消防系统，并设置不同类型的移动式灭火器，主变压器采用水喷雾灭火系统

8.1.2 主要电气设备材料表

电气一次部分设备包括主变压器系统、各电压等级装置、无功补偿装置、站用电部分、防火材料及其他、接地等部分。其中，主变压器系统包括与主变压器连接到 10kV 配电装置的铜排；站用电部分包括 1kV 电力电缆；防火材料及其他包括电缆支架、防火材料、二次控制电缆等；接地部分包含主接地网、接地引下线、垂直接地极等。电气二次设备包括计算机监控系统、继电保护、直流系统、通信电源、电能计费等部分。220kV 变电站通用方案 HA-220-A2-10 主要电气设备材料表见 8-2。

表 8-2　　通用方案 HA-220-A2-10 主要电气设备材料表

序号	设备名称	规格	单位	数量	备注
一	主变压器系统				
1	主变压器	三相三绕组油浸风冷式有载调压变压器 SFSZ11-240000/220	台	2	分体式
2	220kV 中性点成套装置		套	2	
3	110kV 中性点成套装置		套	2	
4	220kV 复合式电缆终端	1×1000	只	6	
5	220kV GIS 电缆终端	1×1000	只	6	
6	110kV 复合式电缆终端	1×1600	只	6	
7	110kV GIS 电缆终端	1×1600	只	6	
8	氧化锌避雷器	HY5WZ-17/45，配在线监测仪	台	6	
9	钢芯铝绞线	JL/G1A-300/40 中性点连线，单导线，0.66 跨	m	24	
10	钢芯铝绞线	JL/G1A-630/45 主变压器与 220kV 电缆头连线，单导线，1 组	m	40	
11	钢芯铝绞线	2×（JL/G1A-630/45） 主变压器与 110kV 电缆头连线，双导线，1 组	m	80	
12	220kV 电力电缆	ZR-YJLW02-127/220kV-1×1000	m	470	
13	110kV 电力电缆	ZR-YJLW02-64/110kV-1×1600	m	450	
14	电缆接地箱	带护层保护器	只	2	
15	电缆接地箱	三相直接接地	只	2	
16	接地电缆	ZC-YJV-6/10kV-1×300	m	360	
17	铜排	TMY-125×10	m	120	三片立放
18	支柱绝缘子	ZSW-20/16	只	24	
19	矩形母线固定金具	MNL-304	套	24	
20	穿墙套管	CWW-24/4000	个	6	
21	封闭母线桥	Ie=4000A，三相共箱	m	32	
22	风冷控制箱		个	2	
23	智能控制柜		个	2	
24	动力检修箱		个	2	
25	铜排	TMY-40×5	m	240	
26	电缆槽盒	不锈钢 300mm×150mm×1mm	m	40	
27	电缆槽盒	不锈钢 200mm×100mm×1mm	m	60	
28	电缆槽盒	不锈钢 150mm×100mm×1mm	m	40	
29	黄绿铜绞线	120mm^2	m	16	
30	角钢	∠50×5	m	24	
31	成品电缆抱箍	用于 ZR-YJLW02-127/220kV-1×1000	套	18	
32	成品电缆抱箍	用于 ZR-YJLW02-64/110kV-1×1600	套	18	

续表 8-2

序号	设备名称	规格	单位	数量	备注
33	槽钢	[14，L=1200mm	根	12	
34	槽钢	[14，L=1350mm	根	12	
35	槽钢	[10	m	72	
36	铝合金板	800mm×800mm×20mm	块	6	
37	铝合金板	500mm×500mm×20mm	块	6	
38	热镀锌钢板	400mm×500mm×5mm	块	4	
39	U 形包箍	M10/12/14/16 等	套	12	
二	220kV 户内配电装置部分				
1	220kV 主变压器进线间隔	单断路器，4000A，50kA	个	2	
2	220kV 电缆出线间隔	单断路器，4000A，50kA	个	4	
3	220kV 母联间隔	单断路器，4000A，50kA	个	1	
4	220kV 母线设备间隔	4000A，50kA	个	2	
5	220kV 备用主变压器进线间隔	4000A，50kA	个	1	
6	220kV 备用出线间隔	4000A，50kA	个	2	
7	220kV GIS 主母线		m	6.9	三相共箱
三	110kV 户内配电装置部分				
1	110kV 主变压器进线间隔	单断路器，3150A，40kA	个	2	
2	110kV 电缆出线间隔	单断路器，3150A，40kA	个	8	
3	110kV 母联间隔	单断路器，3150A，40kA	个	1	
4	110kV 母线设备间隔	3150A，40kA	个	2	
5	110kV 备用主变压器进线间隔	3150A，40kA	个	1	
6	110kV 备用出线间隔	3150A，40kA	个	6	
7	110kV GIS 主母线		m	7.2	三相共箱
四	10kV 配电装置				
1	高压开关柜	KYN-12kV，4000A～40kA	面	3	主进
2	高压开关柜	KYN-12kV，4000A～40kA	面	3	分段隔离
3	高压开关柜	KYN-12kV，4000A～40kA	面	1	分段断路器
4	高压开关柜	KYN-12kV，1250A～31.5kA	面	3	TV
5	高压开关柜	KYN-12kV，1250A～31.5kA	面	2	接地变压器
6	高压开关柜	KYN-12kV，1250A～31.5kA	面	6	电容器
7	高压开关柜	KYN-12kV，1250A～31.5kA	面	4	电抗器
8	高压开关柜	KYN-12kV，1250A～31.5kA	面	28	馈线
五	无功补偿				
1	无功补偿电容器成套装置	TBB11/ $\sqrt{3}$ -8000-3W，每套包括电容器组、5%串联电抗器、熔断器、放电线圈、隔离开关、避雷器、支持绝缘子等	套	6	
2	10kV 三相铁芯并联电抗器	10kV，10000kvar	台	4	
3	电抗器网栏	不锈钢，带网门	套	4	
4	支柱绝缘子	10kV	只	12	
5	避雷器	YH5WZ-17/45	只	12	
6	避雷器监测器	JCQ	只	12	

续表 8-2

序号	设备名称	规格	单位	数量	备注
7	10kV 电力电缆	2×(ZC-YJV22-8.7/10-3×240)	m	1050	
8	10kV 户内冷缩电缆头	配 ZC-YJV22-8.7/10-3×240 电缆用	套	40	
9	电缆槽盒	40×40，铝合金	m	120	
10	电缆保护管	ϕ150 MPP 管	m	60	
11	铜排	TMY-80×8	m	48	
12	铜排	TMY-30×4	m	12	
13	接地扁钢	−70×8	m	60	
14	接地扁铜	−50×4	m	24	
15	铜铝过渡板	80×80	块	24	
16	槽钢	[8	m	80	
17	U 型抱箍		套	40	
18	黄绿屏蔽线	120mm^2	m	40	
六	站用电部分				
1	接地变压器及消弧线圈成套装置	DKSC-1500/10.5-500/0.4	台	2	
2	低压交流屏		面	6	
3	零序电流互感器	LMZJ1-0.5 500/1A	只	2	
4	10kV 电力电缆	ZC-YJV22-8.7/10-3×185	m	100	
5	10kV 户内冷缩电缆头	配 ZC-YJV22-8.7/10-3×185 电缆用	只	4	
6	低压电力电缆				
6.1	低压电力电缆	ZR-YJV22-1kV-3×185+1×95	m	620	
6.2	低压电力电缆	ZR-YJV22-1kV-3×120+1×70	m	140	
6.3	低压电力电缆	NH-YJV22-1kV-3×120+1×70	m	680	
6.4	低压电力电缆	ZC-YJV22-0.6/1kV-3×50+1×25	m	330	
6.5	低压电力电缆	NH-YJV22-0.6/1kV-4×35	m	90	
6.6	低压电力电缆	ZC-YJV22-0.6/1kV-4×35	m	160	
6.7	低压电力电缆	NH-YJV22-0.6/1kV-4×25	m	40	
6.8	低压电力电缆	NH-YJV22-0.6/1kV-2×25	m	40	
6.9	低压电力电缆	ZC-YJV22-0.6/1kV-3×16+1×10	m	720	
6.10	低压电力电缆	ZC-YJV22-0.6/1kV-3×10+1×6	m	300	
6.11	低压电力电缆	NH-VV22-0.6/1kV-3×10+1×6	m	230	
6.12	低压电力电缆	ZC-YJV22-0.6/1kV-2×10	m	410	
6.13	低压电力电缆	ZC-YJV22-0.6/1kV-2×4	m	70	
6.14	低压电力电缆	NH-YJV22-0.6/1kV-2×4	m	135	
七	照明部分				
1	照明配电箱		个	2	
2	备用照明配电箱		个	1	
3	插座配电箱		个	2	
4	暖通配电箱		个	3	
5	户内检修配电箱		个	3	
6	行灯变压器	2000kVA	台	1	
7	LED 投光灯	AC220V，200W	套	16	

续表 8-2

序号	设备名称	规格	单位	数量	备注
8	LED低顶灯	AC220V，30W	套	2	
9	断路器	C65N-D10A/4P VE 30mA	个	1	
10	低压电力电缆	ZC-YJV22-1-5×4	m	100	
11	塑料绝缘铜线	BVV-750-2×4	m	900	
12	塑料绝缘铜线	BVV-750-2×2.5	m	200	
13	热镀锌扁钢	25mm×4mm	m	150	
14	热镀锌钢管	ϕ40	m	100	
15	热镀锌钢管	ϕ25	m	400	
16	热镀锌钢管	ϕ20	m	150	
八	防雷接地				
1	接地铜排	−40mm×5mm	m	2300	主地网
2	接地铜排	−40mm×5mm	m	1800	接地引上线
3	热镀锌扁钢	−70mm×8mm	m	4670	户内水平接地
4	镀锌圆钢	ϕ12	m	400	屋顶避雷带
5	热镀锌扁钢	−60mm×6mm	m	400	
6	热镀锌扁钢	−40mm×4mm	m	450	楼梯、灯具等
7	镀铜钢棒	ϕ17.3×2.5	根	70	
8	铜排	−25mm×4mm	m	800	二次等电位网
9	铜电缆	1kV，型号：YJV-0.6/1-1×50mm^2	m	100	
10	低压支柱绝缘子		只	450	
11	临时接地端子		个	46	
12	断线盒	300mm×210mm×120mm	个	15	
13	放热熔焊焊点		个	550	
14	放热熔焊模具		套	50	
九	防火材料及其他				
1	无机防火堵料		t	8.8	
2	有机防火堵料		t	9.8	
3	防火涂料		t	1.19	
4	阻燃无机耐火隔板		m^2	685	
5	阻火包		t	15	
6	角钢	L40mm×40mm×4mm	m	1420	
7	膨胀螺栓	M8×80	套	3820	
8	钢板	厚8mm	m^2	120	
9	甲级防火门	900mm×2100mm	个	16	
10	层间防火隔板	1600（长）×500（宽）×10（厚），高80mm（翻边）	套	490	
11	电缆支架	8号槽钢	t	19	
12	电缆支架	∠70×6	t	16	
13	不锈钢电缆支架		t	3	
14	电缆槽盒	200mm×100mm	m	300	

续表 8-2

序号	设备名称	规格	单位	数量	备注
15	电缆槽盒	100mm×60mm	m	400	
16	成品电缆竖井	700mm×300mm，高 5000mm	套	8	电容器 6 套+消弧线圈接地变成套装置 2 套
17	220kV 电缆抱箍	220kV 电缆专用，铝合金	套	100	
18	110kV 电缆抱箍	110kV 电缆专用，铝合金	套	80	
19	膨胀螺栓	M12×80	套	150	
20	绝缘隔板	10mm	m^2	20	
21	镀锌钢管	$\phi 50$	m	200	
22	控制电缆	ZC-KVVP2-22-14×2.5	km	2	
23	控制电缆	ZC-KVVP2-22-7×2.5	km	4	
24	控制电缆	ZC-KVVP2-22-4×2.5	km	8	
25	控制电缆	ZC-KVVP2-22-4×4	km	11	
26	控制电缆	ZC-KVVP2-22-7×4	km	5	
27	低压电力电缆	NH-YJV-22-1×185	m	80	
28	厂供电缆		km	7	
十	状态监测系统				
1	主变压器状态监测装置	变压器检测终端、油温、油位远传表计、油色谱在线监测单元、铁芯接地电流在线监测传感器、中性点避雷器在线监测传感器等。每台主变配置 2 台监测终端，集线器 12 口 2 只，6 只远传表计	套	1	
2	220kV GIS 监测系统	220kV 配置 1 台 GIS 监测终端，用于接入 GIS 绝缘气体密度远传表计及 GIS 内置避雷器泄漏电流表计。配置集线器 24 口 3 只，按间隔气室配置绝缘气体密度远传表计、避雷器泄漏电流表计	套	1	
3	110kV GIS 监测系统	110kV 配置 1 台 GIS 监测终端，用于接入 GIS 绝缘气体密度远传表计及 GIS 内置避雷器泄漏电流表计。配置集线器 24 口 3 只，按间隔气室配置绝缘气体密度远传表计、避雷器泄漏电流表计	套	1	
4	10kV 开关柜监测系统	10kV 开关柜配置 2 台监测终端分别用于主变进线柜出头测温监测及 SF_6 气体绝缘密度监测，配置集线器 8 口 2 只，按每面开关柜断路器动静触头共配置 6 只触头测温传感器，按每个绝缘气室配置 1 台远传表计	套	1	
5	独立避雷器监测终端	每个电压等级配置 1 台监测终端，共 2 台	套	2	
十一	计算机监控系统	完成全站监控或远传、实现无人值班，实现一键顺序控制功能、顺序控制、智能告警及分析决策等高级功能	套	1	
1	监控主机柜	含 2 套主机/操作员站，集成工程师站、保信子站、五防工作站、一键顺控功能。2260mm×600mm×900mm	面	2	
2	Ⅰ区数据通信网关机柜	含 2 台通信网关机兼图形网关机	面	1	
3	Ⅱ区数据通信网关机柜	含 2 台Ⅱ区通信网关机	面	1	
4	Ⅳ区数据通信网关机柜	含 1 台Ⅳ区通信网关机	面	1	
5	综合应用服务器柜	含 1 台综合应用服务器	面	1	
6	站控层交换机	含站控层交换机 5 台	台	5	
7	主变压器测控柜	1 号主变压器含 4 台主变压器测控装置，2 号主变压器含 5 台主变压器测控装置	面	2	
8	220kV 线路、母联测控装置		台	5	
9	220kV 母线测控装置		台	2	
10	110kV 母线测控装置		台	2	

续表 8-2

序号	设备名称	规格	单位	数量	备注
11	10kV 母线测控装置		台	3	
12	公用测控柜	公用测控装置 2 台	面	1	
13	10kV 间隔层交换机	24 电口，2 光口	台	4	
14	时间同步系统	主时钟冗余配置，支持北斗和 GPS 授时信号，包括主时钟柜 1 面，扩展柜 1 面	面	2	
15	微机五防操作闭锁装置	含电脑钥匙、就地锁具、验电器等	套	1	
16	10kV 保护测控一体化装置	保护测控计量一体化装置，按单元配置，分散安装于 10kV 开关柜	套	40	
17	10kV 分段保护测控一体化装置	含备自投功能	套	3	
18	打印机	网络打印机 2 台	台	2	
19	10kV 母线电压并列装置		套	3	
20	铠装光缆、尾缆、网线	铠装光缆、尾缆 21000m，铠装超五类以太网线 3000m，铠装屏蔽双绞线 4000m	套	1	
十二	继电保护	不包括自动装置			
1	220kV 线路保护装置	1 套独立主保护，均具有完整后备保护	台	8	
2	220kV 母线保护柜（含失灵保护功能）	柜式 2260mm×600mm×600mm，每面含 220kV 母线及失灵保护装置 1 套	面	2	
3	220kV 微机线路保护接口柜	柜式 2260mm×600mm×600mm，每面含数字接口装置 4 台	面	2	
4	220kV 母联保护装置		台	2	
5	110kV 线路保护测控装置		台	8	
6	110kV 母线保护柜	柜式 2260mm×600mm×600mm，含母线保护装置 1 台	面	1	
7	110kV 母联保护测控装置		台	1	
8	主变压器保护柜	柜式 2260mm×600mm×600mm，每面含主变压器保护装置 1 台	面	2	
9	主变压器故障录波器柜	柜式 2260mm×600mm×600mm，含主变压器故障录波装置 2 台	面	1	
10	220kV 故障录波器柜	柜式 2260mm×600mm×600mm，含 220kV 故障录波装置 2 台	面	1	
11	110kV 故障录波器柜	柜式 2260mm×600mm×600mm，含 110kV 故障录波装置 1 台	面	1	
12	网络分析柜	柜式 2260mm×600mm×600mm，每面含分析一体化装置 2 台	面	2	
13	调度专用网络接入柜	每套含路由器 1 台，交换机 2 台，纵向加密认证 2 台	面	2	
14	安全防护装置	防火墙 2 台，正向隔离装置 1 台，反向隔离装置 1 台	套	1	
15	网络安全检测装置		台	1	
十三	交直流一体化电源系统				
1	阀控密封铅酸蓄电池	800Ah，2V	只	208	
2	380V 配电柜	含 2 面交流进线柜、6 面交流馈线柜	面	8	
3	直流柜	2 面充电机柜，6 面馈线柜，1 面联络柜	面	9	
4	UPS 主机柜	柜内含 10kVA UPS 电源 1 台	面	2	
5	48V 通信电源柜	每面含 DC/DC 转换装置 1 台	面	2	
6	事故照明逆变电源柜	3kVA，1 台	面	1	
十四	电能计费				
1	关口计量柜	含电能量采集终端 1 套、主变压器 0.2S 级关口表 2 块	面	1	
2	电能表柜	含 0.5S 主变压器 110kV 数字输入式电能表 2 块	面	2	

续表 8-2

序号	设备名称	规格	单位	数量	备注
3	220kV 线路电能表	0.5S 级数字式电能表	块	4	
4	110kV 线路电能表	0.5S 级数字式电能表	块	8	
5	主变 10kV 电能表	0.5S 级数字式电能表	块	3	
6	10kV 电能表	0.5S 级全电子式电能表	块	40	
十五	变电站智能辅助监控系统	应具有对其所含各子系统信息的分类存储、智能联动及综合展示及信息远传等功能；应能接收来自主站的控制指令，实现对受控设备进行远程控制的功能；各子系统应能够脱网运行，在站控层主机故障的情况下，仍能够继续正常工作并实现报警、记录及存储等功能	套	1	
1	边缘巡视子系统	边缘巡视主机 1 台，46 套户内网络摄像机，6 套户外网络摄像机、1 台网络全景摄像机、2 台室外高清红外枪机、4 台红外热成像摄像机、显示器、硬盘录像机等	套	1	
2	火灾消防子系统	消防信息传输控制单元、火灾报警控制器、感温感烟探测器、感温电缆、导线、声光报警装置等	套	1	
3	安全防卫子系统	安防监控终端、门禁控制器、电子围栏、红外双鉴探测器、红外对射探测器、声光报警器、紧急报警按钮等	套	1	
4	动环子系统	动环监控终端、空调控制器、照明控制器、风机控制器、水泵控制器、温湿度传感器、微气象传感器、水浸传感器、绝缘气体监测传感器等	套	1	
5	智能锁控子系统	锁控监控终端、锁具、电子钥匙等	套	1	
6	一次设备在线监测子系统	由传感器、监测终端构成，利用后台主机实现一次设备状态监测数据的汇总分析	套	1	
十六	火灾探测报警系统	含报警控制器、传感器、声光报警器等	套	1	
十七	主变压器消防系统	控制屏、控制箱等	套	1	
十八	过程层设备				
1	主变压器 220kV 合并单元		台	4	
2	220kV 线路合并单元		台	8	
3	220kV 母联合并单元		台	2	
4	220kV TV 合并单元	具备电气量电压并列功能	台	2	
5	主变压器 220kV 智能终端		台	4	
6	主变压器本体智能终端	具备非电量保护功能	台	2	
7	220kV 线路智能终端		台	8	
8	220kV 母联智能终端		台	2	
9	220kV TV 智能终端		台	2	
10	主变压器 10kV 合并单元/智能终端一体化装置		台	6	
11	主变压器 110kV 合并单元/智能终端一体化装置		台	4	
12	110kV 线路合并单元/智能终端一体化装置		台	8	
13	110kV 母联合并单元/智能终端一体化装置		台	1	
14	110kV TV 合并单元	具备电气量电压并列功能	台	2	
15	110kV TV 智能终端		台	2	
16	220kV 过程层交换机	12 光口	台	10	
17	主变压器高压侧过程层交换机	12 光口	台	4	

续表 8-2

序号	设备名称	规格	单位	数量	备注
18	主变压器中压侧过程层交换机	16 光口	台	4	
19	220kV 过程层中心交换机	16 光口	台	4	
20	110kV 过程层中心交换机	16 光口	台	5	
十九	站内通信				
1	语音插座	含模块及底盒	个	11	
2	信息插座	含模块及底盒	个	4	
3	穿线盒		个	6	
4	超五类屏蔽双绞线	HSYVP-5e 4×2×0.5	m	720	
5	阻燃 PVC 管	ϕ25	m	300	
6	镀锌钢管	ϕ32	m	30	

8.1.3 建筑工程量表

建筑工程量表包括总图、建筑物、构筑物、水工和暖通共五部分。

总图部分包括站区占地面积、站区道路面积、站区围墙长度、站区内建筑物面积、站区电缆隧道长度和特殊构筑物。其中站区占地面积边界以围墙中心线外 1m 为界。

建筑物部分包括配电装置楼、辅助用房和消防泵房共三项。各建筑物分为建筑专业和结构专业两部分。

220kV 变电站通用方案 HA-220-A2-10 建筑工程量表见表 8-3。

表 8-3　　通用方案 HA-220-A2-10 建筑工程量表

序号	名称	规格	单位	数量	备注
一	总图部分				
1	站区总占地面积				
1.1	站区围墙内占地面积		hm^2	0.6332	以围墙中心线计
1.2	其他占地面积		hm^2	0.0331	以围墙中心线外 1m 计
1.3	进站道路占地面积		hm^2	—	本次不涉及
1.4	合计		hm^2	0.6663	
2	站区道路面积	厚度 0.67m，混凝土路面	m^2	1166	
3	站区围墙长度	围墙高 2.3m，装配式围墙	m	327	
4	建筑物				
4.1	配电装置楼、辅助用房、消防泵房	67.0m×37.0m；12.0m×3.0m；12.0m×6.0m	m^2	4996	钢框架结构（按轴线计算）
5	站区电缆隧道	2.5m×2.5m（最小净空容积）	m	38.5	过道路段 12m
	站区电缆隧道	电缆隧道沟壁	m^3	49	
	站区电缆隧道	电缆隧道顶板	m^3	29	
	站区电缆隧道	电缆隧道底板	m^3	29	
	站区电缆隧道	2.5m×2.0m（最小净空容积）	m	24	过道路段 8m
	站区电缆隧道	电缆隧道沟壁	m^3	30	
	站区电缆隧道	电缆隧道顶板	m^3	15	
	站区电缆隧道	电缆隧道底板	m^3	15	
6	特殊构筑物				
6.1	总事故油池	最小净空容积	m^3	90	钢筋混凝土结构
6.2	化粪池		座	1	成品

续表 8-3

序号	名称	规格	单位	数量	备注
6.3	深井		座	—	本次不涉及
6.4	消防水池	结构容积 750m^3	座	1	钢筋混凝土结构
6.5	大门	4.5m×2.1m	樘	1	实体电动平开大门
二	建筑物部分				
1	配电装置楼				
1.1	建筑部分				
1.1.1	建筑面积	67.0m×37.0m	m^2	4866	以轴线计
1.1.2	建筑体积		m^3	28220	以轴线计
1.1.3	地面工程				
1.1.3.1	混凝土地面		m^2	1574	电缆层
1.1.4	楼面工程				
1.1.4.1	地砖面层	普通地砖	m^2	310	
1.1.4.2	水泥基面层		m^2	2090	
1.1.5	屋面保温防水	挤塑聚苯板保温、2 层 3mm 厚 SBS 改性沥青防水、1 层 2mm 厚聚氨酯防水涂料	m^2	2387	一级防水
1.1.6	墙体工程				
1.1.6.1	外墙	铝镁锰复合板	m^2	4399	
1.1.6.2	外墙勒脚装饰	真石漆	m^2	315	
1.1.6.3	外墙内侧	一体化纤维水泥集成墙板	m^2	1176	用于防火墙
1.1.6.4		纤维水泥饰面板	m^2	948	
1.1.6.5	内墙	一体化纤维水泥集成墙板	m^2	2334	
1.1.6.6	钢柱外包防火板	纤维水泥饰面板	m^2	900	
1.2	结构部分				
1.2.1	屋面板面积	150mm 厚钢筋桁架楼承板，压型钢板底膜	m^2	2280	以建筑面积为准
1.2.2	楼面板面积	150mm 厚钢筋桁架楼承板，压型钢板底膜	m^2	808	以建筑面积为准
1.2.3	楼面板面积	120mm 厚 C30 钢筋混凝土板	m^2	1785	以建筑面积为准
1.2.4	框架柱	C30 钢筋混凝土	m^3	345	
1.2.5	框架梁	C30 钢筋混凝土	m^3	250	
1.2.6	钢柱	Q355B 型钢	t	198	
1.2.7	钢梁	Q355B 型钢	t	394	
1.2.8	钢梯	Q235B 型钢	t	7.5	
1.2.9	墙檩	Q235B 型钢	t	31	
1.2.10	检修钢轨	Q355B 型钢	t	26	
1.2.11	筏板基础	C30 钢筋混凝土	m^3	2184	
1.2.12	砖基础	MU15 实心砖	m^3	60	
1.2.13	大开挖		m^3	10240	
1.2.14	沉降观测点		个	8	
2	辅助用房				
2.1	建筑部分				
2.1.1	建筑面积	12.0m×3.0m	m^2	44.5	
2.1.2	建筑体积		m^3	160.3	
2.1.3	地面工程				

续表 8-3

序号	名称	规格	单位	数量	备注
2.1.3.1	普通地砖地面		m^2	36	
2.1.4	屋面保温防水	挤塑聚苯板保温、2层3mm厚SBS改性沥青防水、1层2mm厚聚氨酯防水涂料	m^2	45	一级防水
2.1.5	墙体工程				
2.1.5.1	外墙	铝镁锰复合板	m^2	130	
2.1.5.2	外墙勒脚装饰	真石漆	m^2	15	
2.1.5.3	外墙内侧	纤维水泥饰面板	m^2	105	
2.1.5.4	内墙	一体化纤维水泥集成墙板	m^2	15	
2.1.5.5	内墙装饰	防水瓷砖	m^2	10	
2.1.5.6	金属吊顶		m^2	36	
2.2	结构部分				
2.2.1	屋面板面积	150mm厚钢筋桁架楼承板，压型钢板底膜	m^2	39.6	以轴线计
2.2.2	钢柱	Q235B H型钢	t	3.8	
2.2.3	钢梁	Q235B H型钢	t	3.3	
2.2.4	墙檩	Q235B型钢	t	2.4	
3	消防泵房				
3.1	建筑部分				
3.1.1	建筑面积	12.0m×6.0m	m^2	85.1	
3.1.2	建筑体积		m^3	527.9	
3.1.3	地面工程				
3.1.3.1	普通地砖地面		m^2	72	
3.1.4	屋面保温防水	挤塑聚苯板保温、2层3mm厚SBS改性沥青防水、1层2mm厚聚氨酯防水涂料	m^2	82	
3.1.5	墙体工程				
3.1.5.1	外墙	铝镁锰复合板	m^2	266.4	
3.1.5.2	外墙勒脚装饰	真石漆	m^2	22	
3.1.5.3	外墙内侧	纤维水泥饰面板	m^2	202	
3.2	结构部分				
3.2.1	屋面板面积	120mm厚C30钢筋混凝土楼板	m^2	85.1	
3.2.2	框架柱	C30钢筋混凝土	m^3	5.06	
3.2.3	框架梁	C30钢筋混凝土	m^3	5.63	
三	构筑物部分				
1	主变压器基础及油坑				
1.1	主变压器基础	钢筋混凝土整板式基础（8.2m×5.32m×2.95m），C30	m^3	70	
1.2	主变压器基础垫层	（8.4m×5.52m×0.1m），C15	m^3	4.63	
1.3	主变压器油坑	200mm厚混凝土油池池壁，C30	m^3	7.5	
		200mm厚混凝土油池底板，C30	m^3	28	
1.4	卵石		m^3	19.95	
1.5	散热器基础	钢筋混凝土整板式基础（5.15m×8.2m×2.95m），C30	m^3	112	
1.6	散热器基础垫层	5.35m×12.4m×0.1m，C15	m^3	6.6	
1.7	散热器油池	200mm厚混凝土油池池壁，C30	m^3	6	

续表 8-3

序号	名称	规格	单位	数量	备注
	散热器油池	200mm 厚混凝土油池底板，C30	m^3	16	
1.8	卵石		m^3	14.42	
1.9	沉降观测点		个	4	
2	主变压器构支架				
2.1	支架				
2.1.1	母线桥支架	5.0m 高，ϕ 273×6 圆形直缝钢管	t	0.42	
2.1.2	220kV 电缆支架	3.45m 高，ϕ 300×8 圆形直缝钢管	t	0.626	
2.1.3	110kV 电缆支架	3.25m 高，ϕ 300×8 圆形直缝钢管	t	0.59	
2.2	箱体				
2.2.1	油色谱箱	C30 混凝土	m^3	1.2	
2.2.2	动力箱	C30 混凝土	m^3	1.2	
2.2.3	智能柜	C30 混凝土	m^3	1.2	
四	水工部分				
1	钢塑复合管	DN150	m	150	
2	钢塑复合管	DN250	m	350	
3	HDPE 双壁波纹管	DN300	m	150	
4	HDPE 双壁波纹管	DN400	m	150	
5	HDPE 双壁波纹管	DN500	m	80	
6	HDPE 双壁波纹管	DN600	m	60	
7	热镀锌钢管	DN350	m	120	
8	室外地上消火栓	SSF100/65-1.0 型室外消火栓	座	4	
9	消火栓井	圆形立式阀门井	座	4	
10	阀门井	ϕ 1200mm	座	8	深度 1.0m
11	雨水检查井	ϕ 1000mm	座	20	
12	污水检查井	ϕ 1000mm	座	4	深度 1.2m
13	消火栓水泵	流量 Q=120m³/h，H=80m，功率 P=130kW	台	3	
14	消防稳压设备	水泵 2 台，ϕ 1000×1800-0.60 气压罐 1 个	套	1	
15	排水泵	流量 Q=2m³/h，H=15m，功率 P=1.5kW	台	4	
16	成品消防小间	消防斧 2 把、消防铁锹 5 把、消防沙桶 5 个	套	1	
17	推车式干粉灭火器	MF/ABC50 型	台	2	只上本期
18	管道保温	聚苯乙烯，厚度 30mm	m	45	
19	FK2 浮球液位控制器		套	1	
20	压力表	DN100/DN300	套	2/2	
21	真空压力开关	DN100/DN300	套	2/2	
22	压力开关	DN250	套	2	
23	流量开关	DN250	套	1	
24	电接点远传压力表	0～1.0MPa	个	1	
25	镀锌钢管	DN50	m	20	
26	镀锌钢管	DN65	m	5	
27	地漏	DN100	个	1	
28	排水管	DN100	m	20	
29	焊接闷头	ϕ 300mm	个	1	
30	通气冒	DN100	个	1	
31	检查井	ϕ 1000mm	座	8	
32	水喷雾灭火设备		套	1	包括相应阀件及管道

续表 8-3

序号	名称	规格	单位	数量	备注
33	内外热镀锌钢管	DN25	m	220	
34	内外热镀锌钢管	DN80	m	90	
35	内外热镀锌钢管	DN150	m	200	
36	内外热镀锌钢管	DN200	m	90	
37	内外热镀锌钢管	DN250	m	300	
38	镀锌角钢管道支架		t	8.5	
39	弧形托架		套	4	
40	法兰盘	DN60 P=1.6MPa	对	2	
41	法兰封堵	DN60 P=1.6MPa	片	2	
42	泄水阀门井	ϕ1200，深度1.5m	座	1	
43	放空阀	DN25	个	3	
44	成品消防小间	消防斧2把、消防铁锹5把、消防沙桶5个	套	1	
45	推车式干粉灭火器	MF/ABC50型	台	2	只上本期
46	手提式干粉灭火器	MF/ABC5型	只	90	带配套灭火器箱
47	雨淋阀组	DN250	套	1	
48	高速水雾喷头	ZSTWB-33.7-120，K=34	套	100	
49	Y型过滤器	DN250	个	2	
50	Y型拉杆伸缩过滤器	YSTF，DN250，1.6MPa	个	2	
51	蜗轮杆对夹式蝶阀	WBGX，DN250，1.6MPa	个	2	
52	信号蝶阀	ZSXF-200D，DN250，1.6MPa	个	4	
五	暖通部分				
1	低噪声轴流风机	DWT-I-8，风量22392m³/h，风压139Pa，功率1.5kW	台	2	电缆层
2	消音轴流式屋顶风机	DWT-I-9，风量25000m³/h，风压156Pa，功率2.2kW	台	3	主变压器室
3	低噪声屋顶风机	DWT-I-7，风量12000m³/h，风压141Pa，功率0.75kW	台	9	并联电抗器室、接地变压器小室
4	防腐防爆型轴流风机	BT35-F-2.8，风量1650m³/h，风压85Pa，功率0.06kW	台	2	蓄电池室
5	低噪声屋顶风机	DWT-I-5，风量4100m³/h，风压96Pa，功率0.25kW	台	4	110、220kV GIS室
6	低噪声屋顶风机	DWT-I-7，风量12500m³/h，风压141Pa，功率1.5kW	台	1	10kV配电装置室
7	低噪声轴流风机	DZ-3.5，风量4100m³/h，风压96Pa，功率0.25kW	台	4	110、220kV GIS室
8	低噪声屋顶风机	DWT-I-7，风量12500m³/h，风压121Pa，功率1.5kW	台	6	电容器室
9	分体式单冷壁挂空调	制冷量5.0kW，制热量6.0kW，最大电功率2.53kW，～380V	台	3	蓄电池室、资料室
10	风管式空调器	制冷量16kW，制热量17kW，最大电功率6.05kW，～380V	台	8	二次设备间、10kV配电装置室
11	分体壁挂式单冷空调器	制冷量5.0kW，制热量1.9kW，最大电功率2.0kW，～220V～380V	台	2	警卫室、值班室
12	换气扇	X-FJ/A#2.8，1224m³/h，128Pa，0.75kW	台	3	卫生间、备餐间
13	百叶窗		m²	75	

8.1.4　预算书

预算投资为静态投资，编制依据详见第 4 章通用造价编制依据章节内容，预算书附总预算表、安装工程部分汇总预算表、建筑工程部分汇总预算表、其他费用预算表，分别见表 8-4～表 8-7。

表 8-4　　通用方案 HA-220-A2-10 总预算表　　金额单位：万元

序号	工程或费用名称	金额	各项占静态投资比例（%）	单位投资（元/kVA）
一	建筑工程费	3433	28.54	71.52
1	主要生产工程	3245	26.98	67.6
2	辅助生产工程	188	1.56	3.92
3	与站址有关的单项工程			
二	安装工程费	1573	13.08	32.77
1	主要生产工程	1573	13.08	32.77
2	与站址有关的单项工程			
三	设备购置费	6239	51.87	129.98
四	其他费用	665	5.53	13.85
五	基本预备费	119	0.99	2.48
六	特殊项目费用			
	工程静态投资	12029	100	250.6

表 8-5　　通用方案 HA-220-A2-10 安装工程部分汇总预算表　　金额单位：元

序号	项目或费用名称	设备购置费	安装工程							
			分部分项工程费		措施项目费（一）	措施项目费（二）	施工企业配合调试费	规费	税金	合计
			小计	其中：装置性材料费						
	变电站安装工程	62386513	12819926	6286998	967302		25609	988619	928826	15730283
一	主要生产工程	62386513	12819926	6286998	967302		25609	988619	928826	15730283
1	主变压器系统	18875258	1034172	592325	64375		2731	39845	52575	1193699
1.1	220kV 主变压器	18875258	1034172	592325	64375		2731	39845	52575	1193699
2	配电装置	28947787	865525		114713		5119	141517	101419	1228293
2.1	户内配电装置	28947787	865525		114713		5119	141517	101419	1228293
3	无功补偿	4486185	165736	8266	20476		951	23741	18247	229150
3.1	低压电容器	1307489	107257		13756		651	16041	12394	150099
3.2	低压电抗器	3178696	58479	8266	6720		299	7699	5853	79050
4	控制及直流系统	8744486	769956		95059		4001	123252	82554	1074823
4.1	计算机监控系统	2185190	495500		56908		2443	72590	49720	677162
4.2	继电保护	4136051	189863		27072		1052	37264	22973	278224
4.3	直流系统及不间断电源	704900	42376		5417		258	6278	4890	59219
4.4	智能辅助控制系统	1510500	28361		3920		162	5163	3384	40989
4.5	在线监测系统	207845	13856		1742		85	1957	1588	19229
5	站用电系统	841230	59535	37102	3855		124	2869	5975	72358
5.1	站用变压器	776598	12699		1609		78	1836	1460	17683
5.2	站用配电装置	62434	3527		494		20	663	423	5127
5.3	站区照明	2197	43308	37102	1752		26	370	4091	49547
6	电缆及接地		8161196	5634862	493735		12351	423096	472440	9562819

续表 8-5

序号	项目或费用名称	设备购置费	安装工程							
			分部分项工程费		措施项目费（一）	措施项目费（二）	施工企业配合调试费	规费	税金	合计
			小计	其中：装置性材料费						
6.1	全站电缆		7264646	5113809	424682		10510	350397	378827	8429062
6.2	全站接地		896550	521053	69053		1841	72700	93613	1133757
7	通信及远动系统	491567	74625	14444	8828		332	11375	8564	103725
7.1	通信系统	2165	20978	14444	1259		32	1109	2104	25482
7.2	远动及计费系统	489402	53647		7569		300	10266	6460	78243
8	全站调试		1689181		166261			222922	187053	2265416
8.1	分系统调试		282364		36572			62270	34309	415516
8.2	特殊调试		1377762		125879			154113	149198	1806951
8.3	整套启动调试		29054		3809			6539	3546	42949
	合计	62386513	12819926	6286998	967302		25609	988619	928826	15730283

表 8-6　　通用方案 HA-220-A2-10 建筑工程部分汇总预算表　　金额单位：万元

序号	项目或费用名称	建筑工程						
		建筑设备费	分部分项工程费	措施项目费（一）	措施项目费（二）	规费	税金	合计
	建筑工程	954110	27332257	1672859		1564022	2812792	34336040
一	主要生产工程	945110	25751541	1590642		1487155	2679700	32454147
1	主要生产建筑	244000	21895761	1365719		1276865	2230411	27012755
1.1	主控通信楼	244000	21895761	1365719		1276865	2230411	27012755
2	配电装置建筑		2074151	120265		112441	207617	2514474
2.1	主变压器系统		796317	47701		44598	79975	968591
2.2	电缆沟道		982834	60074		56165	98917	1197989
2.3	栅栏及地坪		196111	8921		8340	19203	232575
2.4	配电装置区域地面封闭		98889	3570		3338	9522	115318
3	供水系统建筑		48815	2803		2621	4881	59119
3.1	站区供水管道		48815	2803		2621	4881	59119
4	消防系统	701110	1732814	101855		95228	236791	2867798
4.1	消防水泵房	181000	643241	38176		35693	80830	978940
4.2	站区消防管道		391175	22243		20796	39079	473293
4.3	消防器材	10110	27045	460		430	3424	41468
4.4	特殊消防系统	510000	18660	1201		1123	47789	578773
4.5	消防水池		652693	39775		37187	65669	795323
二	辅助生产工程	9000	1580716	82217		76868	133092	1881893
1	辅助生产建筑	9000	287925	15505		14496	29423	356349
1.1	辅助用房	9000	287925	15505		14496	29423	356349
2	站区性建筑		1292792	66712		62372	103668	1525544
2.1	站区道路及广场		380390	19173		17926	37574	455063
2.2	站区排水		301017	18498		17294	30313	367122
2.3	围墙及大门		603279	28524		26669	34962	693434
3	沉降观测点		8105	517		483	819	9925
	合计	954110	27332257	1672859		1564022	2812792	34336040

表 8-7 **通用方案 HA-220-A2-10 其他费用预算表** 金额单位：元

序号	工程或费用名称	编制依据及计算说明	合价
2	项目建设管理费		5438222
2.1	项目法人管理费	（建筑工程费+安装工程费）×3.36%	1682228
2.2	招标费	（建筑工程费+安装工程费）×1.37%	685909
2.3	工程监理费	（建筑工程费+安装工程费）×4.46%	2232958
2.4	设备材料监造费	监造设备费×0.87%	371510
2.5	施工过程造价咨询及竣工结算审核费	（建筑工程费+安装工程费)×0.88%	440584
2.6	工程保险费	（建筑工程费+安装工程费）×0.05%	25033
3	项目建设技术服务费		606652
3.4	设计文件评审费		416400
3.4.1	可行性研究文件评审费	可行性研究评审费	80400
3.4.2	初步设计文件评审费	初步设计评审费	144000
3.4.3	施工图文件评审费	施工图评审费	192000
3.6	工程建设检测费		140186
3.6.1	电力工程质量检测费	（建筑工程费+安装工程费）×0.28%	140186
3.7	电力工程技术经济标准编制费	（建筑工程费+安装工程费）×0.1%	50066
4	生产准备费		600796
4.2	工器具及办公家具购置费	（建筑工程费+安装工程费）×1.2%	600796
	小计		6645670

8.2 子模块

8.2.1 主要技术条件

220kV 变电站通用方案 HA-220-A2-10 有 4 个子模块，分别为增减一台主变压器 240MVA（HA-220-A2-10-ZB）、增减一回 220kV 电缆出线（HA-220-A2-10-220）、增减一组 10kV 电容器（HA-220-A2-10-10C）、增减一组 10kV 电抗器（HA-220-A2-10-10L），技术条件见表 8-8。

表 8-8 **通用方案 HA-220-A2-10 子模块技术条件**

序号	子模块名称	子模块技术条件
一	增减一台主变压器 240MVA（HA-220-A2-10-ZB）	
1	规模	主变压器 1×240MVA，终期 3×240MVA。 主变压器间隔 220、110、10kV 三侧进线间隔
2	接线	220kV 双母线，110kV 双母线，10kV 单母三分段
3	短路电流水平	220、110、10kV 短路电流水平分别为 50、40、40/31.5kA
4	主要设备型式	主变压器：220/110/10kV 三相三绕组变压器，有载调压，油浸式，自然油循环自冷。 断路器：220kV 户内 GIS，110kV 户内 GIS，10kV 采用户内配电装置成套开关柜，真空或 SF_6 断路器
5	配电装置型式	主变压器：户内布置；220/110kV 配电装置采用户内全封闭组合电器布置，10kV 配电装置采用户内中置式开关柜
6	计算机监控	计算机监控系统软件扩容 1 套，“五防”扩容。 主变压器测控柜 1 面，含测控装置 5 台。 保护及故障信息管理系统软件升级 1 套
7	电能计量	0.2S 级数字式电能表 1 块，0.5S 数字式电能表 3 块
8	继电保护	变压器保护柜 2 面

续表 8-8

序号	子模块名称	子模块技术条件
9	过程层设备	合并单元2台，智能终端3台，合并单元/智能终端一体化装置6台
10	土建设施	构、支架基础均为地脚螺栓重力式基础，主变压器基础为钢筋混凝土整板式基础
11	其他	含控制、电力电缆、电缆管沟配套
12	主变设备在线监测装置	含变压器监测终端、油温、油位远传表计、油色谱在线监测单元、铁芯接地电流在线监测传感器、中性点避雷器在线监测传感器1套，配置监测终端2台、集线器2只，6只远传表计
二	增减一回220kV电缆出线（HA-220-A2-10-220）	
1	规模	220kV出线1回
2	接线	220kV双母线，出线侧B相配置单相TV
3	短路电流水平	50kA
4	主要设备型式	断路器：220kV户内GIS
5	配电装置型式	采用户内GIS布置
6	计算机监控	计算机监控系统软件扩容1套，五防扩容。 220kV线路测控装置1台。 保护及故障信息管理系统软件升级1套
7	电能计量	0.5S级数字式电能表1块
8	继电保护	光纤差动保护装置2台
9	过程层设备	合并单元2台，智能终端2台
10	其他	含控制、电力电缆、电缆管、接地
11	土建设施	设备基础前期已上
三	增减一组10kV电容器（HA-220-A2-10-10C）	
1	规模	10kV并联电容器
2	接线	
3	短路电流水平	31.5kA
4	主要设备型式	10kV电容器采用户内框架式电容器补偿装置，串联电抗器电抗率按5%考虑
5	配电装置型式	全户内布置
6	计算机监控	计算机监控系统软件扩容1套。 保护及故障信息管理系统软件升级1套
7	电能计量	0.5S级电子式多功能电能表1块
8	继电保护	10kV电容器保护测控一体化装置1台
9	土建设施	设备基础前期已上
10	其他	含控制、电力电缆，电缆管沟、接地
四	增减一组10kV电抗器（HA-220-A2-10-10L）	
1	规模	10kV并联电抗器

续表 8-8

序号	子模块名称	子模块技术条件
2	接线	
3	短路电流水平	31.5kA
4	主要设备型式	10kV 电抗器采用户内干式铁芯电抗器
5	配电装置型式	全户内布置
6	计算机监控	计算机监控系统软件扩容 1 套。 保护及故障信息管理系统软件升级 1 套
7	电能计量	0.5S 级电子式多功能电能表 1 块
8	继电保护	10kV 电抗器保护测控一体化装置 1 台
9	土建设施	设备基础前期已上
10	其他	含控制、电力电缆，电缆管、接地

8.2.2 主要电气设备材料表

220kV 变电站通用方案 HA-220-A2-10 子模块主要电气设备材料表见表 8-9。

表 8-9　　通用方案 HA-220-A2-10 子模块主要电气设备材料表

序号	设备名称	规格	单位	数量	备注
一	增减一台主变压器 240MVA（HA-220-A2-10-ZB）				
（一）	主变压器部分				
1	主变压器	三相三绕组油浸风冷式有载调压变压器 SFSZ11-240000/220	台	1	分体式
2	220kV 中性点成套装置		套	1	
3	110kV 中性点成套装置		套	1	
4	220kV 复合式电缆终端	1×1000	只	3	
5	220kV GIS 电缆终端	1×1000	只	3	
6	110kV 复合式电缆终端	1×1600	只	3	
7	110kV GIS 电缆终端	1×1600	只	3	
8	氧化锌避雷器	HY5WZ-17/45 配在线监测仪	台	3	
9	钢芯铝绞线	LGJ-300/40，中性点连线，单导线，0.66 跨	m	30	
10	钢芯铝绞线	LGJ-630/45，主变压器与 220kV 电缆头连线，单导线，1 组	m	20	
11	钢芯铝绞线	LGJ-630/45，主变压器与 110kV 电缆头连线，双导线，1 组	m	40	
12	220kV 电力电缆	ZR-YJLW02-127/220kV-1×1000	m	230	
13	110kV 电力电缆	ZR-YJLW02-64/110kV-1×1600	m	180	
14	电缆接地箱	带护层保护器	只	2	
15	电缆接地箱	三相直接接地	只	2	
16	接地电缆	ZC-YJV-6/10kV-1×300	m	100	
17	10kV 绝缘铜管型母线	4000A	m	70	含安装附件
18	智能控制柜		个	1	
19	检修电源箱	ZXW-2/3	个	1	
（二）	220kV 户内配电装置部分				
1	220kV 主变压器进线间隔	单断路器，4000A，50kA	个	1	
（三）	110kV 户内配电装置部分				
1	110kV 主变压器进线间隔	单断路器，3150A，40kA	个	1	

续表 8-9

序号	设备名称	规格	单位	数量	备注
（四）	10kV配电装置				
1	高压开关柜	KYN-12kV，4000A，40kA/3s	面	2	主进
2	高压开关柜	KYN-12kV，4000A，40kA/3s	面	2	主进隔离
（五）	站用电部分				
1	零序电流互感器	LMZJ1-0.5　500/1A	只	1	
2	低压电力电缆	4×(ZR-YJV22-1kV-3×185+1×95)	m	120	
3	低压电力电缆	ZR-YJV22-1kV-3×120+1×70	m	100	
4	低压电力电缆	ZC-YJV22-0.6/1kV-3×16+1×10	m	320	
5	低压电力电缆	ZC-YJV22-0.6/1kV-3×10+1×6	m	200	
（六）	防雷接地				
1	接地铜排	−40mm×5mm	m	300	
2	热镀锌扁钢	−70mm×8mm	m	100	
（七）	防火材料及其他				
1	无机防火堵料		t	1	
2	有机防火堵料		t	0.5	
3	防火涂料		t	0.3	
4	防火包		m^3	5	
5	阻燃无机耐火隔板		m^2	50	
6	角钢	L40mm×40mm×4mm	m	100	
7	膨胀螺栓	M8×80	套	100	
8	控制电缆	ZR-KVVP22-	km	8	
9	厂供电缆		km	1	
（八）	状态监测系统				
1	主变压器状态监测装置	含变压器监测终端、油温、油位远传表计、油色谱在线监测单元、铁芯接地电流在线监测传感器、中性点避雷器在线监测传感器1套，配置监测终端2台、集线器2只，6只远传表计	套	1	
（九）	计算机监控系统	完成全站监控或远传、实现无人值班			
1	计算机监控系统扩容		套	1	
2	主变压器测控柜	含5台测控装置	面	1	
（十）	继电保护	（不包括自动装置）			
1	主变压器保护屏	含主变压器保护装置1台	面	2	
（十一）	电能计费				
1	数字式电能表	0.2S级关口表	块	1	
2	数字式多功能电能表	0.5S级电能表	块	3	
（十二）	过程层设备	合并单元、智能终端、交换机等	套	1	
二	增减一回220kV电缆出线（HA-220-A2-10-220）				
（一）	220kV配电装置部分				
1	220kV电缆出线间隔	单断路器，4000A，50kA	个	1	
（二）	站用电部分				
1	低压电力电缆	ZC-YJV22-0.6/1kV-3×16+1×10	m	100	
（三）	防雷接地				
1	接地扁钢	−70mm×8mm	m	50	
（四）	防火材料				
1	无机防火堵料		t	0.5	
2	有机防火堵料		t	0.2	

续表 8-9

序号	设备名称	规格	单位	数量	备注
3	防火涂料		t	0.05	
4	无机耐火隔板		m^3	5	
5	角钢		m	50	
6	电缆槽盒		m	10	
7	控制电缆		km	0.5	
8	厂供电缆		km	0.5	
（五）	计算机监控系统	完成全站监控或远传、实现无人值班	套	1	
1	计算机监控系统扩容		套	1	
2	铠装光缆、尾缆	铠装光缆 1600m	套	1	
（六）	继电保护	不包括自动装置			
1	220kV 光纤差动保护装置		台	2	
（七）	电能计费				
1	数字式多功能电能表	0.5S 级电能表	块	1	
（八）	过程层设备	合并单元、智能终端、交换机等	套	1	
三	增减一组 10kV 电容器（HA-220-A2-10-10C）				
（一）	10kV 无功补偿部分				
1	无功补偿电容器成套装置	户内框架组合式额定电压 12kV，额定容量 8000kvar。 每套包括电容器组、5%串联电抗器、熔断器、放电线圈、隔离开关、避雷器、支持绝缘子等	套	1	
2	10kV 电力电缆	2×(ZC-YJV22-8.7/10-3×240)	m	70	
3	10kV 户内冷缩电缆头	配 ZC-YJV22-8.7/10-3×240 电缆用	套	4	
（二）	防雷接地				
1	接地扁钢	−70mm×8mm	m	50	
（三）	防火材料				
1	无机防火堵料		t	0.3	
2	有机防火堵料		t	0.1	
3	防火涂料		t	0.05	
4	无机耐火隔板		m^3	5	
5	角钢	L40mm×40mm×4mm	m	50	
（四）	计算机监控系统	完成全站监控或远传、实现无人值班	套	1	
1	计算机监控系统扩容		套	1	
（五）	继电保护	不包括自动装置			
1	10kV 电容器保护测控装置		台	1	
（六）	电能计费				
1	多功能电能表	0.5S 级电能表	块	1	
（七）	控制电缆	ZR-KVVP2-22	m	1000	
四	增减一组 10kV 电抗器（HA-220-A2-10-10L）				
（一）	10kV 无功补偿部分				
1	10kV 三相铁芯并联电抗器	10kV，10000kvar	台	1	
2	隔离开关	12kV，1250A	组	1	
3	避雷器	HY5WZ-17/45kV	只	3	
4	10kV 电力电缆	2×(ZC-YJV22-8.7/10-3×240)	m	160	
5	10kV 户内冷缩电缆头	配 ZC-YJV22-8.7/10-3×240 电缆用	套	4	
（二）	防雷接地				
1	接地扁钢	−70mm×8mm	m	50	

续表 8-9

序号	设备名称	规格	单位	数量	备注
（三）	防火材料				
1	无机防火堵料		t	0.3	
2	有机防火堵料		t	0.1	
3	防火涂料		t	0.05	
4	无机耐火隔板		m^3	5	
5	角钢	L40mm×40mm×4mm	m	50	
（四）	计算机监控系统	完成全站监控或远传、实现无人值班	套	1	
1	计算机监控系统扩容		套	1	
（五）	继电保护	不包括自动装置			
1	10kV 电抗器保护测控装置		台	1	
（六）	电能计费				
1	数字多功能电能表	0.5S 级电能表	块	1	
（七）	控制电缆	ZR-KVVP2-22	m	100	
（八）	计算机监控系统	完成全站监控或远传、实现无人值班	套	1	

8.2.3 建筑工程量表

220kV 变电站通用方案 HA-220-A2-10 子模块建筑工程量表 8-10。

表 8-10　　通用方案 HA-220-A2-10 子模块建筑工程量表

序号	名称	规格	单位	数量	备注
一	增减一台 240MVA 主变压器（HA-220-A2-10-ZB）				
（一）	主变压器部分				
1	主变压器基础及油坑				
1.1	主变压器基础	钢筋混凝土整板式基础（8.2m×5.32m×2.95m），C30	m^3	70	共 1 组
1.2	主变压器基础垫层	(8.4m×5.52m×0.1m)，C15	m^3	4.63	共 1 组
1.3	主变压器油坑	200mm 厚混凝土油池池壁，C30	m^3	7.5	
		200mm 厚混凝土油池底板，C30	m^3	28	
1.4	卵石		m^3	19.95	
1.5	散热器基础	钢筋混凝土整板式基础（5.15m×8.2m×2.95m），C30	m^3	112	共 1 组
1.6	散热器基础垫层	(5.35m×12.4m×0.1m)，C15	m^3	6.6	共 1 组
1.7	散热器油池	200mm 厚混凝土油池池壁，C30	m^3	6	
		200mm 厚混凝土油池底板，C30	m^3	16	
1.8	卵石		m^3	14.42	
2	主变压器构支架				
2.1	支架				
2.1.1	母线桥支架	Φ273×6 钢管杆，5.0m 高	t/组	0.25	
2.1.2	110kV 中性点支架基础	C30 混凝土	m^3/组	1.2	
2.1.3	220kV 中性点支架基础	C30 混凝土	m^3/组	1.2	
2.1.4	110kV 电缆支架	Φ273×6 钢管杆，5.0m 高	t/组	0.25	
3	主变压器水喷雾消防		·		
3.1	内外热镀锌钢管	DN25	m	220	
3.2	内外热镀锌钢管	DN80	m	90	
3.3	内外热镀锌钢管	DN150	m	200	
3.4	内外热镀锌钢管	DN200	m	90	

续表 8-10

序号	名称	规格	单位	数量	备注
3.5	内外热镀锌钢管	DN250	m	300	
3.6	镀锌角钢管道支架		t	8.5	
3.7	弧形托架		套	4	
3.8	法兰盘	DN60，P=1.6MPa	对	2	
3.9	法兰封堵	DN60，P=1.6MPa	片	2	
3.10	泄水阀门井	ϕ1200，深度 1.5m	座	1	
3.11	放空阀	DN25	个	3	
3.12	推车式干粉灭火器	MF/ABC50 型	台	2	
3.13	手提式干粉灭火器	MF/ABC5 型	只	90	带配套灭火器箱
3.14	雨淋阀组	DN250	套	1	
3.15	高速水雾喷头	ZSTWB-33.7-120，K=34	套	100	
3.16	Y 型过滤器	DN250	个	2	
3.17	主变压器水喷雾消防				
3.18	内外热镀锌钢管	DN25	m	220	
3.19	Y 型拉杆伸缩过滤器	YSTF，DN250，1.6MPa	个	2	
3.20	蜗轮杆对夹式蝶阀	WBGX，DN250，1.6MPa	个	2	
3.21	信号蝶阀	ZSXF-250D，DN250，1.6MPa	个	4	
二	增减一回 220kV 电缆出线（HA-220-A2-10-220）				
	无土建工程量				
三	增减一组 10kV 电容器（HA-220-A2-10-10C）				
	无土建工程量				
四	增减一组 10kV 电抗器（HA-220-A2-10-10L）				
	无土建工程量				

8.2.4　预算书

220kV 变电站通用方案 HA-220-A2-10 子模块总预算表、安装工程部分汇总预算表、建筑工程部分汇总预算表、其他费用预算表分别见表 8-11～表 8-23。

表 8-11　　**子模块 HA-220-A2-10-ZB 总预算表**　　金额单位：万元

序号	工程或费用名称	金额	各项占静态投资比例（%）	单位投资（元/kVA）
一	建筑工程费	138	7.32	5.75
1	主要生产工程	138	7.32	5.75
2	辅助生产工程			
3	与站址有关的单项工程			
二	安装工程费	300	15.92	12.5
1	主要生产工程	300	15.92	12.5
2	与站址有关的单项工程			
三	设备购置费	1357	71.99	56.54
四	其他费用	71	3.77	2.96
五	基本预备费	19	1.01	0.79
六	特殊项目费用			
	工程静态投资	1885	100	78.54

表 8-12　　子模块 HA-220-A2-10-ZB 安装工程部分汇总预算表　　金额单位：元

序号	项目或费用名称	设备购置费	安装工程							
			分部分项工程费		措施项目费（一）	措施项目费（二）	施工企业配合调试费	规费	税金	合计
			小计	其中：装置性材料费						
	变电站安装工程	13568995	1143681	1420722	248271		5653	117603	136369	3002510
一	主要生产工程	13568995	1143681	1420722	248271		5653	117603	136369	3002510
1	主变压器系统	9437881	205380	4884	33167		1260	16871	23101	279778
1.1	220kV 主变压器	9437881	205380	4884	33167		1260	16871	23101	279778
2	配电装置	3339837	97456	170	17967		525	13254	11628	140831
2.1	户内配电装置	3339837	97456	170	17967		525	13254	11628	140831
3	控制及直流系统	774157	85924		16123		452	12377	10339	125215
3.1	计算机监控系统	216908	83450		15622		441	11925	10029	121467
3.2	继电保护	350839	1272		260		6	238	160	1935
3.3	智能辅助控制系统	120840	1202		241		6	214	150	1813
3.4	在线监测系统	85571								
4	站用电系统	1007	174		31		1	22	21	249
4.1	站用配电装置	1007	174		31		1	22	21	249
5	电缆及接地		477728	1415668	130211		1924	38046	58312	2057153
5.1	全站电缆		397378	1371265	120515		1792	30824	49546	1950987
5.2	全站接地		80349	44403	9696		132	7222	8766	106165
6	通信及远动系统	16112	186		40		1	41	24	292
6.1	远动及计费系统	16112	186		40		1	41	24	292
7	全站调试		276834		50731		1491	36993	32944	398994
7.1	分系统调试		44727		9097		193	8387	5616	68021
7.2	特殊调试		217350		38622		1239	25771	25468	308450
7.3	整套启动调试		14757		3011		60	2836	1860	22524
	合计	13568995	1143681	1420722	248271		5653	117603	136369	3002510

表 8-13　　子模块 HA-220-A2-10-ZB 建筑工程部分汇总预算表　　金额单位：元

序号	项目或费用名称	建筑工程						
		建筑设备费	分部分项工程费	措施项目费（一）	措施项目费（二）	规费	税金	合计
	变电站建筑工程	123680	988365	91839		53674	113180	1376544
一	主要生产工程	123680	988365	91839		53674	113180	1376544
2	配电装置建筑	5000	852830	79313		46353	88515	1077816
2.1	主变压器系统		352790	32034		18722	36319	445671
2.2	电缆沟道	5000	500040	47279		27631	52195	632145
4	消防系统	118680	135535	12526		7321	24666	298727
4.1	站区消防管道		125023	11493		6717	12891	156123
4.2	特殊消防系统	118680	10512	1033		604	11775	142604
	合计	123680	988365	91839		53674	113180	1376544

表 8-14　**子模块 HA-220-A2-10-ZB 其他费用预算表**　金额单位：元

序号	工程或费用名称	编制依据及计算说明	合价
2	项目建设管理费		530379
2.1	项目法人管理费	（建筑工程费+安装工程费）×3.36%×0.9	132423
2.2	招标费	（建筑工程费+安装工程费）×2.29%	59993
2.3	工程监理费	（建筑工程费+安装工程费）×4.46%	195306
2.4	设备材料监造费	监造设备费×0.87%	101933
2.5	施工过程造价咨询及竣工结算审核费	（建筑工程费+安装工程费）×0.88%	38536
2.6	工程保险费	（建筑工程费+安装工程费）×0.05%	2190
3	项目建设技术服务费		135536
3.4	设计文件评审费		97000
3.4.1	可行性研究文件评审费	可行性研究评审费	20000
3.4.2	初步设计文件评审费	初步设计评审费	35000
3.4.3	施工图文件评审费	施工图评审费	42000
3.5	项目后评价费	（建筑工程费+安装工程费）×0.5%	21895
3.6	工程建设检测费		12261
3.6.1	电力工程质量检测费	（建筑工程费+安装工程费）×0.28%	12261
3.7	电力工程技术经济标准编制费	（建筑工程费+安装工程费）×0.1%	4379
4	生产准备费		44666
4.2	工器具及办公家具购置费	（建筑工程费+安装工程费）×1.02%	44666
	小计		710581

表 8-15　**子模块 HA-220-A2-10-220 总预算表**　金额单位：万元

序号	工程或费用名称	金额	各项占静态投资比例（%）	单位投资（元/kVA）
一	建筑工程费			
1	主要生产工程			
2	辅助生产工程			
3	与站址有关的单项工程			
二	安装工程费	29	11.65	
1	主要生产工程	29	11.65	
2	与站址有关的单项工程			
三	设备购置费	209	83.94	
四	其他费用	9	3.61	
五	基本预备费	2	0.8	
六	特殊项目费用			
	工程静态投资	249	100	

表 8-16　子模块 HA-220-A2-10-220 安装工程部分汇总预算表　金额单位：元

序号	项目或费用名称	设备购置费	安装工程							
			分部分项工程费		措施项目费（一）	措施项目费（二）	施工企业配合调试费	规费	税金	合计
			小计	其中：装置性材料费						
	变电站安装工程	2085214	188368	16788	37704		929	24176	22606	285691
一	主要生产工程	2085214	188368	16788	37704		929	24176	22606	285691
1	配电装置	1660260	38241		7742		196	5211	4625	56015
1.1	户内配电装置	1660260	38241		7742		196	5211	4625	56015
2	控制及直流系统	422940	40887		8501		199	6128	5014	60729
2.1	计算机监控系统	70691	24096		4905		122	3351	2923	35397
2.2	继电保护	342179	16791		3596		77	2777	2092	25332
2.3	在线监测系统	10070								
3	电缆及接地		27136	16788	5895		87	3981	3339	52344
3.1	全站电缆		24897	15588	5602		83	3797	3094	49380
3.2	全站接地		2239	1201	292		4	183	245	2964
4	通信及远动系统	2014	49		11		0	10	6	77
4.1	远动及计费系统	2014	49		11		0	10	6	77
5	全站调试		82055		15556		448	8845	9621	116525
5.1	分系统调试		12281		2569		37	2171	1535	18592
5.2	特殊调试		62447		11382		380	5373	7162	86745
5.3	整套启动调试		7327		1605		32	1301	924	11188
	合计	2085214	188368	16788	37704		929	24176	22606	285691

表 8-17　子模块 HA-220-A2-10-220 其他费用预算表　金额单位：元

序号	工程或费用名称	编制依据及计算说明	合价
2	项目建设管理费		42882
2.1	项目法人管理费	（建筑工程费+安装工程费）×3.36%×0.9	8639
2.2	招标费	（建筑工程费+安装工程费）×2.29%	3914
2.3	工程监理费	（建筑工程费+安装工程费）×4.46%	12742
2.4	设备材料监造费	监造设备费×0.87%	14444
2.5	施工过程造价咨询及竣工结算审核费	（建筑工程费+安装工程费）×0.88%	3000
2.6	工程保险费	（建筑工程费+安装工程费+设备购置费）×0.05%	143
3	项目建设技术服务费		44086
3.4	设计文件评审费		43000
3.4.1	可行性研究文件评审费		10000
3.4.2	初步设计文件评审费		15000
3.4.3	施工图文件评审费		18000
3.6	工程建设检测费		800
3.6.1	电力工程质量检测费	（建筑工程费+安装工程费）×0.28%	800
3.7	电力工程技术经济标准编制费	（建筑工程费+安装工程费）×0.1%	286
4	生产准备费		2914
4.2	工器具及办公家具购置费	（建筑工程费+安装工程费）×1.02%	2914
	小计		89882

表 8-18　　**子模块 220-HA-220-A2-10-10C 总预算表**　　金额单位：万元

序号	工程或费用名称	金额	各项占静态投资比例（%）	单位投资（元/kVA）
一	建筑工程费			
1	主要生产工程			
2	辅助生产工程			
3	与站址有关的单项工程			
二	安装工程费	13	31.71	
1	主要生产工程	13	31.71	
2	与站址有关的单项工程			
三	设备购置费	26	63.41	
四	其他费用	2	4.88	
五	基本预备费			
六	特殊项目费用			
	工程静态投资	41	100	

表 8-19　　**子模块 HA-220-A2-10-10C 安装工程部分汇总预算表**　　金额单位：元

序号	项目或费用名称	设备购置费	安装工程							
			分部分项工程费		措施项目费（一）	措施项目费（二）	施工企业配合调试费	规费	税金	合计
			小计	其中：装置性材料费						
	变电站安装工程	255174	52891	56430	7860		243	7932	6203	126723
一	主要生产工程	255174	52891	56430	7860		243	7932	6203	126723
1	无功补偿	217915	17876		2293		109	2674	2066	25017
1.1	低压电容器	217915	17876		2293		109	2674	2066	25017
2	控制及直流系统	35245	1601		240		8	353	198	2401
2.1	计算机监控系统	35245	1601		240		8	353	198	2401
3	电缆及接地		18570	56430	3348		57	2232	2179	77981
3.1	全站电缆		18371	56242	3341		57	2232	2160	77757
3.2	全站接地		199	188	7				19	225
4	通信及远动系统	2014	39		6		0	10	5	60
4.1	远动及计费系统	2014	39		6		0	10	5	60
5	全站调试		14805		1973		68	2662	1756	21265
5.1	分系统调试		6298		866		17	1339	767	9287
5.2	特殊调试		8507		1107		51	1323	989	11978
	合计	255174	52891	56430	7860		243	7932	6203	126723

表 8-20　　子模块 HA-220-A2-10-10C 其他费用预算表　　金额单位：元

序号	工程或费用名称	编制依据及计算说明	合价
2	项目建设管理费		14283
2.1	项目法人管理费	（建筑工程费+安装工程费）×3.36%×0.9	3832
2.2	招标费	（建筑工程费+安装工程费）×2.29%	1736
2.3	工程监理费	（建筑工程费+安装工程费）×4.46%	5652
2.5	施工过程造价咨询及竣工结算审核费	（建筑工程费+安装工程费)×0.88%	3000
2.6	工程保险费	（建筑工程费+安装工程费+设备购置费）×0.05%	63
3	项目建设技术服务费		482
3.6	工程建设检测费		355
3.6.1	电力工程质量检测费	（建筑工程费+安装工程费）×0.28%	355
3.7	电力工程技术经济标准编制费	（建筑工程费+安装工程费）×0.1%	127
4	生产准备费		1293
4.2	工器具及办公家具购置费	（建筑工程费+安装工程费）×1.02%	1293
	小计		16058

表 8-21　　子模块 HA-220-A2-10-10L 总预算表　　金额单位：万元

序号	工程或费用名称	金额	各项占静态投资比例（%）	单位投资（元/kVA）
一	建筑工程费			
1	主要生产工程			
2	辅助生产工程			
3	与站址有关的单项工程			
二	安装工程费	14	13.73	
1	主要生产工程	14	13.73	
2	与站址有关的单项工程			
三	设备购置费	85	83.33	
四	其他费用	2	1.96	
五	基本预备费	1	0.98	
六	特殊项目费用			
	工程静态投资	102	100	

表 8-22　　子模块 HA-220-A2-10-10L 安装工程部分汇总预算表　　金额单位：元

序号	项目或费用名称	设备购置费	安装工程							
			分部分项工程费		措施项目费（一）	措施项目费（二）	施工企业配合调试费	规费	税金	合计
			小计	其中：装置性材料费						
	变电站安装工程	845024	37093	91453	6516		149	4624	4354	138927
一	主要生产工程	845024	37093	91453	6516		149	4624	4354	138927
1	无功补偿	804744	16385	3431	1780		76	1985	1820	22047
1.1	低压电抗器	804744	16385	3431	1780		76	1985	1820	22047
2	控制及直流系统	38266	1601		240		8	353	198	2401
2.1	计算机监控系统	35245	1601		240		8	353	198	2401

续表 8-22

序号	项目或费用名称	设备购置费	安装工程							
			分部分项工程费		措施项目费（一）	措施项目费（二）	施工企业配合调试费	规费	税金	合计
			小计	其中：装置性材料费						
2.2	在线监测系统	3021								
3	电缆及接地		14055	88022	3799		42	1301	1728	107116
3.1	全站电缆		13361	87368	3776		42	1301	1663	106333
3.2	全站接地		694	654	23				65	782
4	通信及远动系统	2014	39		6		0	10	5	60
4.1	远动及计费系统	2014	39		6		0	10	5	60
5	全站调试		5013		690		22	975	603	7303
5.1	分系统调试		4270		601		17	885	520	6293
5.2	特殊调试		742		89		5	91	83	1010
	合计	845024	37093	91453	6516		149	4624	4354	138927

表 8-23　　子模块 HA-220-A2-10-10L 其他费用预算表　　金额单位：元

序号	工程或费用名称	编制依据及计算说明	合价
2	项目建设管理费		15370
2.1	项目法人管理费	（建筑工程费+安装工程费）×3.36%×0.9	4201
2.2	招标费	（建筑工程费+安装工程费）×2.29%	1903
2.3	工程监理费	（建筑工程费+安装工程费）×4.46%	6196
2.5	施工过程造价咨询及竣工结算审核费	（建筑工程费+安装工程费）×0.88%	3000
2.6	工程保险费	（建筑工程费+安装工程费+设备购置费）×0.05%	69
3	项目建设技术服务费		528
3.4	工程建设检测费		389
3.4.1	电力工程质量检测费	（建筑工程费+安装工程费）×0.28%	389
3.7	电力工程技术经济标准编制费	（建筑工程费+安装工程费）×0.1%	139
4	生产准备费		1417
4.2	工器具及办公家具购置费	（建筑工程费+安装工程费）×1.2%	1417
	小计		17315

第 9 章　220kV 变电站通用方案 HA-220-A3-2 通用造价

本通用方案技术条件，根据《国网河南省电力公司 35～220kV 变电站通用设计施工图实施方案》最新版中方案 HA-220-A3-2 确定，即主变压器采用 1×180MVA 三相三绕组有载调压变压器，电压等级采用 220/110/10kV，采用半户内布置方案，主变压器布置于户外，其余设备布置在两座配电装置楼内，220、110kV 均采用户内 GIS 设备，10kV 为户内开关柜。

本方案技术条件组合在本书中列表表示，变电站具体设计内容可参见已出版的通用设计配套图书。

9.1　主要技术条件

本方案主要技术条件包括变电站电气部分、土建部分等内容，具体见表 9-1。

表 9-1　　通用方案 HA-220-A3-2 技术条件

序号	项目名称	工程技术条件
一	电气部分	
1	主变压器	220/110/10kV 三相三绕组有载调压变压器，本期 1 台 180MVA 变压器，终期 3 台 180MVA 变压器
2	出线回路数	
2.1	220kV	本期 4 回，架空出线；终期 6 回，其中 4 回架空出线、2 回电缆出线
2.2	110kV	本期 6 回，其中架空出线 4 回，电缆出线 2 回；终期 12 回，其中架空出线 4 回，电缆出线 8 回
2.3	10kV	本期 12 回，终期 36 回，电缆出线
3	无功补偿装置	10kV 并联电容器，本期 4 组 8000kvar，终期 12 组 8000kvar
4	电气主接线	
4.1	220kV	本期双母线接线，终期双母线接线
4.2	110kV	本期双母线接线，终期双母线接线
4.3	10kV	本期单母线接线，终期单母线三分段接线
5	短路电流水平	220、110、10kV 短路电流水平分别为 50、40、40/31.5kA
6	主要设备选型	
6.1	主变压器	户外、油浸、低损耗、自然油循环自冷型三相三绕组有载调压变压器
6.2	断路器	220kV 采用户内 GIS 设备，110kV 采用户内 GIS 设备，架空出线套管布置于户外
6.3	隔离开关	220kV 采用户内 GIS 设备，110kV 采用户内 GIS 设备，架空出线套管布置于户外
6.4	互感器	220kV 电流互感器采用电磁式，内置于 GIS 中；110kV 电流互感器采用电磁式，内置于 GIS 中；220kV 母线采用三相电磁式电压互感器；220kV 出线采用三相电磁式电压互感器，内置于 GIS 中；110kV 母线采用三相电磁式电压互感器，内置于 GIS 中；110kV 出线采用三相电磁式电压互感器，内置于 GIS 中
6.5	避雷器	220、110、10kV 避雷器采用氧化锌避雷器
6.6	10kV 开关柜	10kV 采用户内配电装置成套开关柜，真空或 SF_6 断路器
6.7	站用变压器	10kV 采用消弧线圈接地变压器成套装置
6.8	无功补偿装置	10kV 电容器采用户内框架式电容器补偿装置，串联电抗器电抗率按 5%/12%考虑
7	配电装置	
7.1	220kV 配电装置	220kV 采用户内 GIS 布置，采用架空、电缆混合出线和主变压器架空进线方式
7.2	110kV 配电装置	110kV 采用户内 GIS 布置，采用架空、电缆混合出线和主变压器架空进线方式

续表 9-1

序号	项目名称	工程技术条件
7.3	10kV 配电装置	10kV 采用中置式开关柜，户内双列布置，电容器组采用户内布置
8	控制及远动	
8.1	计算机监控系统	一套：完成全站监控及远传，实现无人值班 主机/操作员站 2 套，集成集成工程师站、保信子站、五防工作站功能 Ⅰ区数据通信网关机柜：2 台通信网关机兼图形网关机，防火墙 2 台，组一面柜 Ⅱ区数据通信网关机柜：2 台Ⅱ区通信网关机 Ⅳ区数据通信网关机柜：1 台Ⅳ区通信网关机 综合应用服务器柜：含 1 台综合应用服务器 公用测控柜 1：含 2 台公用测控装置；公用测控柜 2：含 1 台公用测控装置；10kV 公用测控柜：含 1 台公用测控装置 主变压器测控柜：含 4 台主变压器测控装置 母线测控装置：220、110kV 测控装置各 2 台；10kV 母线测控 1 台 测控装置：220kV 测控装置 5 台、110kV 保护测控装置 7 台；10kV 保护测控集成装置 17 台，10kV TV 并列装置 1 台 微机五防操作闭锁 1 套，含电脑钥匙、就地锁具、验电器等 间隔层交换机：10 台，分散安装于 220、110kV 公用测控柜、智能柜及 10kV TV 开关柜内 过程层交换机：19 台，分散安装于各保护柜内 铠装光缆、尾缆、铠装超五类以太网线、铠装屏蔽双绞线 1 套 高级应用软件：实现顺序控制、智能告警及分析决策等高级功能 一键顺控功能模块：集成于监控主机和智能防误主机 网络安全在线监测装置：安装于调度数据专网柜 2 站控层交换机：Ⅰ区站控层交换机 2 台，Ⅱ区站控层交换机 2 台，Ⅳ区站控层中心交换机 1 台 网络打印机：布置在监控主机柜；A3 激光网络打印机（可打 A4 幅面） 网络分析记录装置柜 ：2 面；每面含分析一体化装置 2 台
8.2	时间同步系统	含同步时钟主机柜（双机）、接收天线、光纤、光电转换器、配套机柜 2 面
8.3	变电站智能辅助监控系统	1 面，含火灾消防子系统、安全防卫子系统、动环子系统、智能锁控子系统及智能巡视子系统等
8.4	调度专用网络接入设备	2 面，包括调度数据网路由器 2 套、调度数据网交换机 4 套、纵向加密认证装置 4 套
8.5	电量计费系统	含电能量采集终端 1 套，0.2S 级关口表 1 块，0.5S 级电能表 29 块
9	交直流一体化电源系统	直流系统为单母线分段接线，采用辐射方式供电。蓄电池布置在配电装置楼内
10	继电保护	各类保护盘柜，不包括安全自动装置
11	过程层设备	合并单元 16 台；智能终端 17 台；合并单元/智能终端一体化装置 11 台
12	故障录波装置	3 面
12.1	主变故障录波装置柜	含主变故障录波装置 2 台；管理机 1 台
12.2	220kV 故障录波装置柜	含 220kV 故障录波装置 2 台；管理机 1 台
12.3	110kV 故障录波装置柜	含 110kV 故障录波装置 1 台；管理机 1 台
13	电缆	
13.1	10kV 电力电缆	ZR-YJV22-8.7/10-3×240，共 1km；ZC-YJV22-8.7/10-3×185，共 0.024km
13.2	1kV 及以下电力电缆	6.32km
13.3	控制电缆	15km，1kV、屏蔽、铜芯
14	电力电缆	蓄电池用 NH-YJV22-1X185 共 100m
15	接地	铜排 5000m，热镀锌扁钢 6200m，垂直接地极 100 根
二	土建部分	

续表 9-1

序号	项目名称	工程技术条件
1	基本技术数据	
1.1	地震基本烈度	7 度，按设计基本地震加速度值 0.10g
1.2	设计风速	30m/s
1.3	地基承载力特征值	f_{ak}=150kPa
1.4	海拔	1000m 以下，场地同一标高
1.5	污秽等级	e 级
1.6	采暖	非采暖区
1.7	地下水	无影响
2	总平面布置	
2.1	站外道路	本次未涉及
2.2	站内道路	主变压器运输道路宽取 4.5m，其余道路为 4.0m，采用城市型道路，有路缘石，路面为混凝土
2.3	电缆隧道	总长度 105m；采用钢筋混凝土结构
2.4	电缆沟道	总长度 142m；采用钢筋混凝土结构
2.5	排水方式	站内排水采用有组织集中排放方式
2.6	站区占地	站区东西方向长 86m，南北方向长 85.5m，围墙内占地 0.7353hm^2
2.7	站区围墙	采用装配式围墙
3	建筑物	配电装置楼 2 座；辅助用房 1 座，消防泵房 1 座，全站总建筑面积为 2787.65m^2
3.1	220 千伏配电装置楼	
3.1.1	建筑面积与体积	地上两层，建筑面积 862.4m^2，建筑体积 4133m^3
3.1.2	建筑结构	采用装配式钢框架结构，地上两层钢结构。
3.1.3	建筑物基础	采用钢筋混凝土条形基础。
3.1.4	建筑装修	（1）外墙：采用铝镁锰复合板+纤维水泥饰面板。 （2）门窗：除部分选用木门外，其余门均采用成品防盗钢门，窗采用断桥铝合金三层中空夹胶玻璃窗。 （3）屋面：防水等级 I 级，设置两道设防的防水保温屋面。 （4）楼地面：楼梯间、卫生间防滑地砖，附属用房地砖地面，电缆层混凝土地面，其余电气房间自流平地面。 （5）内墙：采用一体化纤维水泥集成墙板，除卫生间和备餐间为瓷砖以外，其他均为纤维水泥饰面板
3.2	110 千伏配电装置楼	
3.2.1	建筑面积与体积	地上两层，地下一层（电缆层），建筑面积 1797m^2，建筑体积 7598m^3
3.2.2	建筑结构	采用装配式钢框架结构，地上两层钢结构，地下一层为电缆夹层，钢筋混凝土结构
3.2.3	建筑物基础	采用钢筋混凝土筏板基础
3.2.4	建筑装修	（1）外墙：采用铝镁锰复合板+纤维水泥饰面板。 （2）门窗：除部分选用木门外，其余门均采用成品防盗钢门，窗采用断桥铝合金三层中空夹胶玻璃窗。 （3）屋面：防水等级 I 级，设置两道设防的防水保温屋面。 （4）楼地面：楼梯间、卫生间防滑地砖，附属用房地砖地面，电缆层混凝土地面，其余电气房间自流平地面。 （5）内墙：采用一体化纤维水泥集成墙板，除卫生间和备餐间为瓷砖以外，其他均为纤维水泥饰面板
3.3	辅助用房	

续表 9-1

序号	项目名称	工程技术条件
3.3.1	建筑面积与体积	一层建筑面积 47.00m^2，建筑体积为 183m^3
3.3.2	建筑结构	钢框架结构，净高 3.2m
3.3.3	建筑物基础	采用钢筋混凝土独立基础
3.3.4	建筑装修	地面为地砖地面。内墙采用纤维水泥饰面板，卫生间及备餐间设置吊顶。外面装饰材料及风格、色调同配电装置楼。门采用木门，窗采用断桥铝合金三层中空夹胶玻璃窗
4	构筑物	
4.1	构、支架基础及主变压器基础	220kV 出线构架 2 跨，跨度 24m，构架高度为 14m，地线支架高度为 7m，避雷针高度 30m，构、支架基础均采用地脚螺栓重力式基础，主变压器基础采用钢筋混凝土整板式基础
5	其他构筑物	事故油池、消防水池等地下构筑物均采用现浇钢筋混凝土结构，抗渗等级 P6
6	供水	本次不涉及
7	采暖通风	在配电装置楼内资料室、10kV 配电装置室、二次设备室及蓄电池室等房间采用分体空调，在电缆层、10kV 配电装置室、电容器室及蓄电池室、GIS 室设通风设备
8	消防	站内设置水消防系统，并设置不同类型的移动式灭火器，主变压器采用水喷雾灭火系统

9.2 主要电气设备材料表

电气一次部分设备包括主变压器系统、各电压等级装置、无功补偿装置、站用电部分、防火材料及其他、接地等部分。其中，主变压器系统包括与主变压器连接到 10kV 配电装置的铜排母线桥；站用电部分包括 1kV 电力电缆；防火材料及其他包括电缆支架、防火材料、二次控制电缆等；接地部分包含主接地网、接地引下线、垂直接地极等。电气二次设备包括计算机监控系统、继电保护、直流系统、通信电源、电能计费等部分，不考虑检修试验设备。220kV 变电站通用方案 HA-220-A3-2 主要电气设备材料表见 9-2。

表 9-2　　通用方案 HA-220-A3-2 主要电气设备材料表

序号	设备名称	规格	单位	数量	备注
一	主变压器系统				
1	主变压器	三相三绕组油浸自冷式有载调压变压器 SSZ11-180000/220	台	1	一体式
2	220kV 中性点成套装置		套	1	
3	110kV 中性点成套装置		套	1	
4	氧化锌避雷器	HY5WZ-17/45，配在线监测仪	台	3	
5	钢芯铝绞线	JL/G1A-630/55，跨距 22.5m 220kV 主变进线间隔跨线，单导线，1 跨	m	60	
6	钢芯铝绞线	2×JL/G1A-630/55，跨距 10m 110kV 主变进线间隔跨线，双导线，1 跨	m	36	已折算成单根导线总长
7	钢芯铝绞线	JL/G1A-630/55，设备引下线 220kV 主变进线间隔，主变侧，单导线，1 组	m	24	
8	钢芯铝绞线	JL/G1A-630/55，设备引下线 220kV 主变进线间隔，GIS 侧，单导线，1 组	m	15	
9	钢芯铝绞线	2×JL/G1A-630/55，设备引下线 110kV 主变进线间隔，主变侧，双导线，1 组	m	60	已折算成单根导线总长
10	钢芯铝绞线	2×JL/G1A-630/55，设备引下线 110kV 主变进线间隔，GIS 侧，双导线，1 组	m	30	已折算成单根导线总长
11	钢芯铝绞线	JL/G1A-400/35，220kV、110kV 中性点成套设备连线 单导线，0.66 组	m	8	已折算成单根导线总长

续表 9-2

序号	设备名称	规格	单位	数量	备注
12	耐张绝缘子串	20（XWP2-120）（单片爬电距离450mm，高度146mm）	串	6	220kV主变进线间隔跨线用
13	耐张绝缘子串	11（XWP2-120）（单片爬电距离450mm，高度146mm）	串	6	110kV主变进线间隔跨线用
14	铜排	3×TMY-125×10	m	140	10kV进线，长度按单根计
15	交流穿墙套管	AC20kV，瓷,4000A，无TA，铜	只	3	
16	铜母线热缩护套	热缩	m	140	
17	交流支柱绝缘子	ZSW-20/16	只	25	
18	矩形母线固定金具	MWP-304	套	25	
19	母线铜伸缩节	MTS-125×10	套	18	
20	智能控制柜		个	1	
21	检修电源箱	ZXW-2/3	个	1	
二	220kV配电装置部分				
1	220kV主变压器进线间隔	单断路器，4000A，50kA	个	1	架空进线，进线套管布置于户外
2	220kV架空出线间隔	单断路器，4000A，50kA	个	4	架空出线，出线套管布置于户外
3	220kV母联间隔	单断路器，4000A，50kA	个	1	
4	220kV母线设备间隔	4000A，50kA	个	2	
5	220kV备用主变压器进线间隔	4000A，50kA	个	2	
6	220kV备用出线间隔	4000A，50kA	个	2	
7	220kV GIS主母线	4000A，三相共箱	m	6.4	双母线、三相共箱
8	220kV GIS分支母线	4000A，分相	m	75	
9	220kV氧化锌避雷器	Y10W-204/532W，附在线监测仪	台	12	
10	悬垂绝缘子串	20（XWP2-120）（单片爬电距离450mm，高度146mm)	串	12	
11	钢芯铝绞线	2×JL/G1A-630/55，半跳线 220kV架空出线间隔，双导线，4组	m	168	已折算成单根导线总长
12	钢芯铝绞线	2×JL/G1A-630/55，设备引下线 220kV架空出线间隔，GIS套管引线，双导线，4组	m	168	已折算成单根导线总长
13	钢芯铝绞线	JL/G1A-630/55，设备引下线 220kV架空出线间隔，避雷器引线，单导线，4组	m	60	已折算成单根导线总长
三	110kV配电装置部分				
1	110kV主变压器进线间隔	单断路器，3150A，40kA	个	1	架空进线，进线套管布置于户外
2	110kV架空出线间隔	单断路器，3150A，40kA	个	4	架空出线，出线套管布置于户外
3	110kV电缆出线间隔	单断路器，3150A，40kA	个	2	
4	110kV母联间隔	单断路器，3150A，40kA	个	1	

续表 9-2

序号	设备名称	规格	单位	数量	备注
5	110kV 母线设备间隔	3150A，40kA	个	2	
6	110kV 备用主变压器进线间隔	3150A，40kA	个	2	
7	110kV 备用出线间隔	3150A，40kA	个	6	
8	110kV GIS 主母线	3150A，三相共箱	m	6.5	双母线、三相共箱
9	110kV GIS 分支母线	3150A，三相共箱	m	10	三相共箱
10	110kV 氧化锌避雷器	Y10W-102/266W，附在线监测仪	只	12	
11	钢芯铝绞线	2×JL/G1A-240/30，设备引下线 110kV 架空出线间隔，GIS 套管引线，双导线，4 组	m	120	已折算成单根导线总长
12	钢芯铝绞线	2×JL/G1A-240/30，设备引下线 110kV 架空出线间隔，避雷器引线，双导线，4 组	m	24	已折算成单根导线总长
四	10kV 配电装置				
1	高压开关柜	KYN-12kV，4000A～40kA	面	1	主进
2	高压开关柜	KYN-12kV，4000A～40kA	面	1	分段隔离
3	高压开关柜	KYN-12kV，1250A～31.5kA	面	1	TV
4	高压开关柜	KYN-12kV，1250A～31.5kA	面	1	接地变压器
5	高压开关柜	KYN-12kV，1250A～31.5kA	面	4	电容器
6	高压开关柜	KYN-12kV，1250A～31.5kA	面	12	馈线
7	10kV 封闭母线桥	10kV，4000A	m	14	
五	无功补偿				
1	无功补偿电容器成套装置	TBB11/$\sqrt{3}$ -8000-3W，每套包括电容器组、5%串联电抗器、熔断器、放电线圈、隔离开关、避雷器、支持绝缘子等	套	2	
2	无功补偿电容器成套装置	TBB11/$\sqrt{3}$ -8000-3W，每套包括电容器组、12%串联电抗器、熔断器、放电线圈、隔离开关、避雷器、支持绝缘子等	套	2	
3	10kV 电力电缆	2×（ZC-YJV22-8.7/10-3×240）	m	1000	
4	10kV 户内冷缩电缆头	配 ZC-YJV22-8.7/10-3×240 电缆用	套	16	
六	站用电部分				
1	接地变压器及消弧线圈成套装置	DKSC-1500/10.5-500/0.4	台	1	
2	零序电流互感器	LMZJ1-0.5 500/1A	只	2	
3	10kV 电力电缆	ZC-YJV22-8.7/10-3×185	m	24	
4	10kV 户内冷缩电缆头	配 ZC-YJV22-8.7/10-3×185 电缆用	只	2	
5	低压电力电缆				
5.1	低压电力电缆	ZR-YJV22-1kV-3×185+1×95	m	1020	
5.2	低压电力电缆	ZC-YJV22-0.6/1kV-4×120	m	150	
5.3	低压电力电缆	ZC-YJV22-0.6/1kV-4×70	m	650	
5.4	低压电力电缆	ZC-YJV22-0.6/1kV-4×35	m	900	
5.5	低压电力电缆	ZC-YJV22-0.6/1kV-4×25	m	300	

续表 9-2

序号	设备名称	规格	单位	数量	备注
5.6	低压电力电缆	ZC-YJV22-0.6/1kV-4×16	m	1000	
5.7	低压电力电缆	ZC-YJV22-0.6/1kV-2×16	m	300	
5.8	低压电力电缆	ZC-YJV22-0.6/1kV-2×10	m	100	
5.9	低压电力电缆	ZC-YJV22-0.6/1kV-2×6	m	100	
5.10	低压电力电缆	NH-YJV22-0.6/1kV-4×120	m	750	
5.11	低压电力电缆	NH-YJV22-0.6/1kV-3×50+1×25	m	100	
5.12	低压电力电缆	NH-YJV22-0.6/1kV-4×35	m	100	
5.13	低压电力电缆	NH-YJV22-0.6/1kV-4×25	m	100	
5.14	低压电力电缆	NH-YJV22-0.6/1kV-2×25	m	100	
5.15	低压电力电缆	NH-YJV22-0.6/1kV-3×16+1×10	m	300	
5.16	低压电力电缆	NH-YJV22-0.6/1kV-2×16	m	150	
5.17	低压电力电缆	NH-YJV22-0.6/1kV-3×10+1×6	m	100	
5.18	低压电力电缆	NH-YJV22-0.6/1kV-2×4	m	100	
七	照明部分				
1	照明配电箱		个	4	
2	备用照明配电箱		个	2	
3	插座配电箱		个	2	
4	暖通配电箱		个	2	
5	户内检修配电箱		个	2	
6	消防泵房配电箱		个	1	
7	辅助用房配电箱		个	1	
8	行灯变压器	1000VA	台	1	
9	行灯变压器	500VA	台	1	
10	LED 投光灯	AC220V，200W	套	10	
11	LED 投光灯	AC220V，2×200W	套	4	
12	LED 投光壁灯	AC220V，200W	套	3	
13	低压电力电缆	ZC-YJV22-1-5×4	m	160	户外照明用
14	低压电力电缆	ZC-YJV22-1-3×4	m	1400	户外照明用
15	塑料绝缘铜线	2×BV-750-2.5	m	350	户外照明用
16	热镀锌钢管	ϕ40	m	120	户外照明用
17	热镀锌钢管	ϕ25	m	900	户外照明用
18	热镀锌钢管	ϕ20	m	250	户外照明用
八	防雷接地				
1	接地铜排	—40mm×5mm	m	3000	水平接地体

续表 9-2

序号	设备名称	规格	单位	数量	备注
2	接地铜排	−40mm×5mm	m	1700	接地引上线
3	接地铜排	−40mm×5mm	m	300	设备接地
4	热镀锌扁钢	−70mm×8mm	m	5400	户内水平接地
5	镀锌圆钢	ϕ 12	m	400	屋顶避雷带
6	热镀锌扁钢	−60mm×8mm	m	400	
7	热镀锌扁钢	−40mm×4mm	m	800	楼梯、灯具等
8	镀铜钢棒	ϕ 17.3×2.5	根	100	
9	铜排	−25mm×4mm	m	300	二次等电位网
10	铜电缆	1kV，型号：YJV-0.6/1-1×120mm^2	m	300	二次等电位网
11	铜电缆	1kV，型号：YJV-0.6/1-1×50mm^2	m	100	
12	低压支柱绝缘子		只	200	
13	临时接地端子		个	50	
14	放热熔焊焊点		个	600	
15	放热熔焊模具		套	100	
九	防火材料及其他				
1	无机防火堵料		t	8	
2	有机防火堵料		t	7	
3	防火涂料		t	1.5	
4	阻燃无机耐火隔板		m^2	800	
5	阻火包		t	11	
6	角钢	L40mm×40mm×4mm	m	1400	
7	L 型层间防火隔板	δ = 10mm，底边宽度 300mm，翻边高度 80mm	套	280	
8	L 型层间防火隔板	δ = 10mm，底边宽度 300mm，翻边高度 50mm	套	100	
9	膨胀螺栓	M8×80	套	3500	
10	钢板	厚 8mm	m^2	150	
11	电缆支架	6.3 号槽钢	t	36	
12	电缆支架	∠63×6	t	16	
13	不锈钢电缆支架		t	1.5	
14	电缆槽盒	200mm×100mm	m	800	
15	成品电缆竖井	550mm×500mm，高 4.8m	套	6	二次设备间电缆竖井
16	成品电缆竖井	800mm×800mm，高 4.8m	套	2	110kV 电缆竖井
17	控制电缆				
17.1	控制电缆	ZC-KVVP2-22-14×2.5	km	1	
17.2	控制电缆	ZC-KVVP2-22-7×2.5	km	2	

续表 9-2

序号	设备名称	规格	单位	数量	备注
17.3	控制电缆	ZC-KVVP2-22-4×2.5	km	4	
17.4	控制电缆	ZC-KVVP2-22-4×4	km	6	
17.5	控制电缆	ZC-KVVP2-22-7×4	km	3	
17.6	厂供电缆		km	4	
十	状态监测系统				
1	主变压器状态监测装置	变压器检测终端、油温、油位远传表计、油色谱在线监测单元、铁芯接地电流在线监测传感器、中性点避雷器在线监测传感器等	套	1	
2	220kV GIS 监测系统	监测终端、绝缘气体密度远传表计、避雷器在线监测传感器等	套	1	
3	110kV GIS 监测系统	监测终端、绝缘气体密度远传表计、避雷器在线监测传感器等	套	1	
4	10kV 开关柜监测系统	监测终端、表计采集终端、触头温度传感器等	套	1	
十一	计算机监控系统	完成全站监控或远传、实现无人值班，实现顺序控制、智能告警及分析决策等高级功能	套	1	
1	监控主机柜	含 2 套主机/操作员站，集成保信子站，五防工作站功能 2260mm×600mm×900mm	面	2	
2	Ⅰ区数据通信网关机柜	含 2 台通信网关机兼图形网关机	面	1	
3	Ⅱ区数据通信网关机柜	含 2 台Ⅱ区通信网关机	面	1	
4	Ⅳ区数据通信网关机柜	含 1 台Ⅳ区通信网关机	面	1	
5	综合应用服务器柜	含 1 台综合应用服务器	面	1	
6	一键顺控功能模块	集成于监控主机和智能防误主机	套	1	
7	高级应用软件	含顺序控制、智能告警及故障信息综合分析决策、设备状态可视化、支撑经济运行与优化控制、站域控制	套	1	
8	站控层交换机	其中，Ⅰ区站控层交换机 2 台，Ⅱ区站控层交换机 2 台，Ⅳ区站控层中心交换机 1 台	台	5	
9	过程层交换机	16 多模百兆光口+2 千兆光口交换机	台	19	
10	主变压器测控柜	测控装置 4 台	面	1	
11	220kV 线路、母联测控装置		台	5	
12	220kV 母线测控装置		台	2	
13	110kV 母线测控装置		台	2	
14	10kV 母线测控装置		台	1	
15	公用测控柜 1	公用测控装置 2 台	面	1	
16	公用测控柜 2	公用测控装置 1 台	面	1	
17	间隔层交换机	24 电口，2 光口	台	10	
18	时间同步系统	主时钟冗余配置，支持北斗和 GPS 授时信号，包括主时钟柜 1 面，扩展柜 1 面	面	2	
19	微机五防操作闭锁装置	含电脑钥匙、就地锁具、验电器等	套	1	
20	10kV 保护测控一体化装置	保护测控计量一体化装置，按单元配置，分散安装于 10kV 开关柜	套	17	
21	打印机	网络打印机 1 台，移动式打印机 1 台	台	2	
22	10kV 母线电压并列装置		套	1	

续表 9-2

序号	设备名称	规格	单位	数量	备注
23	铠装光缆、尾缆、网线	铠装光缆、尾缆 45000m，铠装超五类以太网线 2000m，铠装屏蔽双绞线 2000m	套	1	
十二	继电保护	不包括自动装置			
1	220kV 线路保护装置	2 套独立主保护，均具有完整后备保护	台	8	
2	220kV 母线保护柜（含失灵保护功能）	柜式 2260mm×600mm×600mm，每面含 220kV 母线及失灵保护装置 1 套	面	2	
3	220kV 微机线路保护接口柜	柜式 2260mm×600mm×600mm，每面含数字接口装置 4 台	面	2	
4	220kV 母联保护装置		台	2	
5	110kV 线路保护测控装置		台	6	
6	110kV 母线保护柜	柜式 2260mm×600mm×600mm，含母线保护装置 1 台	面	1	
7	110kV 母联保护测控装置		台	1	
8	主变压器保护柜	柜式 2260mm×600mm×600mm，每面含主变压器保护装置 1 台	面	2	
9	主变压器故障录波器柜	柜式 2260mm×600mm×600mm，含主变压器故障录波装置 2 台	面	1	
10	220kV 故障录波器柜	柜式 2260mm×600mm×600mm，含 220kV 故障录波装置 2 台	面	1	
11	110kV 故障录波器柜	柜式 2260mm×600mm×600mm，含 110kV 故障录波装置 1 台	面	1	
12	网络分析柜	柜式 2260mm×600mm×600mm，每面含分析一体化装置 2 台	面	2	
13	调度专用网络接入设备	每套含路由器 1 台，交换机 2 台，纵向加密认证 2 台	套	2	
14	安全防护装置	防火墙 2 台，正向隔离装置 1 台，反向隔离装置 1 台	套	1	
15	网络安全检测装置		台	1	
十三	交直流一体化电源系统				
1	阀控密封铅酸蓄电池	800Ah，2V	只	208	
2	380V 配电柜	含 2 面交流进线柜、4 面交流馈线柜	面	6	
3	直流柜	2 面充电机柜，6 面馈线柜，1 面联络柜	面	9	
4	UPS 主机柜	柜内含 10kVA UPS 电源 1 台	面	2	
5	48V 通信电源柜	每面含 DC/DC 转换装置 1 台	面	2	
6	事故照明逆变电源柜	3kVA，1 台	面	1	
7	直流动力电缆	蓄电池动力电缆：NH-YJV-22-1×185	m	100	
十四	电能计费				
1	关口计量柜	含电能量采集终端 1 套、主变压器 0.2S 级关口表 1 块	面	1	
2	电能表柜	含 0.2S 数字输入式电能表 1 块	面	1	
3	220kV 线路电能表	0.5S 级数字式电能表	块	4	
4	110kV 线路电能表	0.5S 级数字式电能表	块	6	
5	10kV 电能表	0.5S 级全电子式电能表	块	17	
6	主变电能表	0.5S 级数字式电能表	块	2	
十五	变电站智能辅助监控系统	应具有对其所含各子系统信息的分类存储、智能联动及综合展示及信息远传等功能；应能接收来自主站的控制指令，实现对受控设备进行远程控制的功能；各子系统应能够脱网运行，在站控层主机故障的情况下，仍能够继续正常工作并实现报警、记录及存储等功能。	套	1	

续表 9-2

序号	设备名称	规格	单位	数量	备注
1	一次设备在线监测子系统	由传感器、监测终端构成，利用后台主机实现一次设备状态监测数据的汇总分析，合计配置8台监测终端	套	1	
2	火灾消防子系统	消防信息传输控制单元、火灾报警控制器、感温感烟探测器、感温电缆、导线、声光报警装置、消防水池液位变送器、消防管网压力变送器、消防电源电压变送器等	套	1	
3	安全防卫子系统	安防监控终端、门禁控制器、电子围栏、红外双鉴探测器、红外对射探测器、声光报警器、紧急报警按钮等	套	1	
4	动环子系统	动环监控终端、空调控制器、照明控制器、除湿机控制箱（按需）、风机控制器、水泵控制器、温湿度传感器、微气象传感器、水浸传感器、水位传感器、绝缘气体监测传感器等	套	1	
5	智能锁控子系统	锁控监控终端、锁具、电子钥匙等	套	1	
6	边缘巡视子系统	边缘巡视主机1台，44套户内网络摄像机，9套户外网络摄像机、1台网络全景摄像机、1台室外高清红外枪机、1台红外热成像摄像机、显示器、硬盘录像机等	面	1	
7	安装辅材	感温电缆夹子、输入输出模块、缆线等	套	1	
十六	火灾探测报警系统	含报警控制器、传感器、声光报警器等	套	1	
十七	主变压器消防系统	控制屏、控制箱等	套	1	
十八	过程层设备				
1	主变压器220kV合并单元		台	2	
2	220kV线路合并单元		台	8	
3	220kV母联合并单元		台	2	
4	220kV TV合并单元	具备电气量电压并列功能	台	2	
5	主变压器220kV智能终端		台	2	
6	主变压器本体智能终端	具备非电量保护功能	台	1	
7	220kV线路智能终端		台	8	
8	220kV母联智能终端		台	2	
9	220kV TV智能终端		台	2	
10	主变压器10kV合并单元/智能终端一体化装置		台	2	
11	主变压器110kV合并单元/智能终端一体化装置		台	2	
12	110kV线路合并单元/智能终端一体化装置		台	8	
13	110kV母联合并单元/智能终端一体化装置		台	1	
14	110kV TV合并单元	具备电气量电压并列功能	台	2	
15	110kV TV智能终端		台	2	
16	220kV过程层交换机	16多模百兆光口+2千兆光口交换机	台	6	
17	主变压器高压侧过程层交换机	16多模百兆光口+2千兆光口交换机	台	2	
18	主变压器中压侧过程层交换机	16多模百兆光口+2千兆光口交换机	台	2	
19	220kV过程层中心交换机	16多模百兆光口+2千兆光口交换机	台	4	

续表 9-2

序号	设备名称	规格	单位	数量	备注
20	110kV 过程层中心交换机	116 多模百兆光口+2 千兆光口交换机	台	5	
十九	站内通信				
1	信息插座	含模块及底盒	个	7	
2	语音插座	含模块及底盒	个	4	
3	超五类网线	HSYVP-5e，4×2×0.5	m	830	
4	管材	ϕ25 内径 PVC 管	m	345	
5	穿线盒		个	6	

9.3 建筑工程量表

建筑工程量表包括总图、建筑物、构筑物、水工和暖通共五部分。

总图部分包括站区占地面积、站区道路面积、站区围墙长度、站区内建筑物面积、站区电缆隧道长度和特殊构筑物。其中站区占地面积边界以围墙中心线外 1m 为界。

建筑物部分包括配电装置楼、辅助用房和消防泵房共三项。各建筑物分为建筑专业和结构专业两部分。

220kV 变电站通用方案 HA-220-A3-2 建筑工程量表见表 9-3。

表 9-3　　通用方案 HA-220-A3-2 建筑工程量表

序号	名称	规格	单位	数量	备注
一	总图部分				
1	站区总占地面积				
1.1	站区围墙内占地面积		hm^2	0.7353	以围墙中心线计
1.2	其他占地面积		hm^2	—	本次不涉及
1.3	进站道路占地面积		hm^2	—	本次不涉及
1.4	合计		hm^2	0.7353	
2	站区道路面积	厚度 0.67m，混凝土路面	m^2	1741	
3	站区围墙长度	围墙高 2.3m，装配式实体围墙	m	343	
4	建筑物				
4.1	110 千伏配电装置楼、220 千伏配电装置楼、辅助用房、消防泵房	51m×10m；51m×13m；12m×3m；12m×6m	m^2	2787.65	钢框架结构（按轴线计算）
5	站区电缆隧道和沟道				
5.1	站区电缆隧道	1.8m×2.0m（最小净空容积）、2.5m×2.5m（最小净空容积）、2.0m×2.0m（最小净空容积）	m	105	
	站区电缆隧道	电缆隧道沟壁	m^3	106.55	
	站区电缆隧道	电缆隧道顶板	m^3	57.38	
	站区电缆隧道	电缆隧道底板	m^3	54.38	
5.2	站区电缆沟道	截面 1.1×1.0、截面 1.4×1.0 和截面 0.8×0.8	m	142	
	站区电缆沟道	电缆沟道侧壁	m^3	62.12	
	站区电缆沟道	电缆沟道底板	m^3	37.84	

续表 9-3

序号	名称	规格	单位	数量	备注
	站区电缆沟道	成品电缆沟盖板	m^2	155.3	
6	特殊构筑物				
6.1	总事故油池	最小净空容积	m^3	90	钢筋混凝土结构
6.2	化粪池		座	1	成品
6.3	深井		座	—	本次不涉及
6.4	消防水池	结构容积600m^3	座	1	钢筋混凝土结构
6.5	大门	5.5m×2.1m	樘	1	实体电动推拉大门
二	建筑物部分				
1	110kV配电装置楼				
1.1	建筑部分				
1.1.1	建筑面积	51m×10m	m^2	1797	以轴线计
1.1.2	建筑体积		m^3	7598	以轴线计
1.1.3	地面工程				
1.1.3.1	混凝土地面		m^2	561.04	电缆层
1.1.4	楼面工程				
1.1.4.1	地砖面层	普通地砖	m^2	140.2	
1.1.4.2	水泥基面层		m^2	932	
1.1.5	屋面保温防水	80mm厚挤塑聚苯板保温、2层3mm厚SBS改性沥青防水、50mm厚细石混凝土	m^2	830	一级防水
1.1.6	墙体工程				
1.1.6.1	外墙	铝镁锰复合板	m^2	1466.1	
1.1.6.2	外墙勒脚装饰	真石漆	m^2	191.3	
1.1.6.3	外墙内侧	纤维水泥饰面板	m^2	560	
1.1.6.4	外墙内侧	一体化纤维水泥集成墙板	m^2	786.1	用于防火侧
1.1.6.5	内墙	一体化纤维水泥集成墙板	m^2	798	
1.1.6.6	天棚抹灰	防火涂料	m^2	1796	
1.1.6.7	女儿墙	钢筋混凝土	m^2	152	
1.1.6.8	女儿墙饰面	20mm厚水泥砂浆	m^2	152	
1.2	结构部分				
1.2.1	屋面板面积	150mm厚钢筋桁架楼承板，压型钢板底膜	m^2	525	
1.2.2	楼面板面积	150mm厚钢筋桁架楼承板，压型钢板底膜	m^2	830	
1.2.3	楼面板面积	120mm厚C30钢筋混凝土板	m^2	1340	
1.2.4	框架柱	C30钢筋混凝土	m^3	65	

续表 9-3

序号	名称	规格	单位	数量	备注
1.2.5	框架梁	C30 钢筋混凝土	m^3	37	
1.2.6	钢柱	Q355B 型钢	t	82	
1.2.7	钢梁	Q355B 型钢	t	104	
1.2.8	钢梯	Q235B 型钢	t	3	
1.2.9	墙檩	Q235B 型钢	t	20	
1.2.10	检修钢轨	Q355B 型钢	t	10	
1.2.11	筏板基础	C30 钢筋混凝土	m^3	388	
1.2.12	独立基础	C30 钢筋混凝土	m^3	28	
1.2.13	大开挖		m^3	1355	
1.2.14	沉降观测点		个	6	
2	220kV 配电装置楼				
2.1	建筑部分				
2.1.1	建筑面积	51m×13m	m^2	862.36	以轴线计
2.1.2	建筑体积		m^3	4133	以轴线计
2.1.3	地面工程				
2.1.3.1	混凝土地面	环氧树脂地面	m^2	620	
2.1.3.2	地砖面层	普通地砖	m^2	21	
2.1.4	楼面工程				
2.1.4.1	地砖面层	普通地砖	m^2	21	
2.1.4.2	水泥基面层		m^2	150	
2.1.5	屋面保温防水	80mm 厚挤塑聚苯板保温、2 层 3mm 厚 SBS 改性沥青防水、50mm 厚细石混凝土	m^2	670.85	一级防水
2.1.6	墙体工程				
2.1.6.1	外墙	铝镁锰复合板	m^2	1210	
2.1.6.2	外墙勒脚装饰	真石漆	m^2	72	
2.1.6.3	外墙内侧	纤维水泥饰面板	m^2	1210	
2.1.6.4	内墙	一体化纤维水泥集成墙板	m^2	690	
2.1.6.5	天棚抹灰	防火涂料	m^2	862	
2.1.6.6	女儿墙	钢筋混凝土	m^2	158.5	
2.1.6.7	女儿墙饰面	20mm 厚水泥砂浆	m^2	158.5	
2.2	结构部分				
2.2.1	屋面板面积	150mm 厚钢筋桁架楼承板，压型钢板底膜	m^2	665	
2.2.2	楼面板面积	150mm 厚钢筋桁架楼承板，压型钢板底膜	m^2	188	
2.2.3	楼面板面积	120mm 厚 C30 钢筋混凝土板	m^2	188	
2.2.4	框架柱	C30 钢筋混凝土	m^3	35	

续表 9-3

序号	名称	规格	单位	数量	备注
2.2.5	框架梁	C30 钢筋混凝土	m^3	27	
2.2.6	钢柱	Q355B 型钢	t	50	
2.2.7	钢梁	Q355B 型钢	t	94	
2.2.8	钢梯	Q235B 型钢	t	2	
2.2.9	墙檩	Q235B 型钢	t	15	
2.2.10	检修钢轨	Q355B 型钢	t	9	
2.2.11	条形基础	C30 钢筋混凝土	m^3	163	
2.2.12	砖基础	MU15 实心砖	m^3	46	
2.2.13	大开挖		m^3	416	
2.2.14	沉降观测点		个	6	
3	辅助用房				
3.1	建筑部分				
3.1.1	建筑面积	12m×3m	m^2	47.00	
3.1.2	建筑体积		m^3	150.4	
3.1.3	地面工程				
3.1.3.1	普通地砖地面		m^2	36	
3.1.4	屋面保温防水	80mm 厚挤塑聚苯板保温、2 层 3mm 厚 SBS 改性沥青防水、50mm 厚细石混凝土	m^2	36	一级防水
3.1.5	墙体工程				
3.1.5.1	外墙	铝镁锰复合板	m^2	80	
3.1.5.2	外墙勒脚装饰	真石漆	m^2	15	
3.1.5.3	外墙内侧	纤维水泥饰面板	m^2	106.2	
3.1.5.4	内墙	一体化纤维水泥集成墙板	m^2	80	
3.1.5.5	金属吊顶		m^2	36	
3.2	结构部分				
3.2.1	屋面板面积	150mm 厚钢筋桁架楼承板，压型钢板底膜	m^2	49	
3.2.2	框架梁	C30 钢筋混凝土	m^3	5	
3.2.3	钢柱	Q235B H 型钢	t	4.5	
3.2.4	钢梁	Q235B H 型钢	t	5.5	
3.2.5	墙檩	Q235B 型钢	t	1.3	
3.2.6	砖基础	MU15 实心砖	m^3	15	
3.2.7	大开挖		m^3	108	
3.2.8	沉降观测点		个	4	
4	消防泵房				
4.1	建筑部分				

续表 9-3

序号	名称	规格	单位	数量	备注
4.1.1	建筑面积	12m×6m	m^2	81.25	
4.1.2	建筑体积		m^3	455	
4.1.3	地面工程				
4.1.3.1	普通地砖地面		m^2	72	
4.1.4	屋面保温防水	80mm 厚挤塑聚苯板保温、2 层 3mm 厚 SBS 改性沥青防水、50mm 厚细石混凝土	m^2	72	
4.1.5	外墙	铝镁锰复合板	m^2	266.4	
4.1.6	外墙内侧	纤维水泥饰面板	m^2	201.6	
4.1.7	天棚抹灰	防火涂料	m^2	72.25	
4.1.8	女儿墙	钢筋混凝土	m^2	36	
4.1.9	女儿墙饰面	20mm 厚水泥砂浆	m^2	36	
4.2	结构部分				
4.2.1	屋面板面积	150mm 厚钢筋桁架楼承板，压型钢板底膜	m^2	82	
4.2.2	钢柱	Q235B H 型钢	t	7.5	
4.2.3	钢梁	Q235B H 型钢	t	3	
4.2.4	墙檩	Q235B 型钢	t	1.8	
4.2.5	沉降观测点		个	4	
三	构筑物部分				
1	主变压器基础及油坑				
1.1	主变压器基础	钢筋混凝土整板式基础（8.2m×5.32m×2.95m），C30	m^3	30	
1.2	主变压器基础垫层	（8.4m×5.52m×0.1m），C15	m^3	4.63	
1.3	主变压器油坑	200mm 厚混凝土油池池壁，C30	m^3	9.2	
		200mm 厚混凝土油池池壁压顶，C30	m^3	1.84	
		200mm 厚混凝土油池底板，C30	m^3	26.25	
1.4	卵石		m^3	87.5	
1.5	沉降观测点		个	4	
2	主变压器构支架				
2.1	构架				
2.1.1	主变构架端撑柱	14.50m 高，ϕ300×8 圆形直缝钢管	t	4.1	
2.1.2	防火墙上构架柱	14.50m 高，ϕ300×8 圆形直缝钢管	t	1.5	
2.1.3	主变构架梁	16.50m 长格构式梁	t	2.7	
2.1.4	爬梯		t	0.25	
2.2	支架				
2.2.1	母线桥支架	4.50m 高，ϕ273×6 圆形直缝钢管	t	1.365	
2.3	防火墙				

续表 9-3

序号	名称	规格	单位	数量	备注
2.3.1	装配式防火墙	宽 12.4m×高 8m×厚 0.25m	面	1	
2.4	箱体				
2.4.1	油色谱箱	C30 混凝土	m^3	1.2	
2.4.2	动力箱	C30 混凝土	m^3	1.2	
2.4.3	智能柜	C30 混凝土	m^3	1.2	
3	配电装置构支架				
3.1	构架				
3.1.1	构架端撑柱	14.0m 高，ϕ 300×8 圆形直缝钢管	t	6.5	
3.1.2	构架柱 A 字柱	14.0m 高，ϕ 300×8 圆形直缝钢管	t	5.9	
3.1.3	构架梁	24.0m 长格构式梁	t	9.3	
3.1.4	爬梯		t	0.51	
3.1.5	地线柱	7.0m 高，ϕ 300×8 圆形直缝钢管	t	0.7	
3.2	支架				
3.2.1	避雷器支架 1	3.0m 高，ϕ 273×6 圆形直缝钢管	t	1.8	
3.2.2	避雷器支架 2	2.5m 高，ϕ 273×6 圆形直缝钢管	t	1.5	
4	避雷针				
4.4	避雷针	30.0m 高	t	4	
5	GIS 基础				
5.1	GIS 基础		m^3	226	
四	水工部分				
1	钢塑复合管	DN150	m	100	给水管道
2	钢塑复合管	DN250	m	300	室外消防环网
3	室外地上消火栓	SSF100/65-1.0 型室外消火栓	座	4	
4	室内消火栓		个	14	
5	消防小间	消防斧 2 把、消防铁锹 5 把、消防沙桶 5 个、消防沙箱 1 个	套	1	
6	推车式干粉灭火器	MF/ABC50 型	台	2	只上本期
7	手提式干粉灭火器	MF/ABC4 型	只	90	带配套灭火器箱
8	悬挂式超细干粉灭火器	5kg ABC 超细干粉	个	65	夹层和隧道
9	阀门井	ϕ1200mm	个	10	净空体积 1.5m^3/座
10	水表井		座	1	
11	HDPE 双壁波纹管	DN200	m	200	雨水口和检查井连接管道
12	HDPE 双壁波纹管	DN300	m	95	雨水管道
13	HDPE 双壁波纹管	DN400	m	150	雨水管道

续表 9-3

序号	名称	规格	单位	数量	备注
14	HDPE 双壁波纹管	DN500	m	80	雨水管道
15	HDPE 双壁波纹管	DN600	m	60	雨水管道
16	HDPE 双壁波纹管	DN700	m	20	雨水管道
17	雨水检查井	ϕ1500mm	座	25	净空体积 2.5m³/座
18	雨水口		座	48	净空体积 0.5m³/座
19	污水检查井	ϕ1000mm	座	3	净空体积 1.5m³/座
20	污水管道	DN200，HDPE 双壁波纹管	m	30	
21	化粪池	成品玻璃钢	m³	2	
22	排油检查井	ϕ1000mm	座	6	净空体积 2.0m³/座
23	排油管道，热镀锌钢管	DN300	m	120	排油管道
24	潜水排污泵	流量 $Q=20m^3/h$，$H=20m$，功率 $P=2.2kW$	台	8	含配套控制柜，用于夹层和隧道集水坑处
25	钢塑复合管	DN250	m	200	主变水喷雾埋地管道
26	电动消防泵	流量 $Q=70L/s$，$H=60m$，功率 $N=75kW$	台	3	两用一备
27	消防稳压设备	含 2 台稳压泵、1 座稳压罐	套	1	
28	消防控制系统	含控制系统柜体（双电源柜、机械应急启动柜、消防巡检柜、消防泵控制柜、稳压泵控制柜）及系统控制电缆、光缆	套	1	
29	水泵进出口及管路阀门 DN250		个	15	
30	超声液位计		套	1	
31	电磁流量计 DN250		套	3	
32	泵房内型钢支架		t	8.5	
33	泵房内支架基础		m³	25	
34	电动单梁起重机型号：LD-A 型		台	1	
35	FK2 浮球液位控制器		套	1	
36	压力表	DN100/DN300	套	2/2	
37	真空压力开关	DN100/DN300	套	2/2	
38	压力开关	DN250	套	2	
39	流量开关	DN250	套	1	
40	电接点远传压力表	0～1.0MPa	个	1	
41	镀锌钢管	DN50	m	20	
42	镀锌钢管	DN65	m	5	
43	排水管	DN100	m	20	
44	消防水池通气管	DN200	m	6	
45	内外热镀锌钢管	DN25	m	150	

续表 9-3

序号	名称	规格	单位	数量	备注
46	内外热镀锌钢管	DN80	m	50	
47	内外热镀锌钢管	DN100	m	20	
48	内外热镀锌钢管	DN150	m	120	
49	内外热镀锌钢管	DN200	m	20	
50	镀锌角钢管道支架		t	10	水喷雾系统
51	混凝土基础		m^3	25	水喷雾系统
52	放空井	ϕ1200，深度 1.5m	座	1	
53	放空阀	DN25	个	3	
54	放空管	DN50	m	20	内外镀锌钢管
55	雨淋阀组	含雨淋阀、2 个信号蝶阀、蜗轮杆对夹式蝶阀、闸阀、Y 型排污过滤器等	套	1	
56	高速水雾喷头	ZSTWB-34-120，K=34	套	75	
57	高速水雾喷头	ZSTWHN-220-A3-26-120，K=16	套	21	
58	高速水雾喷头	ZSTWB-21-120，K=21	套	6	
59	水喷雾控制系统	含水喷雾系统控制柜，感温电缆、控制及通信线缆	套	1	
60	逆止阀	DN700 玻璃钢逆止阀	个	1	
五	暖通部分				
1	低噪声轴流风机	DZ-4.5，风量 4500m^3/h，风压 139Pa，功率 0.37kW	台	4	电缆层、消防泵房
2	防腐防爆型轴流风机	BT35-F-2.8，风量 1280m^3/h，风压 85Pa，功率 0.06kW	台	2	蓄电池室
3	低噪声屋顶风机	DWT-I-5，风量 7000m^3/h，风压 96Pa，功率 0.25kW	台	7	110kV GIS 室、220kV GIS 室
4	低噪声轴流风机	DZ-5.5，风量 11000m^3/h，风压 96Pa，功率.1.1kW	台	2	10 千伏配电装置室
5	低噪声轴流风机	DZ-4.5，风量 9900m^3/h，风压 115Pa，功率 0.75kW	台	6	110kV GIS 室、220kV GIS 室
6	低噪声屋顶风机	DWT-I-7，风量 12500m^3/h，风压 121Pa，功率 0.75kW	台	4	电容器室
7	分体式单冷柜式空调	制冷量 5.0kW，制热量 6.0kW，最大电功率 2.53kW，～380V	台	2	蓄电池室、资料室
8	风管式空调器	制冷量 16kW，制热量 17kW，最大电功率 6.05kW，～380V	台	8	二次设备间、10kV 配电装置室
9	分体壁挂式单冷空调器	制冷量 5.0kW，制热量 1.9kW，最大电功率 2.0kW，～220V	台	2	警卫室、值班室
10	换气扇	X-FJ/A#2.8，1224m^3/h，128Pa，0.75kW	台	3	卫生间、安全工具间
11	电暖气	制热量 2.0kW，最大电功率 2.0kW，～220V	台	3	消防泵房
12	百叶窗		m^2	100	

9.4 预算书

预算投资为静态投资，编制依据详见第 4 章通用造价编制依据章节内容，预算书附总预算表、安装工程部分汇总预算表、建筑工程部分汇总预算表、其他费用预算表，分别见表 9-4～表 9-7。

表 9-4　通用方案 HA-220-A3-2 总预算表　金额单位：万元

序号	工程或费用名称	金额	各项占静态投资比例（%）	单位投资（元/kVA）
一	建筑工程费	2205	26.85	122.5
1	主要生产工程	2004	24.41	111.33
2	辅助生产工程	201	2.45	11.17
3	与站址有关的单项工程			
二	安装工程费	1196	14.57	66.44
1	主要生产工程	1196	14.57	66.44
2	与站址有关的单项工程			
三	设备购置费	4277	52.09	237.61
四	其他费用	452	5.5	25.11
五	基本预备费	81	0.99	4.5
六	特殊项目费用			
	工程静态投资	8211	100	456.17

表 9-5　通用方案 HA-220-A3-2 安装工程部分汇总预算表　金额单位：元

序号	工程或费用名称	设备购置费	安装工程							
			分部分项工程费		措施项目费（一）	措施项目费（二）	施工企业配合调试费	规费	税金	合计
			小计	其中：装置性材料费						
	安装工程	42771447	9509647	4261724	774910		20485	847595	804087	11956726
一	主要生产工程	42771447	9509647	4261724	774910		20485	847595	804087	11956726
1	主变压器系统	7704004	622379	388019	35592		1429	20651	32746	712796
1.5	220kV 主变压器	7704004	622379	388019	35592		1429	20651	32746	712796
2	配电装置	25943167	847309	49698	105736		4748	125696	96528	1180016
2.1	屋内配电装置	25943167	847309	49698	105736		4748	125696	96528	1180016
3	无功补偿	871659	83551		10577		513	12043	9602	116285
3.3	低压电容器	871659	83551		10577		513	12043	9602	116285
4	控制及直流系统	7421087	643744	5432	76978		3249	99233	67338	890542
4.1	计算机监控系统	2134840	391497	5432	41946		1816	52773	37173	525206
4.2	继电保护	2936714	170118		24284		942	33478	20594	249417
4.3	直流系统及不间断电源	704900	42843		5484		261	6373	4946	59906
4.4	智能辅助控制系统	1510500	23373		3212		134	4193	2782	33694
4.5	在线监测系统	134132	15913		2052		96	2415	1843	22319

续表 9-5

序号	工程或费用名称	设备购置费	安装工程							
			分部分项工程费		措施项目费（一）	措施项目费（二）	施工企业配合调试费	规费	税金	合计
			小计	其中：装置性材料费						
5	站用电系统	390313	176953	82792	16489		462	20263	19275	233442
5.1	站用变压器	388299	6350		805		39	918	730	8842
5.2	站用配电装置	2014	313		39		2	44	36	434
5.3	站区照明		170290	82792	15645		421	19301	18509	224166
6	电缆及接地		5760078	3722541	392556		9758	386479	425943	6974816
6.1	全站电缆		4642678	3127009	299814		7162	283284	307509	5540447
6.2	全站接地		1117400	595532	92743		2596	103196	118434	1434369
7	通信及远动系统	441217	72459	13242	8670		328	11121	8332	100911
7.1	通信系统	2165	19776	13242	1259		32	1109	1996	24172
7.2	远动及计费系统	439052	52683		7411		296	10012	6336	76738
8	全站调试		1303174		128312			172109	144324	1747918
8.1	分系统调试		231616		29909			50822	28111	340458
8.2	特殊调试		1042503		94594			114748	112666	1364511
8.3	整套启动调试		29054		3809			6539	3546	42949
	合计	42771447	9509647	4261724	774910		20485	847595	804087	11956726

表 9-6　　通用方案 HA-220-A3-2 建筑工程部分汇总预算表

序号	工程或费用名称	建筑工程						
		建筑设备费	分部分项工程费	措施项目费（一）	措施项目费（二）	规费	税金	合计
	建筑工程	1030110	17200546	1052979		984472	1788217	22056324
一	主要生产工程	1021110	15524282	960349		897869	1637895	20041505
1	主要生产建筑	318000	12007543	755105		705978	1240796	15027422
1.4	配电装置室	318000	12007543	755105		705978	1240796	15027422
2	配电装置建筑		2087812	127233		118956	191630	2525631
2.1	主变压器系统		515929	30854		28846	42214	617843
2.2	构架及设备基础		468893	34120		31900	39304	574218
2.9	避雷针塔		49799	3102		2900	5022	60823
2.10	电缆沟道		840754	51489		48139	84634	1025016
2.12	配电装置区域地面封闭		212436	7669		7170	20455	247730
3	供水系统建筑		41183	2197		2054	4089	49524
3.1	站区供水管道		41183	2197		2054	4089	49524
4	消防系统	703110	1387744	75814		70881	201379	2438928
4.1	消防水泵房	183000	474399	24988		23363	63518	769268

续表 9-6

序号	工程或费用名称	建筑工程						
		建筑设备费	分部分项工程费	措施项目费（一）	措施项目费（二）	规费	税金	合计
4.3	站区消防管道		305272	17502		16364	30522	369661
4.4	消防器材	10110	39826	2442		2283	4919	59580
4.5	特殊消防系统	510000	18660	1201		1123	47789	578773
4.6	消防水池		549587	29680		27749	54631	661647
二	辅助生产工程	9000	1676264	92629		86603	150322	2014819
1	辅助生产建筑	9000	378836	21682		20271	38681	468471
1.2	辅助用房	9000	378836	21682		20271	38681	468471
2	站区性建筑		1297428	70947		66332	111641	1546348
2.2	站区道路及广场		546699	27154		25387	53932	653171
2.3	站区排水		312064	18960		17726	31387	380137
2.4	围墙及大门		429818	24271		22692	25428	502208
2.5	沉降观测点		8847	563		527	894	10831
	合计	1030110	17200546	1052979		984472	1788217	22056324

表 9-7　　通用方案 HA-220-A3-2 其他费用预算表　　金额单位：元

序号	工程或费用名称	编制依据及计算说明	合价
2	项目建设管理费		3717497
2.1	项目法人管理费	（建筑工程费+安装工程费）×3.36%	1142838
2.2	招标费	（建筑工程费+安装工程费）×2.29%	465979
2.3	工程监理费	（建筑工程费+安装工程费）×4.46%	1516982
2.4	设备材料监造费	监造设备费×0.87%	275377
2.5	施工过程造价咨询及竣工结算审核	（建筑工程费+安装工程费）×0.88%	299315
2.6	工程保险费	（建筑工程费+安装工程费+设备购置费）×0.05%	17007
3	项目建设技术服务费		476250
3.4	设计文件评审费		347000
3.4.1	可行性研究文件评审费	可行性研究评审费	67000
3.4.2	初步设计文件评审费	初步设计评审费	120000
3.4.3	施工图文件评审费	施工图评审费	160000
3.6	工程建设检测费		95237
3.6.1	电力工程质量检测费	（建筑工程费+安装工程费）×0.28%	95237
3.7	电力工程技术经济标准编制费	（建筑工程费+安装工程费）×0.1%	34013
4	生产准备费		326525
4.2	工器具及办公家具购置费	（建筑工程费+安装工程费）×1.2%	326525
	小计		4520272

第10章　220kV变电站通用方案HA-220-B-1通用造价

10.1　通用方案

本通用方案技术条件根据《国网河南省电力公司35～220kV变电站通用设计施工图实施方案》最新版中方案HA-220-B-1确定，即主变压器采用1×180MVA三相三绕组有载调压变压器，电压等级采用220/110/10kV，220kV采用户外HGIS设备，110kV采用户外HGIS设备，10kV为户内开关柜。

本方案技术条件组合在本书中列表表示，变电站具体设计内容可参见出版的通用设计配套图书。

10.1.1　主要技术条件

本方案主要技术条件包括变电站电气部分、土建部分等内容，具体见表10-1。

表10-1　　通用方案HA-220-B-1技术条件

序号	项目名称	工程技术条件
一	电气部分	
1	主变压器	220/110/10kV三相三绕组有载调压变压器，本期1台180MVA变压器，终期3台180MVA变压器
2	出线回路数	
2.1	220kV	本期4回，终期6回，架空出线
2.2	110kV	本期4回，终期12回，架空出线
2.3	10kV	本期8回，终期24回，电缆出线
3	无功补偿装置	10kV并联电容器，本期4组8000kvar，终期12组8000kvar
4	电气主接线	
4.1	220kV	本期双母线接线，终期双母线接线
4.2	110kV	本期双母线接线，终期双母线接线
4.3	10kV	本期单母线接线，终期单母线三分段接线
5	短路电流水平	220、110、10kV短路电流水平分别为50、40、40/31.5kA
6	主要设备选型	
6.1	主变压器	户外、油浸、自然油循环自冷型三相三绕组有载调压变压器
6.2	断路器	220kV采用户外HGIS设备，110kV采用户外HGIS设备
6.3	隔离开关	220kV采用户外HGIS设备，110kV采用户外HGIS设备
6.4	互感器	220kV电流互感器采用电磁式，内置于HGIS中；110kV电流互感器采用电磁式，内置于HGIS中；220kV电压互感器采用三相电容式电压互感器；110kV电压互感器采用三相电容式电压互感器
6.5	避雷器	220、110、10kV避雷器采用氧化锌避雷器
6.6	10kV开关柜	10kV采用户内配电装置成套开关柜，真空或SF_6断路器
6.7	站用变压器	本期设置1台10kV接地变压器消弧线圈成套装置
6.8	无功补偿装置	10kV电容器采用户外框架式电容器补偿装置，串联电抗器电抗率按5%和12%考虑
7	配电装置	
7.1	220kV配电装置	220kV采用户外悬吊式管母分相中型、HGIS单列布置，采用架空出线和主变压器架空进线方式
7.2	110kV配电装置	110kV采用户外悬吊式管母分相中型、HGIS单列布置，采用架空出线和主变压器架空进线方式
7.3	10kV配电装置	10kV采用中置式开关柜，为户内双列布置。电容器组户外双列布置

续表 10-1

序号	项目名称	工程技术条件
8	控制及远动	
8.1	计算机监控系统	一套：完成全站监控及远传，实现无人值班
		主机/操作员站 2 套
		Ⅰ区数据通信网关机柜：2 台通信网关机
		Ⅱ区数据通信网关机柜：2 台通信网关机
		综合应用服务器柜：含 1 台综合应用服务器，1 台Ⅳ区数据通信网关机
		公用测控柜：含 3 台公用测控装置
		主变压器测控柜：含 4 台主变压器及本体测控装置
		母线测控柜：220、110kV 测控柜各 1 面
		测控装置：220kV 测控装置 5 台、10kV 保护测控集成装置 13 台，10kV TV 并列装置 1 台
		微机五防操作闭锁 1 套，含电脑钥匙、就地锁具、验电器等
		站控层交换机：5 台，分散安装于数据通信网关机柜和综合应用服务器柜
		间隔层交换机：10 台，分散安装于间隔层交换机柜及 10kV 开关柜
		过程层交换机：23 台，分散安装于各保护柜和 110kV 过程层交换机柜
		铠装光缆、尾缆、铠装超五类以太网线、铠装屏蔽双绞线 1 套
		高级应用软件：实现顺序控制、智能告警及分析决策等高级功能
8.2	时间同步系统	含时间同步主时钟和时钟扩展装置、配套机柜 2 面等
8.3	智能辅助控制系统	1 套，含火灾消防子系统、安全防卫子系统、动环子系统、智能锁控子系统及智能巡视子系统等
8.4	状态监测系统	1 套，含主变压器、避雷器、HGIS、10kV 开关柜等设备状态监测
8.5	调度专用网络接入设备	2 面，包括调度数据网络设备 2 套、安全防护设备 1 套
8.6	电量计费系统	含电能量采集装置 2 台，0.2S 级关口表 1 块，0.5S 级电能表 23 块
9	交直流一体化电源系统	直流系统为单母线分段接线，采用辐射方式供电。蓄电池布置在主控综合楼内
10	继电保护	各类保护盘柜，不包括安全自动装置
11	过程层设备	合并单元 16 台；智能终端 17 台；合并单元/智能终端一体化装置 9 台
12	电缆	38.292 km
12.1	10kV 电力电缆	0.37km
12.2	1kV 及以下电力电缆	12.11km
12.3	控制电缆	25.812km，1kV、屏蔽、铜芯
13	光缆	预制光缆 10km，厂供光缆、尾缆 6km
14	接地	热镀锌扁钢，垂直接地极 250 根，水平主接地网 5000m
二	土建部分	
1	基本技术数据	
1.1	地震基本烈度	7 度，按设计基本地震加速度值 0.15g
1.2	设计风速	27m/s
1.3	地基承载力特征值	f_{ak}=150kPa
1.4	海拔	1000m 以下，场地同一标高
1.5	污秽等级	d 级
1.6	采暖	非采暖区
1.7	地下水	无影响

续表 10-1

序号	项目名称	工程技术条件
2	总平面布置	
2.1	站外道路	本次未涉及
2.2	站内道路	主变压器运输道路宽取 4.5m，消防道路为 4.0m，其余道路为 3.0m，采用郊区型道路，无路缘石，路面为混凝土
2.3	电缆沟道	总长度 544m；采用现浇钢筋混凝土结构
2.4	排水方式	站内排水采用有组织集中排放方式
2.5	站区占地	站区东西方向长 142m，南北方向长 106m，围墙内占地 1.5052hm^2
2.6	围墙	采用装配式围墙
3	建筑物	二次设备室 1 座，10kV 配电装置室 1 座，消防泵房 1 座；全站总建筑面积为 839.21m^2
3.1	二次设备室	
3.1.1	建筑面积与体积	单层，建筑面积为 400.76m^2，建筑体积为 1562.96m^3
3.1.2	建筑结构	采用装配式钢框架结构，不设电缆夹层
3.1.3	建筑物基础	本次未涉及
3.1.4	建筑装修	（1）外墙：采用铝镁锰复合板+纤维水泥饰面板。 （2）门窗：除部分选用木门、铝镁合金门外，其余门采用钢质防火门、成品防盗钢门，窗采用断桥铝合金窗，5+6A+5+6A+5 中空浮法玻璃、中间层为加胶玻璃。 （3）屋面：防水等级 I 级。设置两道设防的防水保温屋面。 （4）楼地面：二次设备室、蓄电池室及消防泵房采用水泥基自流平地面、其他均为地砖。 （5）内墙：采用一体化纤维水泥集成墙板，除卫生间和备餐间为瓷砖以外，其他均为纤维水泥饰面板
3.2	10kV 配电装置室	
3.2.1	建筑面积与体积	单层，建筑面积 355.99m^2，建筑体积为 1423.96m^3
3.2.2	建筑结构	采用装配式钢框架结构
3.2.3	建筑物基础	本次未涉及
3.2.4	建筑装修	地面为水泥基自流平。墙内侧采用纤维水泥饰面板，不设吊顶。外面装饰材料及风格、色调同二次设备室。门采用钢质防火门，窗采用断桥铝合金窗，5+6A+5+6A+5 中空浮法玻璃、中间层为加胶玻璃
4	构筑物	220kV、110kV、主变压器构支架采用圆形钢管，除主变压器构架按本期规模外，其余按终期规模一次建设；设备支架按本期规模建设；设备支架采用地脚螺栓基础
4.1	220kV 构架	220kV 构架采用圆形钢管，A 字型结构。钢管柱采用法兰连接。构架横梁采用三角形钢桁架梁，主材采用无缝钢管，腹杆均采用型钢。采用热镀锌防腐
4.2	110kV 构架	110kV 构架采用圆形钢管，A 字型结构。构架横梁采用三角形钢桁架梁，主材腹杆均采用型钢。采用热镀锌防腐
4.3	主变压器构架	主变压器构架采用圆形钢管，A 字型结构。构架横梁采用三角形钢桁架梁，主材腹杆均采用型钢。采用热镀锌防腐
4.4	构、支架基础及主变压器基础	设备支架均采用地脚螺栓重力式基础，主变压器基础采用钢筋混凝土整板式基础
5	其他构筑物	事故油池、消防水池等地下构筑物均采用现浇钢筋混凝土结构，抗渗等级 P6
6	供水	本次未涉及
7	采暖通风	在二次设备室、10kV 配电装置室、资料室、警卫室等房间采用分体冷热空调；蓄电池室采用置换通风式空调；在 10kV 配电装置室、蓄电池室设通风设备；消防泵房设计采暖
8	消防	站内设室外水消防系统，站内设置不同类型的移动式灭火器，主变压器采用水喷雾灭火系统

10.1.2 主要电气设备材料表

电气一次部分设备包括主变压器系统、各电压等级装置、无功补偿装置、站用电部分、照明部分、防火材料及其他、接地等部分。其中，主变压器系统主要包括与主变压器相连到架构前的部分设备；照明部分将动力配电箱、检修箱、照明配电箱、户外照明灯具归入本项内；防火材料及其他包括二次控制电缆、1kV 电力电缆、电缆支架、防火材料等；接地部分包含主接地网、接地引下线、垂直接地极等。电气二次设备包括计算机监控系统、继电保护、直流系统、通信电源、电能计费、智能控制柜各部分。其中，智能控制柜划分为 HGIS 智能汇控柜、母线、变压器智能控制柜等；不考虑检修试验设备。220kV 变电站通用方案 HA-220-B-1 主要电气设备材料表见表 10-2。

表 10-2　　通用方案 HA-220-B-1 主要电气设备材料表

序号	设备名称	规格	单位	数量	备注
一	主变压器系统				
1	主变压器	三相三绕组油浸自冷式有载调压变压器 SSZ10-180000/220	台	1	
2	220kV 中性点成套装置		套	1	
3	110kV 中性点成套装置		套	1	
4	氧化锌避雷器	HY5WZ5-17/45，附放电计数器	台	3	
5	耐张绝缘子串	20(XWP2-100)	串	6	
6	耐张绝缘子串	11(XWP2-100)	串	6	
7	钢芯铝绞线	JL/G1A-630/45 220kV 单导线 1 跨、引下线 1 组； 110kV 双导线 1 跨、引下线 1 组	m	324	
8	钢芯铝绞线	JL/G1A-300/25 中性点设备连线，单导线 0.66 组	m	15	
9	10kV 铜排	3(TMY-125×10)	m	150	
10	20kV 支柱绝缘子	ZSW-24/12.5	支	26	
11	智能控制柜		面	1	
二	220kV 户外配电装置部分				
1	220kV HGIS 出线间隔	单断路器，4000A，50kA	间隔	4	
2	220kV HGIS 主变压器进线间隔	单断路器，4000A，50kA	间隔	1	
3	220kV HGIS 母联间隔	单断路器，4000A，50kA	间隔	1	
4	三柱水平旋转式隔离开关	220kV，4000A，50kA，双接地	组	2	
5	电压互感器	220kV 电容式	台	21	
6	氧化锌避雷器	Y10W1-204/532W，附在线放电计数器	台	15	
7	母线接地开关	252kV，630A	组	2	
8	支柱绝缘子	252kV，抗弯 8kN，抗扭 4kN	支	11	
9	铝镁合金管	6063-ϕ 250/230	m	750	
10	铝镁合金管（母线衬管）	6063-ϕ 229/209	m	75	
11	耐张绝缘子串	17(XWP2-120)	串	18	
12	悬垂绝缘子串	17(XWP2-120)	串	15	
13	V 型悬吊串	2×17(WP2-120)	串	60	两组为 1 串
14	钢芯铝绞线	JL/G1A-630/45，包括单导线跨线 3 跨；双导线引下线 18 组；单导线引下线 16 组，单导线跳线 1 组	m	1456	
15	钢芯铝绞线	JL/G1A-400/35，包括单导线引下线 2 组和设备连线 2 组	m	65	
16	管母线跳线金具	MGTH-250	套	24	

续表 10-2

序号	设备名称	规格	单位	数量	备注
17	端封球	MGZ-250	套	12	
18	斜拉式悬吊线夹	MGXX1-250	套	60	
19	管母 T 接金具	MGTT-250/400/35L	套	6	
20	管母 T 接金具	MGTT-250/630/45L	套	66	
21	HGIS 智能汇控柜		面	6	
22	母线设备智能控制柜		面	2	
三	110kV 户外配电装置部分				
1	110kV HGIS 出线间隔	单断路器，3150A，40kA	间隔	4	
2	110kV HGIS 主变压器进线间隔	单断路器，3150A，40kA	间隔	1	
3	110kV HGIS 母联间隔	单断路器，3150A，40kA	间隔	1	
4	双柱水平旋转式隔离开关	110kV，3150A，40kA，双接地	组	2	
5	电压互感器	110kV 电容式	台	21	
6	氧化锌避雷器	Y10W-102/266W，附放电计数器	台	15	
7	母线接地开关	126kV，630A	组	2	
8	支柱绝缘子	126kV，抗弯 8kN，抗扭 4kN	支	6	
9	铝镁合金管	6063-ϕ 130/116	m	720	
10	铝镁合金管（母线衬管）	6063-ϕ 115/101	m	72	
11	耐张绝缘子串	10（XWP2-120）	串	18	
12	悬垂绝缘子串	10（XWP2-120）	串	15	
13	V 型悬吊串	2×10（WP2-120）	串	96	两组为 1 串
14	钢芯铝绞线	JL/G1A-630/45，包括双导线跨线 3 跨；双导线引下线 6 组，双导线跳线 1 组；单导线引下线 2 组	m	515	
15	钢芯铝绞线	JL/G1A-400/35，包括单导线引下线 6 组	m	75	
16	钢芯铝绞线	JL/G1A-240/30，包括双导线引下线 16 组和单导线引下线 8 组	m	580	
17	管母线跳线金具	MGTH-130	套	42	
18	端封球	MGZ-130	套	12	
19	斜拉式悬吊线夹	MGXX1-130	套	96	
20	管母 T 接金具	MGTT-130/240/35L	套	48	
21	管母 T 接金具	MGTT-130/400/45L	套	12	
22	HGIS 智能汇控柜		面	6	

续表 10-2

序号	设备名称	规格	单位	数量	备注
23	母线设备智能控制柜		面	2	
四	10kV 配电装置				
1	高压开关柜	KYN28A-12，4000A～40kA	面	1	主进
2	高压开关柜	KYN28A-12，1250A～31.5kA	面	1	母线设备
3	高压开关柜	KYN28A-12，1250A～31.5kA（SF_6断路器）	面	4	电容器
4	高压开关柜	KYN28A-12，1250A～31.5kA	面	1	接地变压器
5	高压开关柜	KYN28A-12，1250A～31.5kA	面	8	出线
6	高压开关柜	KYN28A-12，4000A～40kA	面	1	隔离
7	穿墙套管	CWW-24/4000-4	支	3	
8	封闭母线桥	4000A，铜	m	10	
五	无功补偿				
1	无功补偿电容器成套装置	TBB11/$\sqrt{3}$ -8000-3W，每套包括电容器组、电抗器、放电线圈、隔离开关、避雷器、支持绝缘子等	套	4	
2	10kV 电力电缆	ZR-2×(YJV22-8.7/10kV-3×240)	m	360	按单根计
3	10kV 户内冷缩电缆头	配 ZR-YJV22-8.7/10kV-3×240 电缆用	个	8	
4	10kV 户外冷缩电缆头	配 ZR-YJV22-8.7/10kV-3×240 电缆用	个	8	
5	电缆保护管	DN150	m	24	
六	站用电部分				
1	接地变压器及消弧线圈成套装置	DKSC-1500/10.5-500/0.4	套	1	
2	10kV 高压电缆	ZR-YJV22-8.7/10kV-3×185	m	10	
3	10kV 户内冷缩电缆头	配 ZR-YJV22-8.7/10kV-3×185 铜芯电缆用	个	2	
七	照明部分				
1	照明配电箱	NM-XRMG3	个	6	
2	暖通配电箱	NM-XRMG3	个	4	
3	动力配电箱	NM-XRMG3	个	1	
4	户外检修箱	XJW	个	5	
5	户内检修箱	NM-XRZB3	个	1	
6	投光灯	2×250W	套	19	含光源
7	投光灯	250W	套	4	含光源
8	庭院灯	2×100W	套	4	含光源
9	投光壁灯	250W	套	3	含光源
10	电线	BV-750-4	m	350	
11	电力电缆	YJV22-3×10	m	1300	
12	照明控制电缆	KVVP22-4×1.5	m	25	

续表 10-2

序号	设备名称	规格	单位	数量	备注
八	防雷接地				
1	接地扁钢	−80mm×8mm 热镀锌	m	5000	主地网
2	接地扁钢	−80mm×8mm 热镀锌	m	4800	设备及构支架引下
3	接地扁钢	−50mm×6mm 热镀锌	m	1300	电缆沟、检修箱等
4	接地扁钢	−40mm×4mm 热镀锌	m	740	照明灯具、爬梯等
5	接地扁钢	−25mm×4mm 热镀锌	m	150	
6	接地铜排	−50mm×4mm	m	370	设备接地
7	接地铜排	−25mm×4mm	m	200	二次
8	热镀锌角钢	∠50mm×5mm，L＝2500mm	根	250	
9	软铜线	35mm^2、25mm^2、16mm^2、6mm^2	m	100	
10	接地铜缆	ZR-VV-1×120	m	500	
11	接地铜缆	ZR-VV-2×50	m	400	
12	多股铜质软导线	4mm^2	m	200	
13	临时接地端子		个	62	
九	防火材料及其他				
1	防火包		t	1.5	
2	有机防火堵料	FBQ-2	t	13	
3	防火涂料	BXF-D311	t	0.76	
4	无机耐火隔板	t= 10mm	m^2	500	
5	L 型层间防火隔板	t＝10mm，底边宽度 300mm，翻边高度 80mm	套	792	含连接金具
		t＝10mm，底边宽度 300mm，翻边高度 50mm	套	780	含连接金具
6	钢板	t＝5mm	m^2	53	
7	电缆支架	角钢	t	9.1	
8	电力电缆				
8.1	电力电缆	NH-YJV22-1-3×240+1×120	km	0.5	
8.2	电力电缆	NH-YJV22-3×10+1×6	km	0.25	
8.3	电力电缆	NH-YJV22-3×120+1×70	km	0.34	
8.4	电力电缆	YJV22-3×120+1×70	km	0.525	
8.5	电力电缆	YJV22-3×16+1×10	km	0.2	
8.6	电力电缆	YJV22-3×70+1×35	km	0.16	

续表 10-2

序号	设备名称	规格	单位	数量	备注
8.7	电力电缆	YJV22-4×25	km	0.55	
8.8	电力电缆	ZR-YJV22-4×4	km	0.165	
8.9	电力电缆	NH-ZRVV22-1×150	km	0.3	
8.10	电力电缆	ZR-VV-3×25+1×16	km	3.1	
8.11	电力电缆	ZR-VV-2×10	km	2.26	
8.12	电力电缆	ZR-VV-2×50	km	2.28	
8.13	电力电缆	NH-YJV-3×4	km	0.13	
8.14	电力电缆	NH-YJV-3×10	km	0.1	
9	电缆护管	DN40	km	0.45	
10	电缆护管	DN50	km	5	
11	电缆护管	DN70	km	1	
12	控制电缆				
12.1	控制电缆	ZR-KVVP2-22-10×2.5	km	0.675	
12.2	控制电缆	ZR-KVVP2-22-4×2.5	km	4.85	
12.3	控制电缆	ZR-KVVP2-22-4×4	km	12.718	
12.4	控制电缆	ZR-KVVP2-22-7×2.5	km	2.741	
12.5	控制电缆	ZR-KVVP2-22-7×4	km	2.55	
12.6	控制电缆	ZR-KVVP2-22-10×4	km	0.03	
12.7	控制电缆	ZR-KVVP2-22-14×2.5	km	0.219	
13	预制电缆	ZR-KVVP2-22-7×2.5	km	1.12	单端预制
	预制电缆	ZR-KVVP2-22-10×2.5	km	0.884	单端预制
14	厂供电缆		km	0.515	
十	状态监测系统				
1	主变压器状态监测系统	变压器检测终端、油温、油位远传表计、油色谱在线监测单元、铁芯接地电流在线监测传感器、中性点避雷器在线监测传感器等	套	1	
2	220kV 避雷器状态监测装置	每台避雷器配置 1 个带远传功能表计，共 15 个，共用 1 个 IED	套	1	
3	110kV 避雷器状态监测装置	每台避雷器配置 1 个带远传功能表计，共 15 个，共用 1 个 IED	套	1	
4	220kV HGIS 在线监测系统	监测终端、绝缘气体密度远传表计	套	1	
5	110kV HGIS 在线监测系统	监测终端、绝缘气体密度远传表计	套	1	
6	10kV 开关柜监测系统	监测终端、表计采集终端、触头温度传感器，绝缘气体密度远传表计等	套	1	

续表 10-2

序号	设备名称	规格	单位	数量	备注
十一	计算机监控系统	完成全站监控或远传、实现无人值班，实现顺序控制、智能告警及分析决策等高级功能	套	1	
1	监控主机柜	含2套主机/操作员站，一键顺控及高级应用软件功能	面	1	
2	智能防误主机柜	智能防务主机1台，一键顺控及高级应用软件功能	面	1	
3	Ⅰ区数据通信网关机柜	包括Ⅰ区通信网关机2台，Ⅰ区站控层中心交换机2台，Ⅰ区/Ⅱ区防火墙2台	面	1	
4	Ⅱ数据通信网关机柜	Ⅱ区通信网关机2台，Ⅱ区站控层中心交换机2台	面	1	
5	综合应用服务器柜	包括综合应用服务器1台，Ⅳ区数据通信网关机1台，正、反向隔离装置各1台，交换机1台	面	1	
6	间隔层交换机柜	间隔层交换机8台（百兆、24电口，2多模光口）	面	1	
7	调度数据专网屏	每面含1台路由器和2台交换机，2台纵向加密装置，其中1面含1套网络安全监测装置	面	2	
8	10kV间隔层交换机	百兆、24电口，2多模光口，布置于10kV母线TV开关柜（按段配置）	台	2	
9	公用测控柜	含公用测控装置3台	面	1	
10	主变压器测控柜	含测控装置4台	面	1	
11	220kV母线测控柜	含220kV母线测控装置2台	面	1	
12	110kV母线测控柜	含110kV母线测控装置2台	面	1	
13	10kV母线测控装置		台	1	
14	220kV线路、母联测控装置		台	5	
15	10kV线路保护测控集成装置		台	8	
16	10kV电容器保护测控集成装置		台	4	
17	10kV站用变压器保护测控集成装置		台	1	
18	10kV TV电压并列装置		台	1	
19	高级应用软件		套	1	
20	网络打印机		套	2	
21	微机五防操作闭锁装置	含电脑钥匙、就地锁具、验电器等	套	1	
22	时间同步系统	主时钟冗余配置，支持北斗和GPS授时信号，包括主时钟柜1面、扩展柜1面	面	3	
23	铠光缆、尾缆、网线	预制光缆10000m，铠装光缆、单模光缆、同轴光缆、尾缆6000m，铠装超五类屏蔽线1000m，铠装屏蔽双绞线2000m	套	1	
十二	继电保护	不包括自动装置			
1	220kV线路保护柜	柜式2260mm×800mm×600mm，每面含220kV线路保护装置2台	面	4	
2	220kV母线保护柜	柜式2260mm×800mm×600mm，每面含220kV母线保护装置1台	面	2	
3	通信接口柜	柜式2260mm×800mm×600mm，每面含通信接口装置4台	面	2	
4	220kV母联保护柜	柜式2260mm×800mm×600mm，含220kV母联保护装置2台	面	1	

续表 10-2

序号	设备名称	规格	单位	数量	备注
5	110kV 线路保护柜	柜式 2260mm×800mm×600mm，每面含 110kV 线路保护测控集成装置 2 套	面	2	
6	110kV 母线保护柜	柜式 2260mm×800mm×600mm，含 110kV 母线保护装置 1 台	面	1	
7	110kV 母联保护柜	柜式 2260mm×800mm×600mm，含 110kV 母联保护测控集成装置 1 台	面	1	
8	主变压器保护柜	柜式 2260mm×800mm×600mm，每面含主变压器保护装置 1 套	面	2	
9	主变压器故障录柜	柜式 2260mm×800mm×600mm，含故障录波装置 2 台	面	1	
10	220kV 故障录波柜	柜式 2260mm×800mm×600mm，含故障录波装置 2 台	面	1	
11	110kV 故障录波柜	柜式 2260mm×800mm×600mm，含故障录波装置 2 台	面	1	
12	网络记录分析柜	2260mm×800mm×600mm，含分析、采集装置 4 台	面	2	
十三	交直流一体化电源系统				
1	蓄电池组	800Ah，DC220V	只	208	
2	380V 配电柜	含 2 面交流进线柜、4 面交流馈线柜、2 面交流分电柜	面	6	
3	直流柜	2 面充电柜，6 面馈线柜，1 面联络柜，2 面通信电源柜	面	11	
4	UPS 电源柜	容量 10kVA	面	2	
5	一体化监控柜	IEC 61850 规约	面	1	
6	事故照明逆变电源柜	5kVA	面	1	
十四	电能计费				
1	电能量采集终端柜	含电能量采集屏 1 面	面	2	
2	数字式智能电能表	0.2S	块	1	
3	远方采集终端	含 2 台电能量远方终端	套	1	
4	主变压器电能表柜	含 0.5S 级多功能电能表 2 块（主变压器中低压侧）	面	1	
5	220kV 线路电能表柜	含数字式 0.5S 级多功能电能表 4 块	面	1	
6	110kV 线路电能表柜	含数字式 0.5S 级多功能电能表 4 块	面	1	
7	10kV 电能表	0.5S 模拟式多功能电能表	块	13	
十五	智能辅助控制系统				
1	火灾消防子系统	消防信息传输控制单元、火灾报警控制器、感温感烟探测器、感温电缆、导线、声光报警装置等	套	1	
2	安全防卫子系统	安防监控终端、门禁控制器、电子围栏、红外双鉴探测器、红外对射探测器、声光报警器、紧急报警按钮等	套	1	
3	动环子系统	动环监控终端、空调控制器、照明控制器、风机控制器、水泵控制器、温湿度传感器、微气象传感器、水浸传感器、绝缘气体监测传感器等	套	1	
4	智能锁控子系统	锁控监控终端、锁具、电子钥匙等	套	1	
5	智能巡视子系统	智能巡视主机 1 台，户内网络摄像机，户外网络摄像机、网络全景摄像机、室外高清红外枪机、红外热成像摄像机、显示器、硬盘录像机等	套	1	

续表 10-2

序号	设备名称	规格	单位	数量	备注
十六	主变压器消防系统	消防联动控制屏1面（含联动控制器、多线控制盘等）、消防泵房模块箱、雨淋阀模块箱、主变模块箱、感温电缆、电源及信号线等	套	1	
十七	过程层设备				
1	主变压器220kV侧合并单元		台	2	
2	220kV线路合并单元		台	8	
3	220kV母联合并单元		台	2	
4	220kV TV合并单元		台	2	
5	110kV TV合并单元		台	2	
6	主变压器220kV侧智能终端		台	2	
7	主变压器本体智能终端	集成非电量保护功能	台	1	
8	220kV线路智能终端		台	8	
9	220kV母联智能终端		台	2	
10	220kV TV智能终端		台	2	
11	110kV TV智能终端		台	2	
12	主变压器10kV合并单元/智能终端一体化装置		台	2	
13	主变压器110kV合并单元/智能终端一体化装置		台	2	
14	110kV线路合并单元/智能终端一体化装置		台	4	
15	110kV母联合并单元/智能终端一体化装置		台	1	
16	220kV过程层中心交换机	百兆、16多模光口交换机	台	4	
17	110kV过程层交换机柜	含5台百兆、22多模光口交换机	面	1	
18	220kV线路过程层交换机	百兆、8多模光口交换机	台	8	
19	220kV母联过程层交换机	百兆、8多模光口交换机	台	2	
20	主变压器220kV侧过程层交换机	百兆、16多模光口交换机	台	2	
21	主变压器110kV侧过程层交换机	百兆、16多模光口交换机	台	2	
十八	站内通信				
1	信息插座	含模块及底盒	个	7	
2	语音插座	含模块及底盒	个	4	
3	超五类网线	HSYVP-5e，4×2×0.5	m	830	
4	管材	ϕ25内径PVC管	m	345	
5	穿线盒		个	6	

10.1.3 建筑工程量表

建筑工程量清册包括总图、建筑物、构筑物、水工和暖通共五部分。

总图部分包括站区占地面积、站区道路面积、站区围墙长度、站区内建筑物面积、站区电缆隧道长度和特殊构筑物。其中站区占地面积边界以围墙中心线外 1m 为界。

建筑物部分包括二次设备室、10kV 配电装置室和消防泵房共三项。各建筑物分为建筑专业和结构专业两部分。

220kV 变电站通用方案 HA-220-B-1 建筑工程量表见表 10-3。

表 10-3　　通用方案 HA-220-B-1 建筑工程量表

序号	名称	规格	单位	数量	备注
一	总图部分				
1	站区总占地面积				
1.1	站区围墙内占地面积		hm^2	1.5052	以围墙中心线计
1.2	其他占地面积		hm^2	—	本次不涉及
1.3	进站道路占地面积		hm^2	—	本次不涉及
1.4	合计		hm^2	1.5052	
2	站区道路面积	厚度 0.67m，混凝土路面	m^2	2735.73	
3	站区围墙长度	围墙高 2.3m，装配式围墙	m	490	
4	建筑物				
4.1	二次设备室、10kV 配电装置室及消防泵房	21.3m×18.6m；36.0m×9.0m；12.0m×6.0m	m^2	839.21	钢结构（按轴线计算）
5	站区电缆沟				
5.1	站区电缆沟	1.1m×0.8m（最小净空容积）	m	93.3	过道路段 10m
5.1.1	沟壁	250mm 厚混凝土沟壁，C25	m^3	37.32	
5.1.2	底板	250mm 厚混凝土底板，C25	m^3	36.57	
5.1.3	顶板	250mm 厚混凝土顶板，C25	m^3	3.25	
5.2	站区电缆沟	1.1m×1m（最小净空容积）	m	247.7	过道路段 31m
5.2.1	沟壁	250mm 厚混凝土沟壁，C25	m^3	123.35	
5.2.2	底板	250mm 厚混凝土底板，C25	m^3	96.76	
5.2.3	顶板	250mm 厚混凝土顶板，C25	m^3	10.08	
5.2	站区电缆沟	1.4m×1m（最小净空容积）	m	237.7	过道路段 31m
5.2.1	沟壁	250mm 厚混凝土沟壁，C25	m^3	78.5	
5.2.2	底板	250mm 厚混凝土底板，C25	m^3	69.93	
5.2.3	顶板	250mm 厚混凝土顶板，C25	m^3	10.08	
5.3	站区电缆沟	0.8m×0.6m（最小净空容积）	m	46	过道路段 7m
5.3.1	沟壁	250mm 厚混凝土沟壁，C25	m^3	13.8	
5.3.2	底板	250mm 厚混凝土底板，C25	m^3	16.01	
5.3.3	顶板	250mm 厚混凝土顶板，C25	m^3	3.33	
6	特殊构筑物				
6.1	总事故油池	最小净空容积	m^3	90	钢筋混凝土结构

续表 10-3

序号	名称	规格	单位	数量	备注
6.2	化粪池		座	1	成品
6.3	深井		座	—	本次不涉及
6.4	强排泵池	$120m^3$（净空容积）	座	1	钢筋混凝土结构
6.5	消防水池	$320m^3$（净空容积）	座	1	钢筋混凝土结构
7	大门		m	5.5m×2.1m	实体电动推拉大门
8	主变压器消防砂箱		座	1	
9	站区地坪	100mm 厚灰土，100mm 厚碎石	m^2	7322.65	
二	建筑物部分				
1	二次设备室				
1.1	建筑部分				
1.1.1	建筑面积	21.3m×18.6m	m^2	400.76	以轴线计
1.1.2	建筑体积		m^3	1562.96	以轴线计
1.1.3	地面工程				
1.1.3.1	地砖	普通地砖	m^2	16.06	卫生间、备餐间
1.1.3.2	砂浆地面	水泥基自流平面层	m^2	263.05	复杂地面
1.1.3.3	砂浆地面	水泥基自流平面层	m^2	138.97	其余地面
1.1.4	楼面工程				
1.1.4.1	轻钢龙骨吊顶	塑料扣板	m^2	15.67	卫生间顶棚
1.1.5	屋面工程				
1.1.5.1	屋面保温防水	挤塑聚苯板保温，双层 SBS 改性沥青防水卷材	m^2	403.4	
1.1.6	墙体工程				
1.1.6.1	外墙	铝镁锰复合板	m^2	392.27	
1.1.6.2	外墙内侧	纤维水泥饰面板	m^2	240.79	
1.1.6.3	女儿墙	130mm 厚 C30 钢筋混凝土	m^3	16.37	
1.1.6.4	内墙	一体化纤维水泥集成墙板	m^2	309.9	
1.1.6.5	外墙装饰	真石漆	m^2	38.7	外墙勒脚
1.2	结构部分				
1.2.1	屋面板面积	130mm 厚 C30 钢筋桁架楼承板	m^2	387.48	
1.2.2	钢柱	Q355H 型钢	t	16.558	一层
1.2.3	钢梁	Q355H 型钢	t	27.279	一层
1.2.4	钢支撑桁架		t	7.392	一层
1.2.5	框架柱	C30 钢筋混凝土	m^3	21.99	基础层
1.2.6	钢筋混凝土基础梁	C30 钢筋混凝土	m^3	27.15	基础层
1.2.7	基础		m^3	—	本次不涉及

续表 10-3

序号	名称	规格	单位	数量	备注
1.2.8	挖方		m^3	—	本次不涉及
2	10kV 配电装置室				
2.1	建筑部分				
2.1.1	建筑面积	36.0m×9.0m	m^2	355.99	以轴线计
2.1.2	建筑体积		m^3	1423.96	以轴线计
2.1.3	地面工程				
2.1.3.1	砂浆地面	水泥基自流平面层	m^2	227.328	复杂地面
2.1.4	屋面工程				
2.1.4.1	屋面保温防水	挤塑聚苯板保温，双层 SBS 改性沥青防水卷材	m^2	330.32	
2.1.5	墙体工程				
2.1.5.1	外墙	铝镁锰复合板	m^2	430.81	
2.1.5.2	外墙内侧	纤维水泥饰面板	m^2	256.48	
2.1.5.3	外墙内侧	一体化纤维水泥集成墙板	m^2	174.33	用于防火墙
2.1.5.4	女儿墙	130mm 厚 C30 钢筋混凝土	m^3	10.296	
2.1.5.5	外墙装饰	真石漆	m^2	55.44	外墙勒脚
2.2	结构部分				
2.2.1	屋面板面积	130mm 厚 C30 钢筋桁架楼承板	m^2	342.16	
2.2.2	钢柱	Q355H 型钢	t	13.379	一层
2.2.3	钢梁	Q355H 型钢	t	22.9	一层
2.2.4	钢支撑桁架		t	5.706	一层
2.2.5	框架柱	C30 钢筋混凝土	m^3	17.598	基础层
2.2.6	钢筋混凝土基础梁	C30 钢筋混凝土	m^3	15.039	基础层
2.2.7	基础		m^3	—	本次不涉及
2.2.8	挖方		m^3	—	本次不涉及
3	消防泵房				
3.1	建筑部分				
3.1.1	建筑面积	12.0m×6.0m	m^2	82.46	以轴线计
3.1.2	建筑体积		m^3	469.55	以轴线计
3.1.3	地面工程				
3.1.3.1	地砖	水泥基自流平面层	m^2	73.73	
3.1.4	屋面工程				
3.1.4.1	屋面保温防水	挤塑聚苯板保温，双层 SBS 改性沥青防水卷材	m^2	79.36	
3.1.5	墙体工程				
3.1.5.1	外墙	铝镁锰复合板	m^2	277.2	

续表 10-3

序号	名称	规格	单位	数量	备注
3.1.5.2	外墙内侧	纤维水泥饰面板	m^2	152.19	
3.1.5.3	外墙内侧	一体化纤维水泥集成墙板	m^2	73.53	用于防火墙
3.1.5.4	女儿墙	130mm 厚 C30 钢筋混凝土	m^3	5.377	
3.1.5.5	外墙装饰	真石漆	m^2	24	外墙勒脚
3.2	结构部分				
3.2.1	屋面板面积	130mm 厚 C30 钢筋桁架楼承板	m^2	79.36	以轴线计
3.2.2	钢柱	Q355H 型钢	t	4.213	
3.2.3	钢梁	Q355H 型钢	t	3.906	
3.2.4	钢支撑桁架		t	2.379	
3.2.5	挖方		m^3	652.41	
三	构筑物部分				
1	主变压器基础及油坑				
1.1	主变压器基础	钢筋混凝土整板式基础（7.8m×4.4m×0.8m），C30	m^3	55.704	
1.2	主变压器基础垫层	（8m×4.6m×0.1m），C15	m^3	4.81	
1.3	主变压器油坑				
1.3.1	池壁	200mm 厚混凝土油池池壁，C30	m^3	5.42	
1.3.2	压顶	200mm 厚混凝土油池池壁压顶，C25	m^3	2.02	
1.3.3	底板	200mm 厚混凝土油池底板，C30	m^3	27.63	
1.4	卵石		m^3	31.92	
1.5	预埋铁件		t	0.847	
2	主变压器构支架				
2.1	构架				
2.1.1	主变压器构架（A 型）	14m 高 ϕ 300×6 圆形直缝钢管 Q355B	t	1.165	Q355B，不含连接件
2.1.2	主变压器构架（A 型带端撑）	14m 高 ϕ 300×8 圆形直缝钢管，Q355B	t	3.644	Q355B，不含连接件
2.1.3	10kV 母线桥支架	ϕ 300×6 圆形直缝钢管，Q355B	t	0.78	3 支
2.1.4	主变压器横梁	格构式钢桁架，主材 ϕ 102×6mm 钢管	t	1.848	1 榀
2.1.5	主变压器构架爬梯		t	0.199	
2.2	箱体				
2.2.1	智能控制柜	C30 混凝土	m^3	0.535	1 座
2.2.2	主变压器动力箱	C30 混凝土	m^3	0.535	1 座
2.2.3	油色谱柜	C30 混凝土	m^3	0.23	1 座
3	10kV 部分				
3.1	10kV 电容器组				

续表 10-3

序号	名称	规格	单位	数量	备注
3.1.1	电容器组基础	C30	m^3	25.38	4 组电容器
3.1.2	电容器组基础垫层	C15	m^3	5.74	4 组电容器
4	220kV 配电装置				
4.1	220kV 构架部分				
4.1.1	25.0m 钢梁	格构式钢桁架，主材 ϕ 140×8mm 钢管	t	35.792	7 榀
4.1.2	15.0m 钢梁	格构式钢桁架，主材 ϕ 140×8mm 钢管	t	9.461	6 榀
4.1.3	13.5m 钢梁	格构式钢桁架，主材 ϕ 102×8mm 钢管	t	8.992	6 榀
4.1.4	18.0m 高端撑柱	ϕ 450×8 圆形直缝钢管，Q355B	t	15.436	2 榀
4.1.5	18.0m 高端撑柱	ϕ 350×6 圆形直缝钢管，Q355B	t	4.487	1 榀
4.1.6	18.0m 高 A 型柱	ϕ 450×10 圆形直缝钢管，Q355B	t	22.679	4 榀
4.1.7	18.0m 高 A 型柱	ϕ 350×6 圆形直缝钢管，Q355B	t	3.013	1 榀
4.1.8	18.0m 高 A 型柱	ϕ 350×6 圆形直缝钢管，Q355B	t	3.112	1 榀
4.1.9	14.0m 高 A 型柱	ϕ 300×6 圆形直缝钢管，Q355B	t	16.364	9 榀
4.1.10	7.0m 地线柱	ϕ 377×10 圆形直缝钢管，Q355C	t	1.663	3 支
4.1.11	构架避雷针		t	4.082	5 针
4.1.12	构架爬梯		t	3.306	23 组
4.2	220kV 设备支架		t	8.52	
4.2.1	220kV HGIS 基础	C30	m^3	453.33	6 组
4.2.2	220kV 电压互感器支架	ϕ 300×6 圆形直缝钢管，Q355B	t	6.3	21 支
4.2.3	220kV 避雷器支架	ϕ 219×6 圆形直缝钢管，Q355B	t	3.9	15 支
4.2.4	220kV 支柱绝缘子支架	ϕ 200×6 圆形直缝钢管，Q355B	t	4.25	11 支
5	110kV 配电装置				
5.1	110kV 构架部分				
5.1.1	16.0m 钢梁	格构式钢桁架，主材 ϕ 108×6mm 钢管	t	5.024	3 榀
5.1.2	15.8m 钢梁	格构式钢桁架，主材 ϕ 108×6mm 钢管	t	10.047	6 榀
5.1.3	15.0m 钢梁	格构式钢桁架，主材 ϕ 108×6mm 钢管	t	13.397	8 榀
5.1.4	7.5m 钢梁	格构式钢桁架，主材 ϕ 89×6mm 钢管	t	2.108	3 榀
5.1.5	12.0m 高端撑柱	ϕ 273×6 圆形直缝钢管，Q355B	t	14.61	5 榀
5.1.6	12.0m 高 A 型柱	ϕ 273×6 圆形直缝钢管，Q355B	t	18.798	10 榀
5.1.7	10.0m 高 A 型柱	ϕ 300×6 圆形直缝钢管，Q355B	t	8.636	6 榀
5.1.8	地线柱	ϕ 350×8 圆形直缝钢管，Q355B	t	2.38	6 根
5.1.9	构架避雷针		t	2.977	3 针
5.1.10	爬梯		t	2.489	23 组
5.2	110kV 设备支架				

续表 10-3

序号	名称	规格	单位	数量	备注
5.2.1	110kV HGIS 基础	C30	m^3	138.6	6组
5.2.2	110kV 电压互感器支架	ϕ300×6 圆形直缝钢管，Q355B	t	3.15	21支
5.2.3	110kV 避雷器支架	ϕ219×6 圆形直缝钢管，Q355B	t	2.25	15支
5.2.4	110kV 支柱绝缘子支架	ϕ200×6 圆形直缝钢管，Q355B	t	1.5	6支
四	水工部分				
1	钢塑复合管	DN50	m	4	生活水管
2	涂塑复合钢管	DN100	m	169	生活水管
3	排水 PVC-U	DN150	m	5	
4	钢筋混凝土管	DN200	m	12	污水管
5	钢筋混凝土管	DN300	m	307	雨水管
6	钢筋混凝土管	DN400	m	66	雨水管
7	钢筋混凝土管	DN500	m	35	雨水管
8	钢筋混凝土管	DN600	m	15	雨水管
9	镀锌钢管	DN250	m	38	事故排油管
10	水封井	ϕ700mm	个	3	
11	污水检查井	ϕ700mm	个	4	成品
12	雨水口		个	20	成品
13	砖砌圆形雨水检查井	ϕ1000mm	个	14	成品
14	砖砌圆形雨水检查井	ϕ1250mm	个	8	成品
15	砖砌给水阀门井	ϕ1200mm	个	1	
16	电动消防泵	$Q=120L/s$，$H=75m$，$N=132kW$	台	2	
17	焊接钢管	ϕ219×6	m	18	
18	焊接钢管	ϕ377×6	m	12	
19	消防稳压泵	$Q=5L/s$，$H=72m$，$N=7.5kW$	台	2	
20	消防稳压罐	ϕ1400	台	1	
21	压力表及配套仪表阀门		个	3	
22	各类阀门	蝶阀、闸阀、安全阀、止回阀、液位浮球阀	个	18	
23	无缝钢管	ϕ273×7/ϕ219×6	m	35/1	
24	无缝钢管	ϕ168×5	m	4	
25	无缝钢管	ϕ114×4/ϕ60×3	m	10/1	
26	焊接钢管	ϕ159×5	m	20	
27	焊接钢管	ϕ76×4	m	2	
28	消防水池超声液位计	量程 5m	台	1	
29	消防水电磁流量计	最大量程不低于 420L/s	台	1	
30	压力变送器	4～20mA 输出	台	2	
31	主变压器水喷雾消防系统	包括雨淋阀组、高速水雾喷头、就地控制盘、管道及相应阀件等	套	1	
32	焊接钢管	DN250	m	246	
33	室外消火栓		个	4	消防水管
34	手动闸阀	DN250	个	1	

续表 10-3

序号	名称	规格	单位	数量	备注
35	消防砂箱	$1m^3$	座	1	
36	推车式干粉灭火器	50g	台	4	
37	泡沫灭火器	6L	具	4	
38	磷酸铵盐干粉灭火器	4kg	具	8	
39	消防铅桶	25L	个	15	
40	消防斧		把	4	
41	消防铲		把	8	
五	暖通部分				
1	风管式分体空调	KFRd-150EW，制冷量：15kW，制热量：16kW	台	4	二次设备室
2	风管式分体空调	KFR-72T2W，制冷量：7.2kW，制热量：9.4kW	台	6	10kV 配电装置室
3	风管式分体空调	FGR5Pd/C3Nh-N1，制冷量：5kW，制热量：6kW	台	1	蓄电池室
4	分体壁挂空调	KFR-35GW，制冷量：3.5kW，制热量：5kW	台	3	保电值班室、警卫室、资料室
5	屋顶轴流风机	DTW-3-0.06，$L=1450m^3/h$，$n=1450rpm$，$H=72Pa$	台	2	蓄电池室
6	屋顶轴流风机	DTW-4-0.55，$L=5700m^3/h$，$n=1450rpm$，$H=176Pa$	台	2	10kV 配电装置室
7	卫生间排气扇	JVF-AP	台	3	
8	消音百叶窗带过滤器	600mm×600mm，1200mm×600mm	个	4	蓄电池室、10kV 配电装置室
9	电暖气	功率 2000W	个	2	消防泵房
10	屋顶轴流风机	DTW-3-0.06，$L=1450m^3/h$，$n=1450rpm$，$H=72Pa$	台	2	蓄电池室

10.1.4 预算书

预算投资为静态投资，编制依据为第 4 章要求，预算书附总预算表、安装工程部分汇总预算表、建筑工程部分汇总预算表、其他费用预算表，分别见表 10-4～表 10-7。

表 10-4 **通用方案 HA-220-B-1 总预算表** 金额单位：万元

序号	工程或费用名称	金额	各项占静态投资比例（%）	单位投资（元/kVA）
一	建筑工程费	1653	24.14	91.83
1	主要生产工程	1393	20.34	77.39
2	辅助生产工程	260	3.80	14.44
3	与站址有关的单项工程			
二	安装工程费	1152	16.82	64
1	主要生产工程	1152	16.82	64
2	与站址有关的单项工程			
三	设备购置费	3600	52.56	200
四	其他费用	376	5.49	20.89
五	基本预备费	68	0.99	3.78
六	特殊项目费用			
	工程静态投资	6849	100	380.5

表 10-5　　通用方案 HA-220-B-1 安装工程部分汇总预算表　　金额单位：元

序号	工程或费用名称	设备购置费	安装工程							
			分部分项工程费		措施项目费（一）	措施项目费（二）	施工企业配合调试费	规费	税金	合计
			小计	其中：装置性材料费						
	变电站安装工程	36003978	9383479	4658648	702005		18697	720536	692921	11517638
一	主要生产工程	36003978	9383479	4658648	702005		18697	720536	692921	11517638
1	主变压器系统	7704608	369144	172241	26297		1248	18823	27751	443264
1.5	220kV 主变压器	7704608	369144	172241	26297		1248	18823	27751	443264
2	配电装置	19221021	2847603	1794927	166339		6208	109173	164513	3293837
2.1	户内配电装置	1684208	198900	152133	9876		228	6106	5822	220931
2.2	户外配电装置	17536814	2648704	1642794	156464		5980	103067	158692	3072906
3	无功补偿	871659	72638		9467		436	11356	8451	102348
3.3	低压电容器	871659	72638		9467		436	11356	8451	102348
4	控制及直流系统	7340627	618910	5432	74166		3084	96733	64610	857503
4.1	计算机监控系统	2261722	381073	5432	40930		1741	52259	36090	512093
4.2	继电保护	2665227	175518		25123		969	34762	21274	257646
4.3	直流系统及不间断电源	704900	45227		5826		274	6846	5235	63407
4.4	智能辅助控制系统	1126531	4394		653		23	948	542	6559
4.5	在线监测系统	582247	12699		1634		77	1918	1470	17798
5	站用电系统	438649	75496	59382	3778		73	2108	7331	88786
5.1	站用变压器	388299	9219	1103	1083		48	1240	1043	12633
5.2	站用配电装置	50350	3214		455		18	619	388	4694
5.3	站区照明		63063	58278	2241		6	248	5900	71459
6	电缆及接地		4169682	2624136	296307		7312	310549	282763	5066613
6.1	全站电缆		3427390	2267583	226567		5497	221230	201478	4082162
6.2	全站接地		742292	356553	69740		1815	89319	81285	984451
7	通信及远动系统	427412	62702	2531	8548		336	11454	7474	90514
7.1	通信系统	1653	7212	1832	822		29	1053	820	9936
7.2	远动及计费系统	425760	55490	699	7726		307	10401	6653	80578
8	全站调试		1167305		117102			160340	130027	1574774
8.1	分系统调试		233479		29723			50015	28189	341406
8.2	特殊项目调试		908750		84082			104653	98774	1196259
8.3	整套启动调试		25075		3298			5672	3064	37109
	合计	36003978	9383479	4658648	702005		18697	720536	692921	11517638

表 10-6 通用方案 HA-220-B-1 建筑工程部分汇总预算表

序号	工程或费用名称	建筑工程						
		建筑设备费	分部分项工程费	措施项目费（一）	措施项目费(二)	规费	税金	合计
	变电站建筑工程	720500	13269339	728830		681412	1133245	16533326
一	主要生产工程	640500	11142273	620034		579694	951710	13934211
1	主要生产建筑	167000	3105036	192748		180208	328049	3973040
1.2	二次设备室	92500	1726564	109665		102530	182813	2214072
1.5	配电装置室	74500	1378472	83083		77678	145236	1758968
2	配电装置建筑		6742799	348867		326170	450890	7868726
2.1	主变压器系统		579692	31282		29246	50013	690232
2.2	构架及设备基础		4563740	238419		222908	244742	5269809
2.4	站用变压器系统		6759	373		349	673	8155
2.6	低压电容器		88001	4652		4349	7137	104139
2.10	电缆沟道		836025	44090		41222	82920	1004257
2.11	栅栏及地坪		668583	30051		28095	65406	792135
3	供水系统建筑		26258	1020		954	2541	30773
3.1	站区供水管道		26258	1020		954	2541	30773
4	消防系统	473500	1268180	77399		72363	170230	2061671
4.1	消防水泵房	405000	586527	34855		32588	95307	1154277
4.3	站区消防管道		185647	11272		10538	18671	226128
4.4	消防器材		69709	4559		4262	7068	85598
4.5	特殊消防系统	68500	81984	5171		4835	14444	174934
4.6	消防水池		344313	21541		20140	34739	420734
二	辅助生产工程	80000	2127066	108796		101718	181535	2599115
1	站区性建筑	80000	2127066	108796		101718	181535	2599115
1.4	站区道路及广场		1001122	53868		50363	99482	1204836
1.5	站区排水	80000	551601	31660		29600	62357	755218
2	围墙及大门		554079	21976		20546	17647	614249
2.2	全站沉降观测点		20263	1292		1208	2049	24811
2.3	合计	720500	13269339	728830		681412	1133245	16533326

表 10-7 通用方案 HA-220-B-1 其他费用预算表 金额单位：元

序号	工程或费用名称	编制依据及计算说明	合价
2	项目建设管理费		3037504
2.1	项目法人管理费	（建筑工程费+安装工程费）×0.9×3.73%	941671
2.2	招标费	（建筑工程费+安装工程费）×1.37%	384298
2.3	工程监理费	（建筑工程费+安装工程费）×4.46%	1251073
2.4	设备材料监造费	监造设备费×0.87%	199588
2.5	施工过程造价咨询及竣工结算审核费	（建筑工程费+安装工程费）×0.88%	246848
2.6	工程保险费	（建筑工程费+安装工程费）×0.05%	14025
3	项目建设技术服务费		453594
3.4	设计文件评审费		347000

续表 10-7

序号	工程或费用名称	编制依据及计算说明	合价
3.4.1	可行性研究文件评审费	可行性研究评审费	67000
3.4.2	初步设计文件评审费	初步设计评审费	120000
3.4.3	施工图文件评审费	施工图评审费	160000
3.6	工程建设检测费		78543
3.6.1	电力工程质量检测费	（建筑工程费+安装工程费）×0.28%	78543
3.7	电力工程技术经济标准编制费	（建筑工程费+安装工程费）×0.1%	28051
4	生产准备费		269289
4.2	工器具及办公家具购置费	（建筑工程费+安装工程费）×0.8×1.02%	269289
	小计		3760387

10.2 子模块

10.2.1 主要技术条件

220kV 变电站通用方案 HA-220-B-1 有 3 个子模块，分别为增加一台主变压器 180MVA（HA-220-B-1-ZB）、增减一回 220kV 架空出线（HA-220-B-1-220）、增减一回 110kV 架空出线（HA-220-B-1-110），技术条件见表 10-8。

表 10-8 通用方案 HA-220-B-1 子模块技术条件

序号	子模块名称	子模块技术条件
一	增加一台主变压器 180MVA（HA-220-B-1-ZB）	
1	规模	主变压器 1×180MVA 主变压器间隔 220、110、10kV 三侧进线间隔
2	接线	220kV 双母线，110kV 双母线，10kV 单母分段
3	短路电流水平	220、110、10kV 短路电流水平分别为 50、40、40/31.5kA
4	主要设备型式	主变压器：220/110/10kV 三相三绕组变压器，有载调压，油浸式，自然油循环自冷。 断路器：220kV 户外 HGIS，110kV 户外 HGIS，10kV 成套真空断路器
5	配电装置型式	主变压器：户外布置，220kV 配电装置采用户外悬吊式管母线分相中型布置，110kV 配电装置采用户外悬吊式管母线分相中型布置、10kV 配电装置采用户内中置式开关柜双列式布置
6	计算机监控	计算机监控系统软件扩容 1 套。 主变压器测控柜 1 面每面含测控装置 4 台。 过程层交换机 4 台
7	电能计量	0.2S 数字式电能表 1 块，0.5S 数字式电能表 2 块
8	继电保护	主变压器保护 2 套
9	过程层设备	合并单元 3 台；智能终端 2 台；合并单元/智能终端一体化装置 4 台
10	土建设施	构、支架基础均地脚螺栓重力式基础，主变压器基础钢筋混凝土整板式基础
11	其他	含控制、电力电缆、电缆管沟、接地
12	设备状态监测装置	含主变压器油中溶解气体在线监测装置 1 套、主变压器状态监测装置 1 套、主变铁芯接地电流监测装置 1 套；220kV 避雷器状态监测装置 1 套、110kV 避雷器状态监测装置 1 套；220kV HGIS 在线监测装置 1 套、110kV HGIS 在线监测装置 1 套
二	增减一回 220kV 架空出线（HA-220-B-1-220）	
1	规模	220kV 出线 1 回
2	接线	220kV 双母线
3	短路电流水平	50kA
4	主要设备型式	断路器：220kV 户外 HGIS
5	配电装置型式	户外悬吊式管型母线中型布置
6	计算机监控	计算机监控系统软件扩容 1 套 220kV 线路测控装置 1 台 过程层交换机 2 台

续表 10-8

序号	子模块名称	子模块技术条件
7	电能计量	0.5S 级数字式电能表 1 块
8	继电保护	220kV 线路保护 2 套
9	过程层设备	合并单元 2 台；智能终端 2 台
10	其他	含控制、电力电缆、电缆管沟、接地，母线已建
11	土建设施	220kV 构架已建，新建设备支架和基础
三	增减一回 110kV 架空出线（HA-220-B-1-110）	
1	规模	110kV 出线 1 回
2	接线	110kV 双母线
3	短路电流水平	40kA
4	主要设备型式	断路器：110kV 户外 HGIS
5	配电装置型式	户外悬吊式管型母线中型布置
6	计算机监控	110kV 线路测控装置 1 台
7	电能计量	0.5S 级数字式电能表 1 台
8	继电保护	110kV 保护测柜一体化装置 1 套
9	过程层设备	合并单元/智能终端一体化装置 1 台
10	土建设施	110kV 构架已建，新建设备支架
11	其他	含控制、电力电缆，电缆管沟、接地，母线已建

10.2.2　主要电气设备材料表

220kV 变电站通用方案 HA-220-B-1 子模块主要电气设备材料表见表 10-9。

表 10-9　　通用方案 HA-220-B-1 子模块主要电气设备材料表

序号	设备名称	规格	单位	数量	备注
一	增加一台主变压器 180MVA（HA-220-B-1-ZB）				
（一）	主变压器部分				
1	主变压器	三相三绕组油浸自冷式有载调压变压器 SSZ10- 180000/220	台	1	
2	220kV 中性点成套装置		套	1	
3	110kV 中性点成套装置		套	1	
4	氧化锌避雷器	HY5WZ5-17/45，附放电计数器	台	3	
5	耐张绝缘子串	20(XWP2-100)	串	6	
6	耐张绝缘子串	11(XWP2-100)	串	6	
7	钢芯铝绞线	JL/G1A-630/5 220kV 单导线 1 跨、引下线 1 组； 110kV 双导线 1 跨、引下线 1 组	m	324	
8	钢芯铝绞线	JL/G1A-300/25 中性点设备连线，单导线 0.66 组	m	15	
9	10kV 铜排	3(TMY-125×10)	m	150	
10	20kV 支柱绝缘子	ZSW-24/12.5	支	26	
11	智能控制柜		面	1	
12	户外检修箱		个	1	
（二）	220kV 户外配电装置部分				
1	220kV HGIS 主变压器进线间隔	单断路器，4000A，50kA	套	1	
2	智能汇控柜		面	1	厂家提供

续表 10-9

序号	设备名称	规格	单位	数量	备注
3	氧化锌避雷器	Y10W-204/532W，附在线放电计数器	台	3	
4	电压互感器	220kV 电容式	台	3	
5	220kV 支柱绝缘子	252kV，抗弯 8kN，抗扭 4kN	支	2	
6	悬垂绝缘子串	20(XWP2-100)	串	3	
7	耐张绝缘子串	20(XWP2-100)	串	6	
8	管母线 T 型线夹	MGTT-250/630/55L	套	6	
9	钢芯铝绞线	JL/G1A-630/45 单导线跨线 1 跨，单导线引下线 6 组、跳线 1 组	m	250	
（三）	110kV 户外配电装置部分				
1	110kV HGIS 主变压器进线间隔	单断路器，3150A，40kA	套	1	
2	智能汇控柜		面	1	厂家提供
3	氧化锌避雷器	Y10W-102/266W，附在线放电计数器	台	3	
4	电压互感器	110kV 电容式	台	3	
5	110kV 支柱绝缘子	126kV，抗弯 8kN，抗扭 4kN	支	1	
6	悬垂绝缘子串	11(XWP2-100)	串	3	
7	耐张绝缘子串	11(XWP2-100)	串	6	
8	管母线 T 型线夹	MGTT-130/630/45L	套	12	
9	钢芯铝绞线	JL/G1A-630/45 双导线跨线 1 跨，双导线引下线 4 组、跳线 1 组	m	230	
10	钢芯铝绞线	JL/G1A-630/45 单导线引下线 2 组	m	15	
（四）	10kV 配电装置				
1	高压开关柜	KYN28A-12，4000A～40kA	面	1	主进柜
2	高压开关柜	KYN28A-12，1250A～31.5kA	面	1	母线设备柜
3	高压开关柜	KYN28A-12，4000A～40kA	面	1	分段断路器柜
4	封闭母线桥	4000A，铜	m	3	
（五）	防雷接地				
1	接地扁钢	−80mm×8mm，热镀锌	m	700	
2	接地铜排	−50mm×4mm	m	60	
3	多股铜质软导线	$4mm^2$	m	10	
（六）	防火材料				
1	有机防火堵料	FBQ-2	t	1.5	
2	无机耐火隔板	$t = 10$mm	m^2	4	
3	防火涂料	BXF-D311	t	0.2	
4	防火包		t	0.05	
5	电力电缆	ZR-VV22-0.6/1kV-3×95+1×50	km	0.1	
		ZR-VV22-0.6/1kV-3×25+1×16	km	0.8	
		ZR-VV22-0.6/1kV-2×50	km	0.05	
6	电缆护管	DN50	m	1000	
7	电缆护管	DN70	m	100	
8	控制电缆	ZR-KVVP2-22-10×2.5	km	0.165	
		ZR-KVVP2-22-4×2.5	km	1.245	
		ZR-KVVP2-22-4×4	km	3.33	

续表 10-9

序号	设备名称	规格	单位	数量	备注
8	控制电缆	ZR-KVVP2-22-7×2.5	km	0.5	
		ZR-KVVP2-22-7×4	km	0.135	
		ZR-KVVP2-22-14×2.5	km	0.02	
		ZR-KVVP2-22-19×2.5	km	0.025	
9	预制电缆	ZR-KVVP2-22-7×2.5	km	0.2	
10	厂供电缆		km	2	
（七）	状态监测系统				
1	主变压器状态监测系统	变压器检测终端、油温、油位远传表计、油色谱在线监测单元、铁芯接地电流在线监测传感器、中性点避雷器在线监测传感器等	套	1	
2	220kV 避雷器状态监测装置	每台避雷器配置 1 个传感器，共 3 个，共用 1 个 IED	套	1	
3	110kV 避雷器状态监测装置	每台避雷器配置 1 个传感器，共 3 个，共用 1 个 IED	套	1	
4	220kV HGIS 在线监测系统	监测终端、绝缘气体密度远传表计	套	1	
5	110kV HGIS 在线监测系统	监测终端、绝缘气体密度远传表计	套	1	
6	10kV 开关柜监测系统	监测终端、表计采集终端、触头温度传感器，绝缘气体密度远传表计等	套	1	
7	主变压器状态监测系统	变压器检测终端、油温、油位远传表计、油色谱在线监测单元、铁芯接地电流在线监测传感器、中性点避雷器在线监测传感器等	套	1	
（八）	计算机监控系统	完成全站监控或远传、实现无人值班			
1	计算机监控系统扩容		套	1	
2	主变压器测控柜	含测控装置 4 台	面	1	
3	铠装光缆、尾缆	预制光缆 2900m，铠装光缆、尾缆 1000m	套	1	
（九）	继电保护	不包括自动装置			
1	主变压器保护屏	每面含主变压器保护装置 1 台	面	2	
（十）	电能计费				
1	数字式智能电能表	0.2S 级关口表	块	1	
2	数字式电能表	0.5S 级电能表	块	2	
（十一）	过程层设备				
1	主变压器本体合并单元		台	2	
2	主变压器 220kV 侧智能终端		台	2	
3	主变压器本体智能终端		套	1	
4	主变压器 10kV 合并单元/智能终端一体化装置		台	2	
5	主变压器 110kV 合并单元/智能终端一体化装置		台	2	
6	主变压器 220V 侧过程层交换机	16 光口	台	2	
7	主变压器 110V 侧过程层交换机	16 光口	台	2	
二	增减一回 220kV 架空出线（HA-220-B-1-220）				
（一）	220kV 户外配电装置部分				
1	220kV HGIS 出线间隔	单断路器，4000A，50kA	套	1	
2	智能汇控柜		面	1	厂家提供
3	氧化锌避雷器	Y10W1-204/532W，附在线放电计数器	台	3	
4	电压互感器	220kV 电容式	台	3	
5	支柱绝缘子	252kV，抗弯 8kN，抗扭 4kN	只	2	
6	悬垂绝缘子串	20(XWP2-100)	串	3	

续表 10-9

序号	设备名称	规格	单位	数量	备注
7	管母线T型线夹	MGTT-250/630/45L	套	6	
8	钢芯铝绞线	JL/G1A-630/45 双导线引下线4组、单导线引下线2组	m	224	
（二）	防雷接地				
1	接地扁钢	−80mm×8mm，热镀锌	m	200	
2	接地铜排	−50mm×4mm	m	26	
3	多股铜质软导线	$4mm^2$	m	10	
（三）	防火材料				
1	有机防火堵料	FBQ-2	t	0.5	
2	无机耐火隔板	$t = 10mm$	m^2	2	
3	防火涂料	BXF-D311	t	0.2	
4	防火包		t	0.06	
5	电力电缆	ZR-VV22-0.6/1kV-3×25+1×16	km	0.2	
		ZR-VV22-0.6/1kV-2×50	km	0.05	
6	电缆护管	DN50	m	100	
7	控制电缆	ZR-KVVP2-22-4×2.5	km	1.38	
		ZR-KVVP2-22-4×4	km	1.5	
		ZR-KVVP2-22-7×2.5	km	0.12	
8	厂供电缆		km	0.5	
（四）	状态监测系统				
1	220kV避雷器状态监测装置	每台避雷器配置1个传感器，共3个，共用1个IED	套	1	
2	220kV HGIS在线监测系统	监测终端、绝缘气体密度远传表计	套	1	
（五）	计算机监控系统	完成全站监控或远传、实现无人值班	套	1	
1	计算机监控系统扩容		套	1	
2	220kV线路测控装置		台	1	
3	铠装光缆、尾缆	预制光缆500m，铠装光缆、尾缆1000m，铠装屏蔽双绞线20m	套	1	
（六）	继电保护	不包括自动装置			
1	220kV线路保护柜	柜内含220kV线路保护装置2台	面	1	
（七）	电能计费				
1	220kV线路电能表	0.5S级电能表	块	1	
（八）	过程层设备				
1	220kV线路合并单元		台	2	
2	220kV线路智能终端		台	2	
3	主变压器220V侧过程层交换机	16光口	台	2	
三	增减一回110kV架空出线（HA-220-B-1-110）				
（一）	110kV户外配电装置部分				
1	110kV HGIS出线间隔	单断路器，3150A，40kA	套	1	
2	智能汇控柜		面	1	厂家提供
3	氧化锌避雷器	Y10W5-102/266，附在线放电计数器	台	3	
4	电压互感器	110kV电容式	台	3	
5	支柱绝缘子	126kV，抗弯8kN，抗扭4kN	只	1	
6	悬垂绝缘子串	11(XWP2-100)	串	3	

续表 10-9

序号	设备名称	规格	单位	数量	备注
7	管母线 T 型线夹	MGTT-130/240/30L	套	12	
8	钢芯铝绞线	JL/G1A-240/30 双导线引下线 4 组，单导线引下线 2 组	m	145	
（二）	防雷接地				
1	接地扁钢	−80mm×8mm，热镀锌	m	240	
2	接地铜排	−50mm×4mm	m	24	
3	多股铜质软导线	$4mm^2$	m	10	
（三）	防火材料				
1	有机防火堵料	FBQ-2	t	0.5	
2	无机耐火隔板	$t = 10mm$	m^2	2	
3	防火涂料	BXF-D311	t	0.2	
4	阻火包		t	0.06	
5	电力电缆	ZR-VV22-0.6/1kV-3×25+1×16	km	0.5	
		ZR-VV22-0.6/1kV-2×50	km	0.05	
6	控制电缆	ZR-KVVP2-22-4×2.5	km	0.4	
		ZR-KVVP2-22-4×4	km	0.5	
		ZR-KVVP2-22-7×2.5	km	0.1	
（四）	计算机监控系统	完成全站监控或远传、实现无人值班	套	1	
1	铠装光缆、尾缆	预制光缆 200m，铠装光缆、尾缆 1000m，铠装屏蔽双绞线 20m	套	1	
（五）	继电保护	不包括自动装置			
1	110kV 线路保护测控装置		台	1	
（六）	电能计费				
1	110kV 线路电能表	0.5S 级电能表	块	1	
（七）	过程层设备		套	1	
1	110kV 线路合并单元/ 智能终端一体化装置		台	1	

10.2.3　建筑工程量表

220kV 变电站通用方案 HA-220-B-1 子模块建筑工程量表见表 10-10。

表 10-10　　通用方案 HA-220-B-1 子模块建筑工程量表

序号	名称	规格	单位	数量	备注
一	增加一台 180MVA 主变压器（HA-220-B-1-ZB）				
1	主变压器基础及油坑				
1.1	主变压器基础	钢筋混凝土整板式基础（7.8m×4.4m×0.8m），C30	m^3	55.704	
1.2	主变压器基础垫层	（8m×4.6m×0.1m），C15	m^3	4.81	
1.3	主变压器油坑				
1.3.1	池壁	200mm 厚混凝土油池池壁，C30	m^3	5.42	
1.3.2	压顶	200mm 厚混凝土油池池壁压顶，C25	m^3	2.02	
1.3.3	底板	200mm 厚混凝土油池底板，C30	m^3	27.63	
1.4	卵石		m^3	31.92	
1.5	预埋铁件		t	0.847	

续表 10-10

序号	名称	规格	单位	数量	备注
2	主变压器构支架及10kV引线架				
2.1	主变压器构架				
2.1.1	主变压器构架（A型）	15m高ϕ300×8圆形直缝钢管，Q355B	t	1.165	不含连接件
2.1.2	主变压器构架（A型带端撑）	15m高ϕ300×6圆形直缝钢管，Q355B	t	3.644	不含连接件
2.1.3	10kV母线桥支架	ϕ300×6圆形直缝钢管，Q355B	t	0.78	3支
2.1.4	主变压器横梁	格构式钢桁架，主材ϕ102×7mm钢管	t	1.848	1榀
2.1.5	主变压器构架爬梯		t	0.2	
2.1.6	智能控制柜	C30混凝土	m^3	0.535	1座
2.1.7	主变压器动力箱	C30混凝土	m^3	0.23	1座
2.2	220kV设备支架				
2.2.1	220kV HGIS基础	C30	m^3	75.555	1组
2.2.2	220kV避雷器支架	ϕ219×6圆形直缝钢管，Q355B	t	0.975	3支
2.2.3	220kV电压互感器支架	ϕ219×6圆形直缝钢管，Q355B	t	0.9	3支
2.2.4	220kV支柱绝缘子支架	ϕ219×6圆形直缝钢管，Q355B	t	0.6	2支
2.3	110kV设备支架				
2.3.1	110kV HGIS基础	C30	m^3	23.1	1组
2.3.2	110kV避雷器支架	ϕ219×6圆形直缝钢管，Q355B	t	0.45	3支
2.3.3	110kV电压互感器支架	ϕ219×6圆形直缝钢管，Q355B	t	0.75	3支
2.3.4	110kV支柱绝缘子支架	ϕ219×6圆形直缝钢管，Q355B	t	0.25	1支
3	其他				
3.1	绝缘操作地坪	厚度0.25m，碎石地坪拆除恢复	m^2	460	
3.2	主变压器水喷雾消防	扩充管道、喷头	套	1	
二	增减一回220kV架空出线子模块（HA-220-B-1-220）				
1	220kV配电装置				
1.1	220kV设备支架				
1.1.1	220kV HGIS基础	C30	m^3	75.555	1组
1.1.2	220kV避雷器支架	ϕ219×6圆形直缝钢管，Q355B	t	0.975	3支
1.1.3	220kV电压互感器支架	ϕ219×6圆形直缝钢管，Q355B	t	0.9	3支
1.1.4	220kV支柱绝缘子支架	ϕ200×6圆形直缝钢管，Q355B	t	0.6	2支
2	绝缘操作地坪	厚度0.1m，碎石地坪拆除恢复	m^2	180	
三	增减一回110kV架空出线子模块（HA-220-B-1-110）				
1	110kV配电装置				
1.1	110kV设备支架				
1.1.1	110kV HGIS基础	C30	m^3	23.1	1组
1.1.2	110kV避雷器支架	ϕ219×6圆形直缝钢管，Q355B	t	0.45	3支
1.1.3	110kV电压互感器支架	ϕ219×6圆形直缝钢管，Q355B	t	0.75	3支
1.1.4	110kV支柱绝缘子支架	ϕ200×6圆形直缝钢管，Q355B	t	0.25	1支
2	绝缘操作地坪	厚度0.1m，碎石地坪拆除恢复	m^2	120	

10.2.4　预算书

220kV 变电站通用方案 HA-220-B-1 子模块总预算表、安装工程部分汇总预算表、建筑工程部分汇总预算表、其他费用预算表分别见表 10-11～表 10-22。

表 10-11　　**子模块 HA-220-B-1-ZB 总预算表**　　金额单位：万元

序号	工程或费用名称	金额	各项占静态投资比例（%）	单位投资（元/kVA）
一	建筑工程费	84	5.54	4.67
1	主要生产工程	83	5.47	4.61
2	辅助生产工程	1	0.07	0.06
3	与站址有关的单项工程			
二	安装工程费	187	12.34	10.39
1	主要生产工程	187	12.34	10.39
2	与站址有关的单项工程			
三	设备购置费	1182	77.97	65.67
四	其他费用	48	3.17	2.67
五	基本预备费	15	0.98	0.82
六	特殊项目费用			
	工程静态投资	1516	100	84.22

表 10-12　　**子模块 HA-220-B-1-ZB 安装工程部分汇总预算表**　　金额单位：元

序号	工程或费用名称	设备购置费	安装工程							
			分部分项工程费		措施项目费（一）	措施项目费（二）	施工企业配合调试费	规费	税金	合计
			小计	其中：装置性材料费						
	变电站安装工程	11819047	1469204	558056	172397		3202	108738	121448	1874989
一	主要生产工程	11819047	1469204	558056	172397		3202	108738	121448	1874989
1	主变压器系统	7704608	384937	172241	42073		1248	18823	30593	477674
1.5	220kV 主变压器	7704608	384937	172241	42073		1248	18823	30593	477674
2	配电装置	3201493	281801	132331	30956		818	16735	21660	351970
2.1	户内配电装置	457883	64558	52033	4454		50	1388	1811	72261
2.2	户外配电装置	2743610	217243	80298	26502		768	15347	19849	279709
4	控制及直流系统	893813	114573		17914		489	14075	11435	158486
4.1	计算机监控系统	275918	75910		10492		293	8073	6729	101498
4.2	继电保护	350839	24139		4747		117	4034	2973	36011
4.4	智能辅助控制系统	10070	302		59		1	50	37	451
4.5	在线监测系统	256986	14221		2615		77	1918	1695	20525
5	站用电系统	9063	616		121		3	103	76	919
5.2	站用配电装置	9063	616		121		3	103	76	919
6	电缆及接地		399349	253485	39376		619	23085	24760	487189
6.1	全站电缆		372952	228593	38028		619	23085	22263	456946
6.2	全站接地		26397	24891	1349				2497	30243
7	通信及远动系统	10070	46		10		0	10	6	73
7.2	远动及计费系统	10070	46		10		0	10	6	73
8	全站调试		287882		41947		26	35906	32918	398679
8.1	分系统调试		44082		7757			8203	5404	65446
8.2	特殊项目调试		229088		31552		26	24866	25698	311229
8.4	整套启动调试		14712		2638			2836	1817	22003
	合计	11819047	1469204	558056	172397		3202	108738	121448	1874989

表 10-13　　子模块 HA-220-B-1-ZB 建筑工程部分汇总预算表　　金额单位：元

序号	工程或费用名称	建筑工程						
		建筑设备费	分部分项工程费	措施项目费（一）	措施项目费（二）	规费	税金	合计
	变电站建筑工程	68500	634813	42963		31255	59699	837230
一	主要生产工程	68500	626268	42303		30776	58828	826675
2	配电装置建筑		524722	35857		26086	42522	629187
2.1	主变压器系统		335335	22710		16521	26969	401535
2.2	构架及设备基础		169648	12095		8799	13613	204154
2.4	栅栏及地坪		19740	1053		766	1940	23498
3	消防系统	68500	101546	6446		4689	16306	197488
3.1	特殊消防系统	68500	101546	6446		4689	16306	197488
二	辅助生产工程		8544	659		480	871	10555
2	站区性建筑		8544	659		480	871	10555
2.1	场地平整		8544	659		480	871	10555
	合计	68500	634813	42963		31255	59699	837230

表 10-14　　子模块 HA-220-B-1-ZB 其他费用预算表　　金额单位：元

序号	工程或费用名称	编制依据及计算说明	合价
2	项目建设管理费		352445
2.1	项目法人管理费	（建筑工程费+安装工程费）×0.9×0.9×3.73%	82018
2.2	招标费	（建筑工程费+安装工程费）×1.37%	37157
2.3	工程监理费	（建筑工程费+安装工程费）×4.46%	120965
2.4	设备材料监造费	监造设备费×0.87%	87082
2.5	施工过程造价咨询及竣工结算审核费	（建筑工程费+安装工程费）×0.88%	23868
2.6	工程保险费	（建筑工程费+安装工程费）×0.05%	1356
3	项目建设技术服务费		107306
3.4	设计文件评审费		97000
3.4.1	可行性研究文件评审费		20000
3.4.2	初步设计文件评审费		35000
3.4.3	施工图文件评审费		42000
3.6	工程建设检测费		7594
3.6.1	电力工程质量检测费	（建筑工程费+安装工程费）×0.28%	7594
3.7	电力工程技术经济标准编制费	（建筑工程费+安装工程费）×0.1%	2712
4	生产准备费		22132
4.2	工器具及办公家具购置费	（建筑工程费+安装工程费）×0.8×1.02%	22132
	小计		481883

表 10-15　　子模块 HA-220-B-1-220 总预算表　　金额单位：万元

序号	工程或费用名称	金额	各项占静态投资比例（%）	单位投资（元/kVA）
一	建筑工程费	17	5.3	
1	主要生产工程	17	5.3	
2	辅助生产工程			
3	与站址有关的单项工程			
二	安装工程费	58	18.07	
1	主要生产工程	58	18.07	
2	与站址有关的单项工程			
三	设备购置费	229	71.34	
四	其他费用	14	4.36	
五	基本预备费	3	0.93	
六	特殊项目费用			
	工程静态投资	321	100	

表 10-16 子模块 HA-220-B-1-220 安装工程部分汇总预算表 金额单位：元

序号	工程或费用名称	设备购置费	安装工程							
			分部分项工程费		措施项目费（一）	措施项目费（二）	施工企业配合调试费	规费	税金	合计
			小计	其中：装置性材料费						
	变电站安装工程	2291813	446005	158067	57804		864	34673	36528	575875
一	主要生产工程	2291813	446005	158067	57804		864	34673	36528	575875
2	配电装置	1881158	117002	45583	14563		408	6953	9808	148733
2.2	户外配电装置	1881158	117002	45583	14563		408	6953	9808	148733
4	控制及直流系统	410655	52738		8866		209	6357	5235	73404
4.1	计算机监控系统	102714	32039		4455		113	2986	2663	42256
4.2	继电保护	277731	17458		3742		79	2896	2176	26351
4.5	在线监测系统	30210	3241		669		16	474	396	4797
6	电缆及接地		173413	112484	18421		235	9723	9743	211535
6.1	全站电缆		164006	103614	17884		235	9723	8848	200696
6.2	全站接地		9407	8870	537				895	10840
8	全站调试		102853		15955		13	11641	11742	142203
8.1	分系统调试		11915		2230			2079	1460	17684
8.2	特殊项目调试		81660		11945		13	7861	9133	110611
8.4	整套启动调试		9277		1780			1702	1148	13908
	合计	2291813	446005	158067	57804		864	34673	36528	575875

表 10-17 子模块 HA-220-B-1-220 建筑工程部分汇总预算表 金额单位：元

序号	工程或费用名称	建筑工程						
		建筑设备费	分部分项工程费	措施项目费（一）	措施项目费（二）	规费	税金	合计
	变电站建筑工程		142634	10904		7386	12253	173177
一	主要生产工程		139687	10660		7221	11951	169519
2	配电装置建筑		139687	10660		7221	11951	169519
2.1	构架及设备基础		131948	10217		6921	11188	160275
2.3	栅栏及地坪		7738	442		300	763	9244
二	辅助生产工程		2947	244		165	302	3658
2	站区性建筑		2947	244		165	302	3658
2.1	场地平整		2947	244		165	302	3658
	合计		142634	10904		7386	12253	173177

表 10-18 子模块 HA-220-B-1-220 其他费用预算表 金额单位：元

序号	工程或费用名称	编制依据及计算说明	合价
2	项目建设管理费		88160
2.1	项目法人管理费	（建筑工程费+安装工程费）×0.9×0.9×3.73%	22651.
2.2	招标费	（建筑工程费+安装工程费）×1.37%	10262
2.3	工程监理费	（建筑工程费+安装工程费）×4.46%	33408
2.4	设备材料监造费	监造设备费×0.87%	14873
2.5	施工过程造价咨询及竣工结算审核费	（建筑工程费+安装工程费）×0.88%	6592
2.6	工程保险费	（建筑工程费+安装工程费）×0.05%	375

续表 10-18

序号	工程或费用名称	编制依据及计算说明	合价
3	项目建设技术服务费		45846
3.4	设计文件评审费		43000
3.4.1	可行性研究文件评审费		10000
3.4.2	初步设计文件评审费		15000
3.4.3	施工图文件评审费		18000
3.6	工程建设检测费		2097
3.6.1	电力工程质量检测费	（建筑工程费+安装工程费）×0.28%	2097
3.7	电力工程技术经济标准编制费	（建筑工程费+安装工程费）×0.1%	749
4	生产准备费		6112
4.2	工器具及办公家具购置费	（建筑工程费+安装工程费）×0.8×1.02%	6112
	小计		140119

表 10-19　　子模块 HA-220-B-1-110 总预算表　　金额单位：万元

序号	工程或费用名称	金额	各项占静态投资比例（%）	单位投资（元/kVA）
一	建筑工程费	8	5.23	
1	主要生产工程	8	5.23	
2	辅助生产工程			
3	与站址有关的单项工程			
二	安装工程费	36	23.53	
1	主要生产工程	36	23.53	
2	与站址有关的单项工程			
三	设备购置费	97	63.4	
四	其他费用	10	6.54	
五	基本预备费	2	1.31	
六	特殊项目费用			
	工程静态投资	153	100	

表 10-20　　子模块 HA-220-B-1-110 安装工程部分汇总预算表　　金额单位：元

序号	工程或费用名称	设备购置费	安装工程							
			分部分项工程费		措施项目费（一）	措施项目费（二）	施工企业配合调试费	规费	税金	合计
			小计	其中：装置性材料费						
	变电站安装工程	968086	268568	75967	39024		1289	24914	25479	359274
一	主要生产工程	968086	268568	75967	39024		1289	24914	25479	359274
2	配电装置	862452	62152	13416	9816		690	5054	6593	84305
2.2	户外配电装置	862452	62152	13416	9816		690	5054	6593	84305
4	控制及直流系统	105634	21192		4473		255	3268	2627	31815
4.1	计算机监控系统	2014	5907		1164		81	708	707	8567
4.2	继电保护	73410	12074		2639		135	2085	1524	18458
4.3	在线监测系统	30210	3211		669		40	474	395	4790
6	电缆及接地		98613	62551	10884		343	6008	6265	122112

续表 10-20

序号	工程或费用名称	设备购置费	安装工程							
			分部分项工程费		措施项目费（一）	措施项目费（二）	施工企业配合调试费	规费	税金	合计
			小计	其中：装置性材料费						
6.1	全站电缆		89205	53680	10347		343	6008	5370	111273
6.2	全站接地		9407	8870	537				895	10840
8	全站调试		86612		13851			10585	9994	121041
8.1	分系统调试		10673		2014			1873	1310	15870
8.2	特殊项目调试		66764		10056			7009	7545	91375
8.4	整套启动调试		9175		1780			1702	1139	13796
	合计	968086	268568	75967	39024		1289	24914	25479	359274

表 10-21　子模块 HA-220-B-1-110 建筑工程部分汇总预算表　金额单位：元

序号	工程或费用名称	建筑工程						
		建筑设备费	分部分项工程费	措施项目费（一）	措施项目费（二）	规费	税金	合计
	变电站建筑工程		68683	5140		3482	5651	82956
一	主要生产工程		68134	5095		3451	5595	82274
2	配电装置建筑		68134	5095		3451	5595	82274
2.1	构架及设备基础		63929	4800		3251	5172	77152
2.2	栅栏及地坪		4204	295		200	423	5122
二	辅助生产工程		549	46		31	56	682
2	站区性建筑		549	46		31	56	682
2.1	场地平整		549	46		31	56	682
	合计		68683	5140		3482	5651	82956

表 10-22　子模块 HA-220-B-1-110 其他费用预算表　金额单位：元

序号	工程或费用名称	编制依据及计算说明	合价
2	项目建设管理费		49446
2.1	项目法人管理费	（建筑工程费+安装工程费）×0.9×0.9×3.73%	13373
2.2	招标费	（建筑工程费+安装工程费）×1.37%	6059
2.3	工程监理费	（建筑工程费+安装工程费）×4.46%	19723
2.4	设备材料监造费	监造设备费×0.87%	6178
2.5	施工过程造价咨询及竣工结算审核费	（建筑工程费+安装工程费）×0.88%	3892
2.6	工程保险费	（建筑工程费+安装工程费）×0.05%	221
3	项目建设技术服务费		44680
3.4	设计文件评审费		43000
3.4.1	可行性研究文件评审费		10000
3.4.2	初步设计文件评审费		15000
3.4.3	施工图文件评审费		18000
3.6	工程建设检测费		1238
3.6.1	电力工程质量检测费	（建筑工程费+安装工程费）×0.28%	1238
3.7	电力工程技术经济标准编制费	（建筑工程费+安装工程费）×0.1%	442
4	生产准备费		3609
4.2	工器具及办公家具购置费	（建筑工程费+安装工程费）×0.8×1.02%	3609
	小计		97735

第 11 章　110kV 变电站通用方案 HA-110-A2-3 通用造价

11.1　通用方案

本通用方案技术条件根据《国网河南省电力公司 35～220kV 变电站通用设计施工图实施方案》最新版中方案 HA-110-A2-3 确定，即主变压器采用 1×63MVA 三相双绕组有载调压变压器，电压等级采用 110/10kV，110kV 采用户内 GIS 设备，10kV 为户内开关柜。

本方案技术条件组合在本书中列表表示，变电站具体设计内容可参见已出版的通用设计配套图书。

11.1.1　主要技术条件

本方案主要技术条件包括变电站电气部分、土建部分等内容，具体见表 11-1。

表 11-1　　通用方案 HA-110-A2-3 技术条件

序号	项目名称	工程技术条件
一	电气部分	
1	主变压器	110/10kV 三相双绕组有载调压变压器，本期 1 台 63MVA，终期 3 台 63MVA
2	出线回路数	
2.1	110kV	本期 2 回，终期 4 回，电缆出线
2.2	10kV	本期 14 回，终期 42 回，电缆出线
3	无功补偿装置	10kV 并联电容器，本期 2 组 4800kvar，终期 6 组 4800kvar
4	电气主接线	
4.1	110kV	本期单母线分段接线，终期单母线分段接线
4.2	10kV	本期单母线接线，终期单母线四分段接线
5	短路电流水平	110、10kV 短路电流水平分别为 40、40/31.5kA
6	主要设备选型	
6.1	主变压器	户内分体、油浸、低损耗、自然油循环自冷型三相双绕组有载调压电力变压器
6.2	断路器	110kV 采用户内 GIS 设备
6.3	隔离开关	110kV 采用户内 GIS 设备
6.4	互感器	110kV 电流互感器采用电磁式，内置于 GIS 中；110kV 母线电压互感器采用三相电磁式电压互感器，内置于 GIS 中
6.5	避雷器	110、10kV 避雷器采用氧化锌避雷器
6.6	10kV 开关柜	10kV 采用户内配电装置成套开关柜，真空断路器
6.7	站用变压器	10kV 站用变压器采用户内消弧线圈接地变压器成套装置
6.8	无功补偿装置	10kV 电容器采用户内框架式电容器补偿装置，串联电抗器电抗率按 5%考虑
7	配电装置	
7.1	110kV 配电装置	110kV 采用户内 GIS，一列式布置，电缆出线，主变压器电缆进线
7.2	10kV 配电装置	10kV 采用户内开关柜双列离墙布置，电容器组户内布置
8	控制及远动	
8.1	计算机监控系统	一套：完成全站监控及远传，实现无人值班
		监控主机柜：集成数据服务器功能，主机/操作员站 2 套
		数据通信网关机柜：Ⅰ区数据通信网关机（兼图形网关机）2 台
		Ⅱ区数据通信网关机 2 台
		综合应用服务器柜：含 1 台综合应用服务器

续表 11-1

序号	项目名称	工程技术条件
8.1	计算机监控系统	公用测控柜：含 2 台测控装置
		主变压器测控柜：含 3 台测控装置
		测控装置：10kV 线路保护测控集成装置 14 台，10kV 电容器保护测控集成装置 2 台，10kV 站用变压器保护测控集成装置 1 台，10kV 母线测控装置 1 台，10kV TV 并列装置 1 台
		微机五防操作闭锁 1 套，含电脑钥匙、就地锁具、验电器等
		站控层交换机：5 台
		间隔层交换机：4 台，分散安装于 110kV GIS 智能控制柜及 10kV TV 开关柜内
		过程层交换机：3 台，分散安装于 110kV GIS 智能控制柜内
		尾缆、超五类以太网线、屏蔽双绞线 1 套
		高级应用软件：实现顺序控制、智能告警及分析决策等高级功能
8.2	时间同步系统	1 套，含主时钟双套配置，支持北斗和 GPS 授时、配套机柜 1 面
8.3	变电站智能辅助控制系统	1 套，含一次设备在线监测子系统、火灾消防子系统、安全防卫子系统、动环子系统、智能锁控子系统及智能巡视子系统等
8.4	状态监测系统	1 套，主变压器油色谱监测 IED
8.5	调度专用网络接入设备	2 面，包括调度数据网络设备 2 套、安全防护设备 1 套
8.6	电量计费系统	1 套，含电量采集处理终端 1 台，0.5S 级数字式电能表 4 块、0.5S 级模拟式电能表 17 块及柜体 1 面
9	交直流一体化电源系统	采用一体化电源系统装置，蓄电池单独布置在蓄电池室
10	继电保护	主变压器保护组柜，其他保护装置就地布置
11	过程层设备	合并单元 4 台；智能终端 3 台；合并单元/智能终端一体化装置 7 台
12	电缆	
12.1	110kV 电力电缆	YJLW03-64/110kV-1×400 共 0.16km
12.2	10kV 电力电缆	YJV22-8.7/15kV-3×185 共 0.03km；YJV22-8.7/15kV-3×240 共 0.1km
12.3	1kV 及以下电力电缆	2.81km
12.4	控制电缆	3.405km，1kV、屏蔽、铜芯
13	光缆	预制光缆 2km
14	接地	热镀锌扁钢及铜排，水平接地网 2500m，垂直接地极 94 根
二	土建部分	
1	基本技术数据	
1.1	地震基本烈度	7 度，按设计基本地震加速度值 0.15g
1.2	设计风速	27m/s
1.3	地基承载力特征值	f_{ak} = 150kPa
1.4	海拔	1000m 以下，场地同一标高
1.5	污秽等级	e 级
1.6	采暖	非采暖区
1.7	地下水	无影响
2	总平面布置	
2.1	站外道路	本次未涉及
2.2	站内道路	站内道路均为 4.0m，采用城市型道路，有路缘石，路面为混凝土
2.3	电缆隧道	总长度 34.5m，采用现浇钢筋混凝土结构
2.4	排水方式	站内废水、污水采用有组织排放方式，雨水采用散排方式
2.5	站区占地	站区东西方向长 85m，南北方向长 40m，围墙内占地 0.3400hm^2

续表 11-1

序号	项目名称	工程技术条件
2.6	围墙	采用装配式围墙
3	建筑物	配电装置楼 1 座，消防泵房 1 座，辅助用房 1 座，全站总建筑面积为 $1994m^2$
3.1	配电装置楼	
3.1.1	建筑面积与体积	地上两层、地下一层（电缆夹层），建筑面积为 $1873.02m^2$，建筑体积为 $9545m^3$
3.1.2	建筑结构	采用装配式钢框架结构，地上两层，地下为电缆夹层
3.1.3	建筑物基础	采用钢筋混凝土筏板基础
3.1.4	建筑装修	（1）外墙：采用铝镁锰复合板+纤维水泥饰面板。 （2）门窗：除部分选用木门、铝镁合金门外，其余门采用钢质防火门、成品防盗钢门，窗采用断桥铝合金窗，5+6A+5+6A+5 中空浮法玻璃、中间层为加胶玻璃。 （3）屋面：防水等级 I 级。设置两道设防的防水保温屋面。 （4）楼地面：二次设备室、蓄电池室及消防泵房采用水泥基自流平地面、其他均为地砖。 （5）内墙：采用一体化纤维水泥集成墙板，除卫生间和备餐间为瓷砖以外，其他均为纤维水泥饰面板
3.2	辅助用房	
3.2.1	建筑面积与体积	建筑面积 $46.24m^2$，建筑体积为 $138.72m^3$
3.2.2	建筑结构	采用装配式钢框架结构
3.2.3	建筑物基础	本次未涉及
3.2.4	建筑装修	地面为地砖地面。内墙采用乳胶漆涂料，卫生间设吊顶。外面装饰材料及风格、色调同配电装置楼。门采用成品防盗钢门（土建核实），窗采用断桥铝合金三层中空夹胶玻璃窗
4	构筑物	
4.1	构、支架基础及主变压器基础	无构架。设备支架基础均采用地脚螺栓重力式基础，主变压器基础采用钢筋混凝土整板式基础
5	其他构筑物	事故油池、消防水池等地下构筑物均采用现浇钢筋混凝土结构，抗渗等级 P6
6	供水	本次未涉及
7	采暖通风	二次设备间、蓄电池室及 10kV 配电装置室设置分体冷热空调，另设置事故风机
8	消防	站内设水消防系统，并设置不同类型的移动式灭火器

11.1.2 主要电气设备材料表

电气一次部分设备包括主变压器系统、各电压等级装置、无功补偿装置、站用电部分、照明部分、防火材料及其他、接地等部分。其中，主变压器系统主要包括与主变压器相连到电缆及电缆附件部分；照明部分将动力配电箱、检修箱、照明配电箱、户外照明灯具归入本项内；防火材料及其他包括二次控制电缆、电缆支架、防火材料等；接地部分包含主接地网、接地引下线、垂直接地极等。电气二次设备包括计算机监控系统、继电保护、直流系统、通信电源、电能计费等部分。110kV 变电站通用方案 HA-110-A2-3 主要电气设备材料表见 11-2。

表 11-2　　通用方案 HA-110-A2-3 主要电气设备材料表

序号	设备名称	规格	单位	数量	备注
一	主变压器系统				
1	主变压器	三相双绕组油浸自冷有载调压变压器，分体 SZ11-63000/110	台	1	
2	110kV 中性点成套装置		套	1	
3	10kV 氧化锌避雷器	HY5WZ-17/45，附放电计数器	台	3	
4	铜排	TMY-30×4	m	3	避雷器连接线
5	110kV 电力电缆	$YJLW_{03}$-64/110kV-1×400	m	160	
6	110kV 复合式电缆终端	1×400	只	3	
7	110kV GIS 电缆终端	1×400	只	3	

续表 11-2

序号	设备名称	规格	单位	数量	备注
8	电缆接地箱	三相直接接地	只	1	
9	电缆接地箱	带护层保护器	只	1	
10	接地电缆	10kV-1×240mm^2	m	30	
11	钢芯铝绞线	LGJ-300/40 中性点连线，单导线 0.33 组	m	5	
12	钢芯铝绞线	LGJ-300/40 主变压器与 110kV 电缆终端连线，单导线 1 组	m	15	
13	30°铝设备线夹	SY-300/40B(90×80 4-ϕ 14)	套	1	
14	30°铜铝过渡设备线夹	SYG-300/40B(80×80 4-ϕ 14.5)	套	1	
15	90°铜铝过渡设备线夹	SYG-300/40C(90×93 4-ϕ 14)	套	3	
16	90°铜铝过渡设备线夹	SYG-300/40C(80×80 4-ϕ 14.5)	套	3	
17	电缆抱箍		套	3	
18	铜排	TMY-3×(125×10)	m	72	单片计列，套热缩
19	穿墙套管	CWC-20/4000A	只	3	
20	支柱绝缘子	ZSW-20/16	只	18	
21	母线固定金具		套	18	
22	母线间隔垫		个	30	
23	母线伸缩节	MST-125×10	个	18	
24	槽钢	[10	m	30	铜排安装用
25	主变压器智能控制箱		个	1	
26	主变压器检修箱		个	1	
二	110kV 配电装置部分				
1	110kV GIS 主变压器进线间隔	单断路器，3150A，40kA	间隔	1	
2	110kV GIS 电缆出线间隔	单断路器，3150A，40kA	间隔	2	
3	110kV GIS 分段间隔	单断路器，3150A，40kA	间隔	1	
4	110kV GIS 母线设备间隔	3150A，40kA	间隔	2	
5	110kV GIS 不完整出线间隔	3150A，40kA	间隔	1	
6	母线	3150A	m	2	
7	智能汇控柜		面	6	
三	10kV 配电装置				
1	高压开关柜	KYN28A-12，4000A～40kA	面	1	主进
2	高压开关柜	KYN28A-12，4000A	面	1	分段隔离
3	高压开关柜	KYN28A-12，1250A～31.5kA	面	2	电容器
4	高压开关柜	KYN28A-12，1250A～31.5kA	面	1	消弧线圈及接地变压器
5	高压开关柜	KYN28A-12，1250A～31.5kA	面	14（12）	出线
6	高压开关柜	KYN28A-12	面	1	母线设备
7	10kV 封闭母线桥	4000A	m	12	
四	无功补偿				
1	无功补偿电容器成套装置	TBB10-4800/200-AK（5%），每套包括电容器组、电抗器 5%、放电线圈、隔离开关、避雷器、支持绝缘子等	套	2	
2	10kV 电力电缆	YJV22-8.7/15kV-3×240	m	100	
3	10kV 电缆终端	户内，冷缩，铜，配 3×240 电缆	套	4	

续表 11-2

序号	设备名称	规格	单位	数量	备注
4	成品电缆竖井	钢制，500×400mm，$\delta\geqslant$2mm	m	10	现场量制定做
五	站用电部分				
1	消弧线圈及接地变压器成套装置	消弧线圈 XHDCZ-1000/10.5 接地变压器 DKSC-1200/10.5-200/0.4	套	1	
2	10kV 电力电缆	YJV22-8.7/15kV-3×185	m	30	
3	低压电力电缆	YJV22-1kV-3×240+1×120	m	120	
4	10kV 电缆终端	10kV，三相，户内，配 3×185 电缆	套	2	
5	电缆桥架	钢制，600×450mm，$\delta\geqslant$2mm	m	5	
6	零序 TA	LMZJ1-0.5，200/5A	只	1	
7	低压电力电缆	ZC-YJV22-1kV-2×4	m	80	
		ZC-YJV22-1kV-2×6	m	60	
		NH-YJV22-1kV-2×6	m	30	
		ZC-YJV22-1kV-2×10	m	140	
		ZC-YJV22-1kV-4×16	m	350	
		ZC-YJV22-1kV-4×25	m	360	
		ZC-YJV22-1kV-4×70	m	380	
		NH-VV22-1kV-1×120	m	110	
六	照明部分				
1	照明配电箱		个	2	
2	备用照明配电箱		个	1	
3	消防配电箱		个	1	
4	插座配电箱		个	1	
5	风机配电箱		个	1	
6	空调配电箱		个	1	
7	户内检修配电箱		个	2	
8	泵房配电箱		个	1	
9	行灯变压器	JMB-3000	台	1	
10	断路器	C65N-D16A/3P，VE，30mA	个	5	
11	断路器	C65N-D16A/3P，VE，30mA	个	1	
12	断路器	C65N-D16A/3P，VE，30mA	个	4	
13	断路器	C65N-D10A/3P，VE，30mA	个	1	电动大门用
14	LED 投光灯	220V，200W	套	10	
15	LED 投光灯	220V，100W	套	31	
16	LED 泛光灯	220V，100W	套	14	
17	LED 壁灯	220V，20W	套	31	
18	LED 吸顶灯	220V，20W	套	2	
19	LED 免维护低顶灯	24V，12W	套	36	
20	LED 照明灯	220V，20W	套	15	
21	LED 应急灯	220V，20W	套	54	
22	安全出口指示灯		套	26	
23	暗装单联单控开关	250V，10A	个	16	

续表 11-2

序号	设备名称	规格	单位	数量	备注
24	暗装单联单控开关	250V，10A	个	9	
25	暗装单联单控开关	24V，10A	个	3	
26	暗装单联双控开关	250V，10A	个	26	
27	暗装单联双控开关	24V，10A	个	6	
28	暗装双联单控开关	250V，10A	个	3	
29	单相两极加三极联体插座	250V，16A	套	32	
30	单相普通插座带单联开关	250V，16A，带接地插孔	套	6	
31	铜芯塑料绝缘导线	NH-3×BV-0.5-2.5	m	570	
32	铜芯塑料绝缘导线	3×BV-0.5-2.5	m	650	
33	铜芯塑料绝缘导线	3×BV-0.5-4	m	1900	
34	铜芯塑料绝缘导线	3×BV-0.5-6	m	390	
35	铜芯塑料绝缘导线	3×BV-0.5-10	m	350	
36	铜芯塑料绝缘导线	5×BV-0.5-4	m	360	
37	铜芯塑料绝缘导线	5×BV-0.5-6	m	800	
38	电力电缆	ZC-YJV22-1-5×4	m	100	电动大门用
39	电力电缆	ZR-VV22-1-3×4	m	500	
40	穿线钢管	ϕ40，热镀锌	m	975	
41	穿线钢管	ϕ25，热镀锌	m	120	
42	穿线钢管	ϕ100，热镀锌	m	150	
43	PVC 管	ϕ40	m	350	
44	PVC 管	ϕ25	m	2440	
45	PVC 管	ϕ20	m	1270	
46	分接线盒		个	310	
七	防雷接地				
1	接地铜排	−40mm×4mm	m	1500	水平接地体
2	接地铜排	−40mm×4mm	m	700	接地引上线
3	热镀锌扁钢	−60mm×6mm	m	900	室内水平接地体
4	热镀锌扁钢	−60mm×6mm	m	250	设备接地
5	热镀锌扁钢	−60mm×6mm	m	300	夹层电缆支架接地
6	镀铜钢棒	ϕ17.3，$L=2.5$m	根	94	垂直接地体
7	铜排	−25mm×4mm	m	250	二次等电位网
8	检修接地端子		个	23	不锈钢
9	镀锌圆钢	ϕ12	m	500	屋顶避雷带
10	支柱绝缘子	1000V	个	180	
11	绝缘软铜线	4mm^2	m	300	
12	水平接地体	VV-0.6/1-1×120	m	50	单芯裸铜线
13	铜芯电缆	VV-0.6/1-1×50	m	100	铜接地网与主接地网连接
14	焊药		盒	250	
15	接地软导线	VV-1kV-2×50	m	300	二次

续表 11-2

序号	设备名称	规格	单位	数量	备注
16	黄绿接地线	BVR-50mm^2	m	50	
17	黄绿接地线	BVR-100mm^2	m	80	
八	防火材料及其他				
1	阻燃有机耐火隔板	& = 10mm	m^2	100	
2	层间 L 形防火隔板	800（长）×300（宽）×10（厚），高 80（翻边）	套	400	
3	有机防火堵料		kg	2200	
4	无机防火堵料		kg	1000	
5	阻火包		kg	3000	
6	防火涂料		kg	827	
7	膨胀螺栓	M8×80	套	2090	
8	钢板	& = 8mm	m^2	85	
9	角钢承托支架	L50mm×5mm	m	120	
10	电缆支架		t	12	
11	电缆槽盒	100mm×50mm	m	60	
12	电缆槽盒	200mm×100mm	m	50	
13	光缆槽盒	150mm×100mm	m	300	
14	电缆桥架	钢制，1400mm×700mm，$\delta \geqslant 2$mm	m	10	现场量制定做
15	控制电缆	ZR-KVVP2-4×4	km	1.445	
16	控制电缆	ZR-KVVP2-4×2.5	km	0.93	
17	控制电缆	ZR-KVVP2-4×10	km	0.22	
18	控制电缆	ZR-KVVP2-7×2.5	km	0.345	
19	控制电缆	ZR-KVVP2-7×4	km	0.125	
九	状态监测系统				
1	主变压器油色谱监测 IED	监测范围：油中溶解气体包含传感器及状态监测 IED	套	1	
十	计算机监控系统	完成全站监控或远传、实现无人值班，实现顺序控制、智能告警及分析决策等高级功能	套	1	
1	主机/操作员站		套	2	
2	数据通信网关机柜	含 4 台通信网关机兼图形网关机，站控层交换机 4 台	面	1	
3	公用测控柜	含公用测控装置 2 台、网络打印机 1 台	面	1	
4	综合应用服务器柜	含 1 台综合应用服务器	面	1	
5	主变压器测控柜	含测控装置 3 台	面	1	
6	110kV 线路保护测控装置		台	2	
7	110kV 分段保护测控装置		台	1	
8	110kV 分段备投装置		台	1	
9	110kV 母线测控装置		台	2	
10	10kV 母线测控装置		台	1	
11	110kV 间隔层交换机	24 电口，2 光口	台	2	
12	10kV 间隔层交换机	24 电口，2 光口	台	2	
13	时间同步系统	1 套，含同步时钟主机（双机）、接收天线、光纤、光电转换器，同步对时扩展装置	面	1	
14	微机五防操作闭锁装置	含电脑钥匙、就地锁具、验电器等	套	1	

续表 11-2

序号	设备名称	规格	单位	数量	备注
15	10kV 保护测控一体化装置	保护测控一体化装置，按单元配置，分散安装于10kV 开关柜	套	17	
16	10kV 母线电压并列装置		套	1	
17	尾缆、网线	尾缆 2000m，超五类以太网线、屏蔽双绞线厂家按需提供	套	1	
十一	继电保护	不包括自动装置			
1	主变压器保护柜	柜式 2260mm×600mm×600mm，每面含主变压器保护装置 2 套	面	1	
2	故障录波及网络分析记录仪主机柜	柜式 2260mm×600mm×600mm，主机及分析软件和 1 台 MMS 网络记录仪	面	1	
3	调度专用网络接入设备	每套含路由器 1 台，交换机 2 台，纵向加密认证 2 台	套	2	
4	安全防护装置	防火墙 2 台，网络安全监测装置 1 台，正向隔离装置 1 台，反向隔离装置 1 台	套	1	
十二	交直流一体化电源系统				
1	阀控密封铅酸蓄电池	400Ah，2V	只	104	
2	380V 配电柜	含 2 面交流进线柜、1 面交流馈线柜	面	3	
3	直流柜	1 面充电机柜，2 面馈线柜	面	3	
4	UPS 电源屏	含 10kVA UPS 电源 1 台	面	1	
5	事故照明电源屏	含 3kVA UPS 电源 1 台	面	1	
6	通信电源柜	含通信电源含 5 个 30A 的 DC/DC 电源转换模块	面	1	
十三	电能计费				
1	电能表柜	含电量采集处理终端 1 台、110kV 主变压器数字式电能表 1 块，10kV 主进数字式电能表 1 块	面	1	
2	110kV 线路数字式电能表	0.5S 级数字式多功能电能表	块	2	
3	10kV 电能表	0.5S 级数字式多功能电能表	块	17	
十四	变电站智能辅助控制系统	含一次设备在线监测子系统、安全防卫子系统、动环子系统、智能锁控子系统及智能巡视子系统等	套	1	
十五	过程层设备				
1	主变压器本体合并单元		台	2	
2	主变压器本体智能终端及非电量保护		套	1	
3	主变压器 110kV 合并单元/智能终端一体化装置		台	2	
4	110kV 线路合并单元/智能终端一体化装置		台	2	
5	110kV 分段合并单元/智能终端一体化装置		台	1	
6	110kV 母线 TV 合并单元	具备电压并列功能，接收至少 2 组电压互感器数据	台	2	
7	110kV 母线 TV 智能终端		台	2	
8	110kV 过程层中心交换机	20 光口	台	3	
十六	站内通信				
1	语音插座	含模块及底盒	个	3	
2	信息插座	含模块及底盒	个	2	
3	穿线盒		个	6	
4	超五类屏蔽双绞线		m	100	
5	阻燃 PVC 管	ϕ25	m	300	

11.1.3 建筑工程量表

建筑工程量表包括总图、建筑物、构筑物、水工和暖通共五部分。

总图部分包括站区占地面积、站区道路面积、站区围墙长度、站区内建筑物面积、站区电缆隧道长度和特殊构筑物。其中站区占地面积边界以围墙中心线外 1m 为界。

建筑物部分包括配电装置楼、辅助用房和消防泵房共三项。各建筑物分为建筑专业和结构专业两部分。

110kV 变电站通用方案 HA-110-A2-3 建筑工程量表见表 11-3。

表 11-3　通用方案 HA-110-A2-3 建筑工程量表

序号	名称	规格	单位	数量	备注
一	总图部分				
1	站区总占地面积				
1.1	站区围墙内占地面积		hm^2	0.3400	以围墙中心线计
1.2	站区建筑物占地面积		hm^2	0.085	以围墙中心线外 1m 计
1.3	进站道路占地面积		hm^2	—	本次不涉及
1.4	合计		hm^2	0.4250	
2	站区道路面积	厚度 0.67m，混凝土路面	m^2	809	
3	站区围墙长度	围墙高 2.3m，装配式围墙	m	240.2	
4	建筑物				
4.1	配电装置楼；辅助用房；消防泵房	50.5m×19m；6m×6m；2.8m×6.6m+7.9m×6.4m	m^2	1994	框架结构（按轴线计算）
5	站区沟道				
5.1	电缆隧道	2.2m×2m（最小净空）	m	23	过道路段 8m
5.1.1	底板	250mm 厚混凝土，C30	m^3	15.53	
5.1.2	顶板	250mm 厚混凝土，C30	m^3	9.2	
5.1.3	壁板	250mm 厚混凝土，C30	m^3	23	
5.2	电缆隧道	1.6m×2m（最小净空）	m	12.43	过道路段 4m
5.2.1	底板	250mm 厚混凝土，C30	m^3	6.526	
5.2.2	顶板	250mm 厚混凝土，C30	m^3	7.788	
5.2.3	壁板	250mm 厚混凝土，C30	m^3	12.43	
6	特殊构筑物				
6.1	总事故油池	最小净空容积	m^3	36.37	钢筋混凝土结构
6.2	化粪池		座	1	成品
6.3	深井		座	—	本次不涉及
6.4	消防水池	最小净空容积	m^3	600	
7	大门		m	5m×2.4m	实体电动推拉大门
8	站区地坪	180mm 厚混凝土面层，内掺防裂纤维 150mm 厚 C20 混凝土垫层 300mm 厚碎石基层	m^2	1359	
二	建筑部分				
1	配电装置楼				
1.1	建筑部分				
1.1.1	建筑面积	50.5m×19.0m，地上 1269.43m^2、地下 603.59m^3	m^2	1873.02	
1.1.2	建筑体积		m^3	9545	

续表 11-3

序号	名称	规格	单位	数量	备注
1.1.3	地面工程				
1.1.3.1	混凝土地面	细石混凝土	m^2	604.45	电缆夹层
1.1.4	楼面工程				
1.1.4.1	防静电地板	防静电地板	m^2	88.4	二次设备间
1.1.4.2	地砖面层	普通地砖	m^2	875.	其余楼面
1.1.5	屋面保温防水	挤塑聚苯板保温、双层 SBS 改性沥青防水卷材	m^2	800.44	
1.1.6	墙体工程				
1.1.6.1	外墙	铝镁锰复合板	m^2	1608.59	
1.1.6.2	外墙内侧	纤维水泥饰面板	m^2	690.73	
1.1.6.3	外墙内侧（主变压器间）	纤维增强硅酸钙板一体化纤维水泥集成墙板	m^2	877.10	用于防火侧
1.1.6.4	内墙	一体化纤维水泥集成墙板	m^2	722.77	
1.1.6.5	主变压器吸音墙		m^2	270	
1.1.6.6	主变压器泄压墙	成品泄压墙	m^2	106.695	
1.1.6.7	剪力墙	C30 钢筋混凝土	m^3	107.42	电缆夹层
1.1.6.8	外墙装饰	外墙涂料	m^2	348.71	
1.1.6.9	内墙装饰	水泥砂浆抹灰	m^2	508.88	电缆夹层
1.1.6.10	天棚抹灰	乳胶漆	m^2	694.48	电缆夹层
1.1.6.11	天棚抹灰	防火涂料	m^2	1186	其余天棚
1.2	结构部分				
1.2.1	屋面板面积	130mm 厚 C30 钢筋桁架楼承板	m^2	834.76	
1.2.2	楼面板面积	130mm 厚 C30 钢筋桁架楼承板	m^2	396.09	
1.2.3	楼面板面积	120mm 厚 C30 钢筋混凝土板	m^2	438.89	
1.2.4	框架柱	C30 钢筋混凝土	m^3	66.88	基础层
1.2.5	框架梁	C30 钢筋混凝土	m^3	71.06	基础层
1.2.6	钢柱	Q355BH 型钢	t	67.307	
1.2.7	钢梁	Q355BH 型钢	t	97.697	
1.2.8	钢梯	Q235B 低合金钢	t	5.134	
1.2.9	钢支撑、桁架、墙架	Q355 冷弯型钢	t	22.11	
1.2.10	钢吊车梁	工字钢 45a	t	4.006	
1.2.11	筏板基础	C30 钢筋混凝土	m^3	425.21	
1.2.12	独立基础	C30 钢筋混凝土	m^3	25.794	
1.2.13	条形基础	MU15 实心砖	m^3	60.97	
1.2.14	挖方		m^3	3406.114	
2	消防泵房				
2.1	建筑部分				
2.1.1	建筑面积	2.8m×6.6m+7.9m×6.4m	m^2	72.73	以轴线计
2.1.2	建筑体积		m^3	300	以轴线计
2.1.3	地面工程				
2.1.3.1	整体面层	水泥砂浆地面	m^2	35.84	
2.1.4	屋面工程				
2.1.4.1	屋面保温防水	挤塑聚苯板保温、双层 SBS 改性沥青防水卷材	m^2	17.92	

续表 11-3

序号	名称	规格	单位	数量	备注
2.1.5	墙体工程				
2.1.5.1	外墙	加气砼砌块	m^3	11.37	
2.1.5.2	剪力墙	C30 钢筋混凝土	m^3	46.06	
2.1.5.3	外墙装饰	外墙涂料	m^2	65.39	
2.1.5.4	内墙面装饰	内墙涂料	m^2	50.67	
2.1.5.5	天棚抹灰	乳胶漆涂料	m^2	17.92	
2.2	结构部分				
2.2.1	屋面板面积	120mm 厚 C30 钢筋混凝土板	m^2	17.92	
2.2.2	筏板基础	C30 钢筋混凝土	m^3	30.29	
2.2.3	挖方		m^3	617.5	
3	辅助用房				
3.1	建筑部分				
3.1.1	建筑面积	6m×6m	m^2	36	以轴线计
3.1.2	建筑体积		m^3	144	以轴线计
3.1.3	地面工程	普通地砖	m^2	36	
3.1.4	屋面保温防水	挤塑聚苯板保温、双层 SBS 改性沥青防水卷材	m^2	36	
3.1.5	墙体工程				
3.1.5.1	外墙	铝镁锰岩棉夹芯板	m^2	92.9	
3.1.5.2	内墙	一体化纤维水泥集成墙板	m^2	42.7	
3.1.5.3	外墙装饰	外墙涂料	m^2	96	
3.1.5.4	内墙装饰	树脂乳液涂料	m^2	93	其余房间
3.1.5.5	内墙装饰	内墙瓷砖	m^2	49.8	卫生间
3.1.5.6	天棚抹灰	防火涂料	m^2	30.69	
3.1.5.7	天棚吊顶	轻钢龙骨吊顶，铝扣板（烤漆）	m^2	8.06	
3.2	结构部分				
3.2.1	屋面板面积	120mm 厚 C30 钢筋桁架楼承板	m^2	36	
3.2.4	钢柱	Q355BH 型钢	t	2.78	
3.2.5	钢梁	Q355BH 型钢	t	2.182	
3.2.7	钢支撑、桁架、墙架	Q355 冷弯型钢	t	1.286	
三	构筑物部分				
1	主变压器基础及油坑				
1.1	主变压器基础	钢筋混凝土整版式基础（4.075m×4.84m×2.1m），C30	m^3	16.816	
1.2	主变压器基础垫层	（4.275m×5.04m×0.1m），C15	m^3	2.155	
1.3	主变压器油坑				
1.3.1	池壁	利用墙体基础	m^3	0	
1.3.2	底板	200mm 厚混凝土油池底板，C30	m^3	14.31	
1.3.4	卵石		m^3	20.379	
2	散热器基础及油坑				
2.1	散热器基础	钢筋混凝土整版式基础（4.84m×1.94m×2.1m），C30	m^3	24.924	
2.2	散热器基础垫层	（3.4m×6.4m×0.1m），C15	m^3	2.176	
3	主变压器构支架				

续表 11-3

序号	名称	规格	单位	数量	备注
3.1	支架				
3.1.1	10kV 母线桥支架	ϕ300×6 圆形直缝钢管，Q235B	t	0.444	3 支
3.1.2	电缆终端支架	12 号槽钢，长 1.7m	t	0.15	
3.1.3	智能控制柜	C30 混凝土	m^3	1	
3.1.4	主变压器动力箱	C30 混凝土	m^3	1	
四	水工部分				
1	排水管	HDPE 双壁波纹排水管 DN200	m	37.70	
2	污水管	UPVC 排水塑料管 DN200	m	94.44	
3	消防管道	塑钢管 DN100	m	11.70	
4	消防管道	塑钢管 DN150	m	99.00	
5	水表井	最小净空容积	个	1	
6	砖砌圆形水封井	ϕ1000mm	个	4	
7	阀门井	ϕ1200mm	个	3	
8	成品塑料污水井		个	2	
9	消火栓	室外地上，SSF150/65-1.0	套	3	
10	室外消防泵	Q = 45L/s，H = 67m，N = 55kW	台	2	
11	消火栓增压稳压设备	P = 0.18MPa，P_1 = 0.18MPa，P_2 = 0.33MPa	套	2	
12	阀门	100X 液压式水位控制阀	个	1	
五	暖通部分				
1	低噪轴流风机	DWT-1-3 轴流式屋顶风机 NO.3.0 L = 2500m^3/h，N = 0.25kW、380V，P = 128Pa，噪声<60dB	台	2	蓄电池室室
2	低噪轴流风机	DZ-NO.4.5 自配室外防雨百叶 36000m^3/h，121Pa 0.25kW、噪声<65dB	台	5	10kV 配电装置室、GIS 室
3	屋顶风机	DWT-I-4 轴流式屋顶风机 NO.4.0 L = 5700m^3/h，N = 0.55kW、380V，P = 176Pa，噪声<65dB	台	5	接地变压器室、电容器室
4	低噪声屋顶风机	DWT-I-6 离心式屋顶风机 NO.6.0 L = 20000m^3/h，N = 1.5kW、380V，P = 128Pa，噪声<65dB	台	2	蓄电池室室
5	风管式空调外机	GMV-730W/A1 额定制冷 12.5kW 制冷输入功率 5.0kW 额定电压 380V 额定制热量 10.0kW 制热输入功 4.5kW63dB(A) IPLV = 7.2	台	6	10kV 配电装置室、GIS 室
6	风管式空调内机	GMV-NDR125PH/A 额定制冷量 12.5kW 额定制热量 10.0kW 输入功率 0.56kW 220V 54dB(A)	台	6	二次设备间、10kV 配电装置
7	空调壁挂机	KFR-36GW-DY-T6，制冷量：3600W，输入功率：1.27kW，制冷量：4300W+750W，输入功率：1.27kW+0.75kW	台	1	资料室

11.1.4　预算书

预算投资为静态投资，编制依据为第 4 章要求，预算书附总预算表、安装工程部分汇总预算表、建筑工程部分汇总预算表、其他费用预算表，见表 11-4～表 11-7。

表 11-4　**通用方案 HA-110-A2-3 总预算表**　金额单位：万元

序号	工程或费用名称	金额	各项占静态投资比例（%）	单位投资（元/kVA）
一	建筑工程费	1271	38.8	201.75
1	主要生产工程	1094	33.39	173.65
2	辅助生产工程	177	5.4	28.1
3	与站址有关的单项工程			
二	安装工程费	394	12.03	62.54

续表 11-4

序号	工程或费用名称	金额	各项占静态投资比例（%）	单位投资（元/kVA）
1	主要生产工程	394	12.03	62.54
2	与站址有关的单项工程			
三	设备购置费	1329	40.57	210.95
四	其他费用	250	7.63	39.68
五	基本预备费	32	0.98	5.08
六	特殊项目费用			
	工程静态投资	3276	100	520

表 11-5　　通用方案 HA-110-A2-3 安装工程部分汇总预算表　　金额单位：元

序号	工程或费用名称	设备购置费	安装工程							
			分部分项工程费		措施项目费（一）	措施项目费（二）	施工企业配合调试费	规费	税金	合计
			小计	其中：装置性材料费						
	变电站安装工程	13288896	3118501	1280488	257826		14185	287328	263439	3941280
一	主要生产工程	13288896	3118501	1280488	257826		14185	287328	263439	3941280
1	主变压器系统	3082026	169357	82475	12785		1089	11586	12291	207108
1.1	110kV 主变压器	3082026	169357	82475	12785		1089	11586	12291	207108
2	配电装置	5555078	390875	171600	33466		2631	34815	26117	487903
2.1	户内配电装置	5555078	390875	171600	33466		2631	34815	26117	487903
3	无功补偿	317004	24595		3253		311	3958	2891	35009
3.3	低压电容器	317004	24595		3253		311	3958	2891	35009
4	控制及直流系统	3592976	252551		28087		2461	36808	24292	344200
4.1	计算机监控系统	1558836	174726		17326		1513	22765	14970	231300
4.2	继电保护	449928	49826		7104		590	9686	6049	73254
4.3	直流系统及不间断电源	302100	22896		3043		289	3733	2696	32657
4.4	智能辅助控制系统	1208400	466		68		5	94	57	690
4.5	在线监测系统	73712	4637		547		64	531	520	6298
5	站用电系统	343856	55037	34687	3590		234	2772	5547	67179
5.1	站用变压器	332956	6031		759		79	846	694	8410
5.2	站用配电装置	10900	608		87		7	119	74	895
5.3	站区照明		48398	34687	2743		148	1807	4779	57874
6	电缆及接地	10070	1630887	988430	114944		6981	113050	125547	1991410
6.1	全站电缆	10070	1220112	765995	82327		4952	76024	82127	1465543
6.2	全站接地		410775	222436	32617		2029	37026	43420	525867
7	通信及远动系统	387887	45884	3295	6465		478	9228	5585	67639
7.1	通信系统	1199	6338	3295	542		32	618	678	8209
7.2	远动及计费系统	386688	39546		5922		446	8609	4907	59430
8	全站调试		549315		55236			75112	61170	740833
8.1	分系统调试		151553		19476			32726	18338	222093
8.2	特殊调试		382717		33768			38971	40991	496446
8.3	整套启动调试		15046		1992			3415	1841	22294
	合计	13288896	3118501	1280488	257826		14185	287328	263439	3941280

表 11-6　　通用方案 HA-110-A2-3 建筑工程部分汇总预算表　　金额单位：元

序号	工程或费用名称	建筑工程						
		建筑设备费	分部分项工程费	措施项目费（一）	措施项目费（二）	规费	税金	合计
	变电站建筑工程	336500	10176260	605351		565210	1030140	12713461
一	主要生产工程	327600	8692581	526242		491347	903399	10941169
1	主要生产建筑	204500	7339281	447682		417997	756851	9166312
1.1	主控通信楼	204500	7339281	447682		417997	756851	9166312
2	配电装置建筑		465802	26907		25123	46605	564436
2.1	主变压器系统		136699	8385		7829	13762	166676
2.2	构架及设备基础		1576	82		77	156	1891
2.10	电缆沟道		327527	18439		17217	32686	395870
3	供水系统建筑		9832	546		510	980	11867
3.1	站区供水管道		9832	546		510	980	11867
4	消防系统	123100	877666	51107		47718	98963	1198554
4.1	消防水泵房	123100	154404	9077		8475	26555	321610
4.3	站区消防管道		13495	759		709	1347	16309
4.4	消防器材		39238	277		259	3580	43352
4.6	消防水池		670530	40994		38276	67482	817282
二	辅助生产工程	8900	1483679	79109		73863	126741	1772292
1	辅助生产建筑	8900	218867	12110		11307	22607	273791
1.2	警卫室	8900	218867	12110		11307	22607	273791
2	站区性建筑		912789	48242		45043	69188	1075264
2.1	场地平整		26272	1752		1635	2669	32329
2.2	站区道路及广场		262601	14288		13340	26121	316349
2.3	站区排水		90086	4728		4415	8931	108160
2.4	围墙及大门		533830	27475		25653	31468	618426
4	站区硬化		352023	18756		17512	34946	423237
	合计	336500	10176260	605351		565210	1030140	12713461

表 11-7　　通用方案 HA-110-A2-3 其他费用预算表　　金额单位：元

序号	工程或费用名称	编制依据及计算说明	合价
2	项目建设管理费		2026542
2.1	项目法人管理费	[（建筑工程费+安装工程费）×0.9] ×3.73%	559100
2.2	招标费	（建筑工程费+安装工程费）×1.37%	228170
2.3	工程监理费	（建筑工程费+安装工程费）×6.15%	1024267
2.4	设备材料监造费	（监造设备费）×0.87%	60116
2.5	施工过程造价咨询及竣工结算审核费	（建筑工程费+安装工程费）×0.88%	146562
2.6	工程保险费	（建筑工程费+安装工程费）×0.05%	8327
3	项目建设技术服务费		293288
3.4	设计文件评审费		230000
3.4.1	可行性研究文件评审费	可行性研究评审费	50000
3.4.2	初步设计文件评审费	初步设计评审费	75000
3.4.3	施工图文件评审费	施工图评审费	105000
3.6	工程建设检测费		46633
3.6.1	电力工程质量检测费	（建筑工程费+安装工程费）×0.28%	46633
3.7	电力工程技术经济标准编制费	（建筑工程费+安装工程费）×0.1%	16655
4	生产准备费		179871
4.2	工器具及办公家具购置费	[（建筑工程费+安装工程费）×0.8] ×1.35%	179871
	小计		2499701

11.2 子模块

11.2.1 主要技术条件

110kV 变电站通用方案 A2-3 有 4 个子模块，分别为增加一台主变压器 63MVA（HA-110-A2-3-ZB）、增减 1 回 110kV 电缆出线(HA-110-A2-3-110)、增减 1 回 10kV 出线(HA-110-A2-3-10)、增减 1 组 10kV 电容器(HA-110-A2-3-10C)，技术条件见表 11-8。

表 11-8　　通用方案 HA-110-A2-3 子模块技术条件

序号	子模块名称	子模块技术条件
一	增加一台主变压器 63MVA(HA-110-A2-3-ZB)	
1	规模	主变压器 1×63MVA，终期 3×63MVA。 主变压器间隔 110、10kV 双侧进线间隔
2	接线	110kV 单母线分段接线，10kV 单母线四分段接线
3	短路电流水平	110、10kV 短路电流水平分别为 40、40/31.5kA
4	主要设备型式	主变压器：110/10kV 三相双绕组变压器，分体，有载调压，油浸式，低损耗，自然油循环自冷。 断路器：110kV 户内 GIS，10kV 户内开关柜
5	配电装置型式	变电站配电装置采用全户内一栋楼布置。 110kV 采用户内 GIS 布置，采用全电缆出线，采用断路器单列布置。 10kV 采用户内开关柜
6	计算机监控	计算机监控系统软件扩容 1 套。 主变压器测控柜 1 面 每面含测控装置 3 台。 保护及故障信息管理系统软件升级 1 套
7	电能计量	含 0.5S 数字式电能表 2 块
8	主变压器保护	主变压器保护柜 1 面含保护 2 套
9	过程层设备	合并单元 2 台；智能终端 1 台；合并单元/智能终端一体化装置 4 台
10	设备状态监测装置	含主变压器油中溶解气体在线监测装置 1 套
11	土建设施	构、支架基础均地脚螺栓重力式基础，主变压器基础钢筋混凝土整板式基础
12	其他	含控制、电力电缆、接地、配套
二	增减一回 110kV 电缆出线（HA-110-A2-3-110）	
1	规模	110kV 出线 1 回
2	接线	110kV 单母线分段接线
3	短路电流水平	40kA
4	主要设备型式	断路器：110kV 户内 GIS
5	配电装置型式	户内 GIS
6	计算机监控	计算机监控系统软件扩容 1 套。 保护及故障信息管理系统软件升级 1 套
7	电能计量	0.5S 级数字式电能表 1 块
8	继电保护	110kV 线路保护测控装置 1 套
9	过程层设备	合并单元/智能终端一体化装置 1 台
10	土建设施	设备基础前期已上
11	其他	含控制、电力电缆、接地、配套
三	增减一回 10kV 出线（HA-110-A2-3-10）	
1	规模	10kV 出线 1 回
2	接线	10kV 单母线分段接线
3	短路电流水平	40/31.5kA
4	主要设备型式	断路器：10kV 户内开关柜
5	配电装置型式	10kV 户内开关柜
6	计算机监控	计算机监控系统软件扩容 1 套。 保护及故障信息管理系统软件升级 1 套

续表 11-8

序号	子模块名称	子模块技术条件
7	电能计量	0.5S 级数字式电能表 1 块
8	继电保护	10kV 线路保护测控集成装置 1 套
9	土建设施	设备基础前期已上
10	其他	含控制、电力电缆、接地、配套
四	增减一组 10kV 电容器（HA-110-A2-3-10C）	
1	规模	10kV 并联电容器
2	接线	
3	短路电流水平	31.5kA
4	主要设备型式	10kV 电容器采用户内框架式电容器补偿装置，串联电抗器电抗率按 5%考虑
5	配电装置型式	户内布置
6	计算机监控	计算机监控系统软件扩容 1 套。 保护及故障信息管理系统软件升级 1 套
7	电能计量	0.5S 级数字式电能表 1 块
8	继电保护	10kV 电容器保护测控集成装置 1 套
9	土建设施	设备基础前期已上
10	其他	含控制、电力电缆、接地、配套

11.2.2 主要电气设备材料表

110kV 变电站通用方案 HA-110-A2-3 子模块主要电气设备材料表见表 11-9。

表 11-9　　通用方案 HA-110-A2-3 子模块主要电气设备材料表

序号	设备名称	规格	单位	数量	备注
一	增加一台主变压器 63MVA（HA-110-A2-3-ZB）				
（一）	主变压器部分				
1	主变压器	三相双绕组自然油循环自冷有载调压变压器，分体 SZ11-63000/110	台	1	
2	110kV 中性点成套装置		套	1	
3	氧化锌避雷器	HY5WZ-17/45，附放电计数器	台	3	
4	铜排	TMY-30×4	m	3	
5	110kV 电力电缆	$YJLW_{03}$-64/110kV-1×400	m	190	
6	110kV 复合式电缆终端	1×400	只	3	
7	110kV GIS 电缆终端	1×400	只	3	
8	电缆接地箱	三线直接接地	只	1	
9	电缆接地箱	带护层保护器	只	1	
10	接地电缆	10kV-1×240mm^2	m	30	
11	钢芯铝绞线	LGJ-300/40 中性点连线，单导线 0.33 组	m	5	
12	钢芯铝绞线	LGJ-300/40 主变压器与 110kV 电缆终端连线，单导线 1 组	m	15	
13	30°铝设备线夹	SY-300/40B(90×80 4-ϕ 14)	套	1	
14	30°铜铝过渡设备线夹	SYG-300/40B(80×80 4-ϕ 14.5)	套	1	
15	90°铜铝过渡设备线夹	SYG-300/40C(90×93 4-ϕ 14)	套	3	
16	90°铜铝过渡设备线夹	SYG-300/40C(80×80 4-ϕ 14.5)	套	3	
17	电缆抱箍		套	3	现场制作

续表 11-9

序号	设备名称	规格	单位	数量	备注
18	10kV 绝缘铜管母	4000A	m	66	
19	主变压器智能控制柜		个	1	
20	主变压器检修箱		个	1	
（二）	110kV 户内配电装置部分				
1	110kV GIS 主变压器进线间隔	单断路器，3150A，40kA	间隔	1	
2	智能汇控柜		面	1	厂家提供
（三）	10kV 配电装置				
1	高压开关柜	KYN28A-12/4000A-40kA	面	1	主进
（四）	防雷接地				
1	接地扁钢	−60mm×6mm 热镀锌	m	50	
2	接地软导线	VV-1×100mm^2	m	200	
（五）	防火材料				
1	防火隔板	& = 10mm	m^2	10	
2	防火堵料		kg	300	
3	防火涂料		kg	100	
4	低压电力电缆	ZR-VV22-1kV-4×25	m	100	
5	电缆槽盒	150mm×100mm	m	50	
6	控制电缆	ZR-KVVP2-4×4	km	0.43	
7	控制电缆	ZR-KVVP2-4×2.5	km	0.285	
8	控制电缆	ZR-KVVP2-7×2.5	km	0.12	
9	控制电缆	ZR-KVVP2-7×4	km	0.125	
10	屏蔽双绞线		km	0.05	
（六）	状态监测系统				
1	主变压器油色谱监测 IED		套	1	
（七）	计算机监控系统	完成全站监控或远传、实现无人值班			
1	计算机监控系统扩容		套	1	
2	主变压器测控柜	含测控装置 3 台	面	1	
3	尾缆	4 芯	m	465	
4	尾缆	8 芯	m	295	
（八）	继电保护	（不包括自动装置）			
1	主变压器保护屏	屏内含主变压器保护装置 2 台	面	1	
（九）	电能计费				
1	主变压器电能表	0.5S 级数字式电能表	块	1	
2	10kV 电能表	0.5S 级数字式电能表	块	1	
（十）	过程层设备	合并单元、智能终端等	套	1	
二	增减一回 110kV 电缆出线（HA-110-A2-3-110）				
（一）	110kV 户内配电装置部分				
1	110kV GIS 出线间隔	单断路器，3150A，40kA	间隔	1	
2	智能汇控柜		面	1	厂家提供
（二）	防雷接地				
1	接地软导线	VV-1×100mm^2	m	10	

续表 11-9

序号	设备名称	规格	单位	数量	备注
（三）	防火材料				
1	阻燃有机耐火隔板	& = 10mm	m^2	10	
2	防火堵料		kg	200	
3	防火涂料		kg	100	
（四）	其他				
1	低压电力电缆	ZR-VV22-1-4×25	m	100	
（五）	计算机监控系统	完成全站监控或远传、实现无人值班	套	1	
1	计算机监控系统扩容		套	1	
2	控制电缆	ZR-KVVP2-4×4		0.12	
3	控制电缆	ZR-KVVP2-7×2.5		0.06	
4	屏蔽双绞线			0.06	
（六）	继电保护	不包括自动装置			
1	110kV 线路保护测控装置		套	1	
2	尾缆	4 芯	m	120	
3	尾缆	8 芯	m	35	
（七）	电能计费				
1	110kV 线路电能表	0.5S 级数字式电能表	块	1	
（八）	过程层设备	合并单元、智能终端等	套	1	
三	增减一回 10kV 出线（HA-110-A2-3-10）				
（一）	10kV 配电装置				
1	高压开关柜	KYN28A-12/1250A-31.5kA	面	1	出线
（二）	防雷接地				
1	接地软导线	VV-1×100mm²	m	10	
（三）	防火材料				
1	防火隔板		m^2	3	
2	防火堵料		kg	30	
3	防火涂料		kg	100	
（四）	其他				
1	低压电力电缆	ZR-VV22-1kV-4×25	m	100	
（五）	计算机监控系统	完成全站监控或远传、实现无人值班	套	1	
1	计算机监控系统扩容		套	1	
2	10kV 线路保护测控集成装置		套	1	
3	控制电缆	ZR-KVVP2-4×4		0.05	
4	控制电缆	ZR-KVVP2-4×2.5		0.05	
（六）	电能计费				
1	10kV 电能表	0.5S 级数字式多功能电能表	块	1	
四	增减一组 10kV 电容器（HA-110-A2-3-10C）				
（一）	10kV 配电装置				
1	高压开关柜	KYN28A-12 1250A-31.5kA	面	1	电容
（二）	无功补偿				
1	无功补偿电容器成套装置	TBB10-4800/200-AK（5%），每套包括电容器组、电抗器 5%、放电线圈、隔离开关、避雷器、支持绝缘子等	套	1	
2	10kV 电力电缆	YJV22-8.7/15kV-3×240	m	50	
3	10kV 电缆终端	户内，冷缩，铜，配 3×240 电缆	套	2	
4	电缆桥架	不锈钢，450×400mm，$\delta \geqslant 2$mm	m	10	

续表 11-9

序号	设备名称	规格	单位	数量	备注
（三）	防雷接地				
1	接地扁钢	−60mm×6mm 热镀锌	m	30	
2	接地软导线	VV-1×100mm^2	m	10	
（四）	防火材料				
1	防火隔板		m^2	3	
2	防火堵料		kg	30	
3	防火涂料		kg	200	
（五）	计算机监控系统	完成全站监控或远传、实现无人值班	套	1	
1	计算机监控系统扩容		套	1	
2	10kV 电容器保护测控集成装置		套	1	
3	控制电缆	ZR-KVVP2-4×4	km	0.05	
4	控制电缆	ZR-KVVP2-4×2.5	km	0.05	
5	控制电缆	ZR-KVVP2-7×2.5	km	0.05	
（六）	电能计费				
1	10kV 电能表	0.5S 级数字式多功能电能表	块	1	

11.2.3 建筑工程量表

110kV 变电站通用方案 HA-110-A2-3 子模块建筑工程量见表 11-10。

表 11-10　　通用方案 HA-110-A2-3 子模块建筑工程量表

序号	名称	规格	单位	数量	备注
一	增加一台主变压器 63MVA（HA-110-A2-3-ZB）				
1.1	主变压器基础	钢筋混凝土整板式基础（4.8m×4m×0.8m），C30	m^3	16.81	
1.2	散热器基础	钢筋混凝土整板式基础（6.2m×3.2m×0.8m），C30	m^3	24.92	
1.3	主变压器基础垫层	（5m×4.2m×0.1m），C15	m^3	2.16	
1.4	散热器基础垫层	（6.4m×3.4m×0.1m），C15	m^3	2.18	
1.5	主变压器油坑	200mm 厚混凝土油池池壁，C30	m^3	5.4	
1.6		150mm 厚混凝土油池底板，C30	m^3	14.31	
1.7	卵石		m^3	20.379	
1.8	预埋铁件		t	1.074	
2	设备构支架及基础				
2.1	中性点基础	（1.5m×1.5m×0.8m）C30	m^3	1.8	
2.2	10kV 母线桥支架	ϕ300×6 圆形直缝钢管，Q355B	t	0.325	2 支
2.3	10kV 母线桥支架基础	（1.5m×1.5m×0.8m）C30	m^3	2.71	2 座
2.4	电缆终端支架	12 号槽钢，长 1.7m	t	0.123	6 根
2.5	智能控制柜	C30 混凝土	m^3	0.5	1 座
2.6	主变压器动力箱	C30 混凝土	m^3	0.5	1 座
二	增减一回 110kV 电缆出线（HA-110-A2-3-110）				
	无土建工程量				
三	增减一回 10kV 电缆出线（HA-110-A2-3-10）				
	无土建工程量				
四	增减一组 10kV 电容器（HA-110-A2-3-10C）				
	无土建工程量				

11.2.4 预算书

110kV 变电站通用方案 HA-110-A2-3 子模块总预算表、安装工程部分汇总预算表、建筑工程部分汇总预算表、其他费用预算表分别见表 11-11～表 11-23。

表 11-11 **子模块 HA-110-A2-3-ZB 总预算表** 金额单位：万元

序号	工程或费用名称	金额	各项占静态投资比例（%）	单位投资（元/kVA）
一	建筑工程费	13	2.07	2.06
1	主要生产工程	13	2.07	2.06
2	辅助生产工程			
3	与站址有关的单项工程			
二	安装工程费	134	21.3	21.27
1	主要生产工程	134	21.3	21.27
2	与站址有关的单项工程			
三	设备购置费	448	71.22	71.11
四	其他费用	28	4.45	4.44
五	基本预备费	6	0.95	0.95
六	特殊项目费用			
	工程静态投资	629	100.00	99.84

表 11-12 **子模块 HA-110-A2-3-ZB 安装工程部分汇总预算表** 金额单位：元

序号	工程或费用名称	设备购置费	安装工程							
			分部分项工程费		措施项目费（一）	措施项目费（二）	施工企业配合调试费	规费	税金	合计
			小计	其中：装置性材料费						
	变电站安装工程	4477345	1104587	581728	109251		3750	59468	67793	1344850
一	主要生产工程	4477345	1104587	581728	109251		3750	59468	67793	1344850
1	主变压器系统	3082026	178535	82475	20455		1089	11586	13808	225473
1.1	110kV 主变压器	3082026	178535	82475	20455		1089	11586	13808	225473
2	配电装置	983255	284127	228800	19549		472	6234	7342	317725
2.1	户内配电装置	983255	284127	228800	19549		472	6234	7342	317725
4	控制及直流系统	397966	73305		9992		602	7553	6431	97883
4.1	计算机监控系统	151050	55042		6483		404	4748	4201	70877
4.2	继电保护	173204	13208		2634		134	2275	1643	19893
4.5	在线监测系统	73712	5056		875		64	531	587	7112
6	电缆及接地	10070	414647	270453	36626		1587	14593	22563	490015
6.1	全站电缆	10070	412947	268854	36535		1587	14593	22402	488064
6.2	全站接地		1700	1598	91				161	1952
7	通信及远动系统	4028	93		20		1	20	12	146
7.2	远动及计费系统	4028	93		20		1	20	12	146
8	全站调试		153880		22608			19482	17637	213608
8.1	分系统调试		29513		5218			5498	3621	43850
8.2	特殊调试		115523		15796			12277	12924	156520
8.3	整套启动调试		8844		1594			1708	1093	13238
	合计	4477345	1104587	581728	109251		3750	59468	67793	1344850

表 11-13　　子模块 HA-110-A2-3-ZB 建筑工程部分汇总预算表　　金额单位：元

序号	工程或费用名称	建筑工程						
		建筑设备费	分部分项工程费	措施项目费(一)	措施项目费（二）	规费	税金	合计
	变电站建筑工程		103537	8627		5033	10548	127745
一	主要生产工程		103537	8627		5033	10548	127745
2	配电装置建筑		103537	8627		5033	10548	127745
2.1	主变压器系统		103537	8627		5033	10548	127745
	合计		103537	8627		5033	10548	127745

表 11-14　　子模块 HA-110-A2-3-ZB 其他费用预算表　　金额单位：元

序号	工程或费用名称	编制依据及计算说明	合价
2	项目建设管理费		201754
2.1	项目法人管理费	[（建筑工程费+安装工程费）×0.9] ×3.36%	44531
2.2	招标费	（建筑工程费+安装工程费）×1.37%	20175
2.3	工程监理费	（建筑工程费+安装工程费）×6.15%	90565
2.4	设备材料监造费	（监造设备费）×0.87%	32789
2.5	施工过程造价咨询及竣工结算审核费	（建筑工程费+安装工程费）×0.88%	12959
2.6	工程保险费	（建筑工程费+安装工程费）×0.05%	736
3	项目建设技术服务费		64596
3.4	设计文件评审费		59000
3.4.1	可行性研究文件评审费	可行性研究评审费	14000
3.4.2	初步设计文件评审费	初步设计评审费	20000
3.4.3	施工图文件评审费	施工图评审费	25000
3.6	工程建设检测费		4123
3.6.1	电力工程质量检测费	（建筑工程费+安装工程费）×0.28%	4123
3.7	电力工程技术经济标准编制费	（建筑工程费+安装工程费）×0.1%	1473
4	生产准备费		13430
4.2	工器具及办公家具购置费	[（建筑工程费+安装工程费）×0.8] ×1.14%	13430
	小计		279780

表 11-15　　子模块 HA-110-A2-3-110 总预算表　　金额单位：万元

序号	工程或费用名称	金额	各项占静态投资比例（%）	单位投资（元/kVA）
一	建筑工程费			
1	主要生产工程			
2	辅助生产工程			
3	与站址有关的单项工程			
二	安装工程费	22	19.3	
1	主要生产工程	22	19.3	
2	与站址有关的单项工程			
三	设备购置费	85	74.56	
四	其他费用	6	5.26	
五	基本预备费	1	0.88	
六	特殊项目费用			
	工程静态投资	114	100.00	

表 11-16　　子模块 HA-110-A2-3-110 安装工程部分汇总预算表　　金额单位：元

序号	工程或费用名称	设备购置费	安装工程								
			分部分项工程费		措施项目费（一）	措施项目费（二）	施工企业配合调试费	规费	税金	合计
			小计	其中：装置性材料费						
	变电站安装工程	852118	161338	12474	24851		578	17144	16767	220678
一	主要生产工程	852118	161338	12474	24851		578	17144	16767	220678
2	配电装置	761589	31078		6397		331	4434	3802	46041
2.1	户内配电装置	761589	31078		6397		331	4434	3802	46041
4	控制及直流系统	88515	26691		3497		171	2534	2060	34954
4.1	计算机监控系统	15105	14498		848		56	448	526	16376
4.2	继电保护	73410	12193		2649		115	2085	1534	18578
6	电缆及接地		21837	12474	2671		75	1630	1674	27888
6.1	全站电缆		21837	12474	2671		75	1630	1674	27888
7	通信及远动系统	2014	49		11		0	10	6	77
7.2	远动及计费系统	2014	49		11		0	10	6	77
8	全站调试		81682		12275			8536	9224	111717
8.1	分系统调试		8835		1667			1552	1085	13139
8.2	特殊调试		67277		9532			5959	7449	90217
8.3	整套启动调试		5571		1076			1025	690	8361
	合计	852118	161338	12474	24851		578	17144	16767	220678

表 11-17　　子模块 HA-110-A2-3-110 其他费用预算表　　金额单位：元

序号	工程或费用名称	编制依据及计算说明	合价
2	项目建设管理费		31946
2.1	项目法人管理费	[（建筑工程费+安装工程费）×0.9]×3.36%	6673
2.2	招标费	（建筑工程费+安装工程费）×1.37%	3023
2.3	工程监理费	（建筑工程费+安装工程费）×6.15%	13572
2.4	设备材料监造费	（监造设备费）×0.87%	6626
2.5	施工过程造价咨询及竣工结算审核费	（建筑工程费+安装工程费）×0.88%	1942
2.6	工程保险费	（建筑工程费+安装工程费）×0.05%	110
3	项目建设技术服务费		24839
3.4	设计文件评审费		24000
3.4.1	可行性研究文件评审费	可行性研究评审费	6000
3.4.2	初步设计文件评审费	初步设计评审费	8000
3.4.3	施工图文件评审费	施工图评审费	10000
3.6	工程建设检测费		618
3.6.1	电力工程质量检测费	（建筑工程费+安装工程费）×0.28%	618
3.7	电力工程技术经济标准编制费	（建筑工程费+安装工程费）×0.1%	221
4	生产准备费		2013
4.2	工器具及办公家具购置费	[（建筑工程费+安装工程费）×0.8]×1.14%	2013
	小计		58798

表 11-18　　子模块 HA-110-A2-3-10 总预算表　　金额单位：万元

序号	工程或费用名称	金额	各项占静态投资比例（%）	单位投资（元/kVA）
一	建筑工程费			
1	主要生产工程			
2	辅助生产工程			
3	与站址有关的单项工程			
二	安装工程费	2	16.67	
1	主要生产工程	2	16.67	
2	与站址有关的单项工程			
三	设备购置费	10	83.33	
四	其他费用	0		
五	基本预备费	0		
六	特殊项目费用			
	工程静态投资	12	100.00	

表 11-19　　子模块 HA-110-A2-3-10 安装工程部分汇总预算表　　金额单位：元

序号	工程或费用名称	设备购置费	安装工程							
			分部分项工程费		措施项目费（一）	措施项目费（二）	施工企业配合调试费	规费	税金	合计
			小计	其中：装置性材料费						
	变电站安装工程	98384	17839	3771	2663		78	1982	1674	24236
一	主要生产工程	98384	17839	3771	2663		78	1982	1674	24236
2	配电装置	73209	2742		555		30	367	332	4027
2.1	户内配电装置	73209	2742		555		30	367	332	4027
4	控制及直流系统	23161	3966		434		18	353	249	5021
4.1	计算机监控系统	23161	3966		434		18	353	249	5021
6	电缆及接地		7271	3771	951		30	596	620	9467
6.1	全站电缆		7271	3771	951		30	596	620	9467
7	通信及远动系统	2014	49		11		0	10	6	77
7.2	远动及计费系统	2014	49		11		0	10	6	77
8	全站调试		3811		711			655	466	5643
8.1	分系统调试		3811		711			655	466	5643
	合计	98384	17839	3771	2663		78	1982	1674	24236

表 11-20　　子模块 HA-110-A2-3-10 其他费用预算表　　金额单位：元

序号	工程或费用名称	编制依据及计算说明	合价
2	项目建设管理费		2781
2.1	项目法人管理费	［（建筑工程费+安装工程费）×0.9］×3.36%	733
2.2	招标费	（建筑工程费+安装工程费）×1.37%	332
2.3	工程监理费	（建筑工程费+安装工程费）×6.15%	1490
2.5	施工过程造价咨询及竣工结算审核费	（建筑工程费+安装工程费）×0.88%	213
2.6	工程保险费	（建筑工程费+安装工程费）×0.05%	12
3	项目建设技术服务费		92
3.6	工程建设检测费		68
3.6.1	电力工程质量检测费	（建筑工程费+安装工程费）×0.28%	68
3.7	电力工程技术经济标准编制费	（建筑工程费+安装工程费）×0.1%	24
4	生产准备费		221
4.2	工器具及办公家具购置费	［（建筑工程费+安装工程费）×0.8］×1.14%	221
	小计		3094

表 11-21　　子模块 HA-110-A2-3-10C 总预算表　　金额单位：万元

序号	工程或费用名称	金额	各项占静态投资比例（%）	单位投资（元/kVA）
一	建筑工程费			
1	主要生产工程			
2	辅助生产工程			
3	与站址有关的单项工程			
二	安装工程费	11	28.95	
1	主要生产工程	11	28.95	
2	与站址有关的单项工程			
三	设备购置费	26	68.42	
四	其他费用	1	2.63	
五	基本预备费			
六	特殊项目费用			
	工程静态投资	38	100.00	

表 11-22　　子模块 HA-110-A2-3-10C 安装工程部分汇总预算表　　金额单位：元

序号	工程或费用名称	设备购置费	安装工程							
			分部分项工程费		措施项目费（一）	措施项目费（二）	施工企业配合调试费	规费	税金	合计
			小计	其中：装置性材料费						
	变电站安装工程	259303	86833	40359	10674		297	6410	6597	110810
一	主要生产工程	259303	86833	40359	10674		297	6410	6597	110810
2	配电装置	75626	2701		544		30	355	327	3956
2.1	户内配电装置	75626	2701		544		30	355	327	3956
3	无功补偿	158502	13439		2754		144	1887	1640	19864
3.3	低压电容器	158502	13439		2754		144	1887	1640	19864
4	控制及直流系统	23161	3966		434		18	353	249	5021
4.1	计算机监控系统	23161	3966		434		18	353	249	5021
6	电缆及接地		53625	40359	4665		104	1876	2822	63092
6.1	全站电缆		53114	39879	4634		104	1876	2774	62502
6.2	全站接地		511	480	31				49	590
7	通信及远动系统	2014	49		11		0	10	6	77
7.2	远动及计费系统	2014	49		11		0	10	6	77
8	全站调试		13053		2266			1929	1552	18800
8.1	分系统调试		4037		754			696	494	5981
8.2	特殊调试		9016		1512			1233	1058	12819
	合计	259303	86833	40359	10674		297	6410	6597	110810

表 11-23　　子模块 HA-110-A2-3-10C 其他费用预算表　　金额单位：元

序号	工程或费用名称	编制依据及计算说明	合价
2	项目建设管理费		12714
2.1	项目法人管理费	［（建筑工程费+安装工程费）×0.9］×3.36%	3351
2.2	招标费	（建筑工程费+安装工程费）×1.37%	1518
2.3	工程监理费	（建筑工程费+安装工程费）×6.15%	6815
2.5	施工过程造价咨询及竣工结算审核费	（建筑工程费+安装工程费）×0.88%	975
2.6	工程保险费	（建筑工程费+安装工程费）×0.05%	55
3	项目建设技术服务费		421
3.6	工程建设检测费		310
3.6.1	电力工程质量检测费	（建筑工程费+安装工程费）×0.28%	310
3.7	电力工程技术经济标准编制费	（建筑工程费+安装工程费）×0.1%	111
4	生产准备费		1011
4.2	工器具及办公家具购置费	［（建筑工程费+安装工程费）×0.8］×1.14%	1011
	小计		14146

第 12 章　110kV 变电站通用方案 HA-110-A3-3 通用造价

本通用方案技术条件根据《国网河南省电力公司 35～220kV 变电站通用设计施工图实施方案》最新版中方案 HA-110-A3-3 确定，即主变压器采用 1×50MVA 三相双绕组有载调压变压器，电压等级采用 110/10kV，110kV 采用户内 GIS 设备，10kV 为户内开关柜。

本方案技术条件组合在本书中列表表示，变电站具体设计内容可参见已出版的通用设计配套图书。

12.1　主要技术条件

本方案主要技术条件包括变电站电气部分、土建部分等内容，具体见表 12-1。

表 12-1　　通用方案 HA-110-A3-3 技术条件

序号	项目名称	工程技术条件
一	电气部分	
1	主变压器	110/10kV 三相双绕组有载调压变压器，本期 1 台 50MVA，终期 3 台 50MVA
2	出线回路数	
2.1	110kV	本期 2 回，架空出线；终期 4 回，架空+电缆出线
2.2	10kV	本期 10 回，终期 30 回，电缆出线
3	无功补偿装置	10kV 并联电容器，本期 1 组 3600kvar+4800kvar，终期 3 组 3600kvar+4800kvar
4	电气主接线	
4.1	110kV	本期单母线分段接线，终期单母线分段接线
4.2	10kV	本期单母线接线，终期单母线三分段接线
5	短路电流水平	110、10kV 短路电流水平分别为 40、40/31.5kA
6	主要设备选型	
6.1	主变压器	户外三相双绕组低损耗、低噪声自冷式有载调压节能变压器
6.2	断路器	110kV 采用户内 GIS 设备
6.3	隔离开关	110kV 采用户内 GIS 设备
6.4	互感器	110kV 电流互感器采用电磁式，内置于 GIS 中；110kV 母线电压互感器采用三相电磁式电压互感器，内置于 GIS 中
6.5	避雷器	110、10kV 避雷器采用氧化锌避雷器
6.6	10kV 开关柜	10kV 采用户内配电装置成套开关柜，真空断路器
6.7	站用变压器	10kV 站用变压器采用户内消弧线圈接地变压器成套装置
6.8	无功补偿装置	10kV 电容器采用户内框架式电容器补偿装置，串联电抗器电抗率按 5%考虑
7	配电装置	
7.1	110kV 配电装置	110kV 采用户内 GIS，一列式布置，电缆出线，主变压器电缆进线
7.2	10kV 配电装置	10kV 采用户内开关柜双列离墙布置，电容器组户内布置
8	控制及远动	
8.1	计算机监控系统	一套：完成全站监控及远传，实现无人值班
		监控主机柜：集成数据服务器功能，主机/操作员站 2 套
		智能防误主机柜：含智能防误主机 1 台
		综合应用服务器柜：含 1 台综合应用服务器
		数据通信网关机柜：Ⅰ区数据通信网关机 2 台（兼图形网关机）
		Ⅱ区数据通信网关机 2 台，防火墙 2 台，正反向隔离装置 2 台
		网络安全监测装置 1 台
		公用测控柜：含 2 台测控装置
		高压室公用测控柜：含公用测控装置 1 台，一键顺控用
		主变压器测控柜：含 3 台测控装置
		测控装置：10kV 线路保护测控集成装置 10 台，10kV 电容器保护测控集成装置 2 台，10kV 接地变保护测控集成装置 1 台，10kV 母线测控装置 1 台，10kV TV 并列装置 1 台

续表 12-1

序号	项目名称	工程技术条件
8.1	计算机监控系统	微机五防操作闭锁1套，含电脑钥匙、就地锁具、验电器等
		站控层交换机：5台
		间隔层交换机：6台，分散安装于110kV GIS智能控制柜、公共测控柜及10kV TV开关柜内
		过程层交换机：3台，分散安装于110kV GIS智能控制柜及主变保护柜内
		尾缆、超五类以太网线、屏蔽双绞线1套
		高级应用软件：实现顺序控制、智能告警及分析决策等高级功能
8.2	时间同步系统	1套，含主时钟双套配置，支持北斗和GPS授时、配套机柜1面
8.3	变电站智能辅助控制系统	1套，含一次设备在线监测子系统、安全防卫子系统、动环子系统、智能锁控子系统、智能巡视子系统、火灾报警系统等
8.4	交直流一体化电源系统	采用一体化电源系统装置，蓄电池单独布置在蓄电池室
8.5	调度专用网络接入设备	2面，包括调度数据网络设备2套、安全防护设备1套
8.6	电量计费系统	1套，含电量采集处理终端1台，0.5S级数字式电能表4块、0.5S级模拟式电能表13块及柜体1面
9	继电保护	主变压器保护组柜，其他保护装置就地布置
10	故障录波及网络分析	含网络分析仪1套，故障录波装置1套，组柜1面
11	过程层设备	合并单元4台；智能终端3台；合并单元/智能终端一体化装置7台
12	电缆	
12.1	110kV电力电缆	YJLW03-64/110kV-1×400共0.111km
12.2	10kV电力电缆	YJV22-8.7/15kV-3×120共0.012km；YJV22-8.7/15kV-3×240共0.095km
12.3	1kV及以下电力电缆	2.75km
12.4	控制电缆	3.5km，1kV、屏蔽、铜芯
13	光缆	预制光缆0.2km，含预制光缆插座
14	主接地	热镀锌扁钢及铜排，水平接地网2500m，垂直接地极100根
二	土建部分	
1	基本技术数据	
1.1	地震基本烈度	7度，按设计基本地震加速度值0.15g
1.2	设计风速	27m/s
1.3	地基承载力特征值	f_{ak} = 150kPa
1.4	海拔	1000m以下，场地同一标高
1.5	污秽等级	e级
1.6	采暖	非采暖区
1.7	地下水	无影响
2	总平面布置	
2.1	站外道路	本次未涉及
2.2	站内道路	站内道路均为4.0m，采用郊区型道路，路面为混凝土
2.3	电缆隧道	总长度66m。采用现浇钢筋混凝土结构
2.4	排水方式	站内废水、污水、雨水采用有组织排放方式
2.5	站区占地	站区东西方向长90m，南北方向长41m，围墙内占地0.3690hm^2
2.6	围墙	采用装配式实体围墙
3	建筑物	配电装置楼1座，消防泵房1座，辅助用房1座，全站总建筑面积为906.6m^2
3.1	配电装置楼	
3.1.1	建筑面积与体积	建筑面积为803.4m^2，建筑体积为3877m^3
3.1.2	建筑结构	采用装配式钢框架结构，地上一层
3.1.3	建筑物基础	本次不涉及

续表 12-1

序号	项目名称	工程技术条件
3.2	辅助用房	
3.2.1	建筑面积与体积	建筑面积 44.9m²，建筑体积为 148.17m³
3.2.2	建筑结构	采用装配式钢框架结构
3.2.3	建筑物基础	本次未涉及
3.2.4	建筑装修	（1）外墙：铝镁锰复合板。 （2）门窗：选用防火门、成品木门、成品防盗钢门，窗采用三层玻璃中间层为夹胶玻璃断桥铝合金窗。 （3）屋面：防水等级 I 级。设置两道设防的防水保温屋面。 （4）楼地面：设备房间采用水泥基自流平地面，其他房间采用地砖。 （5）内墙：纤维复合板
4	构筑物	
4.1	构、支架基础及主变压器基础	无构架。设备支架基础均采用地脚螺栓重力式基础，主变压器基础采用钢筋混凝土整板式基础
5	其他构筑物	事故油池、消防水池等地下构筑物均采用现浇钢筋混凝土结构，抗渗等级 P8
6	供水	本次未涉及
7	采暖通风	二次设备间、蓄电池室及 10kV 配电装置室设置分体冷热空调，另设置事故风机
8	消防	站内设水消防系统，并设置不同类型的移动式灭火器

12.2　主要电气设备材料表

电气一次部分设备包括主变压器系统、各电压等级装置、无功补偿装置、站用电部分、照明部分、防火材料及其他、接地等部分。其中，主变压器系统主要包括与主变压器相连到电缆及电缆附件部分；照明部分将动力配电箱、检修箱、照明配电箱、户外照明灯具归入本项内；防火材料及其他包括二次控制电缆、电缆支架、防火材料等；接地部分包含主接地网、接地引下线、垂直接地极等。电气二次设备包括计算机监控系统、继电保护、直流系统、通信电源、电能计费等部分。110kV 变电站通用方案 HA-110-A3-3 主要电气设备材料表见表 12-2。

表 12-2　　通用方案 HA-110-A3-3 主要电气设备材料表

序号	设备名称	规格	单位	数量	备注
一	主变压器系统				
1	110kV 主变压器	三相双绕组油浸自冷式全密封有载调压、节能变压器，一体 SZ20-50000/110	台	1	
2	中性点成套装置		套	1	
3	10kV 氧化锌避雷器	YH5WZ-17/45W（附监测器）	只	3	
4	设备连接线		组	1.33	20m
5	10kV 户外母线桥	TMY-2(125×10)	m	66	按单片计
6	母线热缩外封套	MPG Φ125/50	m	66	
7	户外棒式支柱绝缘子	20kV，户外式	只	18	
8	110kV 电力电缆	YJLW03-64/110-1×400	m	111	
9	电缆终端	126kV 单芯热缩型电缆终端成套组件 GIS 用同 YJLW03-64/110-1×400 配套	套	3	
10	电缆终端	126kV 单芯热缩型电缆终端成套组件 同 YJLW03-64/110-1×400 配套	套	3	
11	接地电缆	YJV-6/10kV-1×240mm²	m	40	
12	电缆接地箱	三线直接接地	只	1	
13	电缆接地箱	带护层保护器	只	1	

续表 12-2

序号	设备名称	规格	单位	数量	备注
14	主变压器在线监测系统		套	1	
二	110kV 系统				
1	110kV GIS 主变压器进线间隔	单断路器，3150A，40kA	间隔	1	
2	110kV GIS 架空出线间隔	单断路器，3150A，40kA	间隔	2	
3	110kV GIS 分段间隔	单断路器，3150A，40kA	间隔	1	
4	110kV GIS 母线设备间隔	3150A，40kA	间隔	2	
5	110kV GIS 不完整进、出线间隔	3150A，40kA	间隔	4	
6	智能汇控柜		面	6	
7	SF_6气体泄漏报警仪		套	1	
8	设备引下线		组	4	
9	氧化锌避雷器 102/266		只	6	附监测器
三	10kV 系统				
1	高压开关柜	KYN28A-12，4000A～40kA	面	1	主进
2	高压开关柜	KYN28A-12，4000A	面	1	分段隔离
3	高压开关柜	KYN28A-12	面	1	母线设备
4	高压开关柜	KYN28A-12，1250A～31.5kA	面	10	出线
5	高压开关柜	KYN28A-12，1250A～31.5kA	面	2	电容器
6	高压开关柜	KYN28A-12，1250A～31.5kA	面	1	消弧线圈及接地变压器
7	穿墙套管	CWC-20/4000	只	3	
8	户内母线桥	TMY-3(125×10)	三相、m	11	
四	10kV 无功补偿				
1	并联电容器成套装置	TBB10-3600/200-AK（5%），每套包括电容器组、电抗器 5%、放电线圈、隔离开关、避雷器、支持绝缘子等	套	1	
2	并联电容器成套装置	TBB10-4800/200-AK（5%），每套包括电容器组、电抗器 5%、放电线圈、隔离开关、避雷器、支持绝缘子等	套	1	
3	高压电力电缆	YJV22-8.7/10-3×240	m	95	
4	户内高压电缆头	户内，冷缩，铜，配 3×240 电缆	套	4	
五	380/220V 站用电部分				
1	10kV 接地变消弧线圈成套装置	DKSC-800kVA/10.5kV-200kVA/0.4kV WZXC-630kVA/10.5kV	套	1	
2	检修电源箱	户外型	只	1	
3	检修电源箱	户内型	只	2	
4	户内高压电缆头	NSY-10/3.2	套	2	
5	高压电力电缆	YJV22-8.7/10-3×120	m	16	
6	低压电力电缆	ZC-YJV22-0.6/1-4×35	m	260	
7	低压电力电缆	ZC-YJV22-0.6/1-3×50+2×25	m	140	
8	低压电力电缆	ZR-VV22-1kV-3×185+1×95	m	100	
六	全站防雷接地				
1	铜排	−40×4	m	1000	水平接地网
2	热镀锌扁钢	−60×6	m	1500	户内水平接地网、接地引下线、电缆支架接地

续表 12-2

序号	设备名称	规格	单位	数量	备注
3	镀铜钢棒	$\phi 17.3, l=2500$	根	100	ATI 镀铜钢棒，垂直接地极
七	电缆防火材料				
1	无机防火隔板	L 型	m^2	200	
2	防火涂料		kg	1500	
4	防火堵料		kg	3800	
5	防火包		kg	4500	
7	镀锌钢板		kg	3000	
八	照明				
1	配电箱		只	6	
2	LED 投光灯	220V　150W	套	18	户外
3	建筑照明		m^3	3800	
4	电线	BV-0.5-4	m	3000	
5	电线	BV-0.5-2.5	m	4000	
6	电线	BV-0.5-10	m	1500	
7	PVC 管		m	2000	
九	水消防电源				
1	总电源控制柜		台	1	
2	电力电缆	YJV22-0.6/1-3×50+2×25	m	200	总电源控制柜至交流屏
3	电力电缆	YJV22-0.6/1-4×35	m	25	总电源控制柜至消防泵
4	电力电缆	YJV22-0.6/1-3×10+1×6	m	25	总电源控制柜至稳压泵
十	其他				
1	电缆支架		t	4	
2	镀锌钢管	$\phi 150$	m	100	
十一	变电站计算机监控系统	完成全站监控或远传、实现无人值班，实现顺序控制、智能告警及分析决策等高级功能			
1	监控主机兼操作员站		套	2	
2	综合应用服务器柜	含 1 套综合应用服务器	面	1	
3	数据通信网关机	含 4 台通信网关机	面	2	
4	智能防误主机柜	含智能防误主机 1 台，及软件	面	1	
5	公共测控柜	含公共测控 2 台	面	1	
6	110kV 母线测控装置		台	2	
7	主变测控柜	含高/低/本体，3 台测控装置	面	1	
8	10kV 保护测控一体化装置		台	13	
9	10kV TV 切换并列装置		台	1	
10	10kV 母线测控		台	1	
11	高压室公用测控柜	含公用测控装置 1 台	面	1	
12	站控层交换机	百兆、24 电口、2 光口	台	5	
13	110kV 间隔层交换机	百兆、24 电口、2 光口	台	2	

续表 12-2

序号	设备名称	规格	单位	数量	备注
14	主变间隔层交换机	百兆、24 电口、2 光口	台	2	
15	10kV 间隔层交换机	百兆、24 电口、2 光口	台	2	
16	调度专用网络接入设备	每套含路由器 1 台，交换机 2 台，纵向加密认证 2 台	套	2	
17	安全防护装置	防火墙 2 台，正反向隔离装置 2 台，网络安全监测装置 1 台	套	1	
18	尾缆、网线	尾缆 2000m，超五类以太网线、屏蔽双绞线厂家按需提供	套	1	
十二	继电保护及安全自动装置				
1	主变压器保护屏	主后合一双重化配置，共 2 台	面	1	
2	110kV 线路保护测控装置		台	2	
3	110kV 分段保护测控装置		台	1	
4	110kV 备自投装置		台	1	
5	110kV 故障录波及网络分析仪柜	含网络分析仪 1 套，故障录波装置 1 套	面	1	
十三	交直流一体化电源系统				
1	直流充电柜	单充单蓄，充电模块 5×30A	面	1	
2	交流柜	1 面交流进线柜，2 面交流馈线柜	面	3	
3	通信柜	通信 DC/DC，5×30A	面	1	
4	UPS 电源柜	含 1 套 10kVA UPS 装置，1 套 3kVA 逆变电源装置	面	1	
5	蓄电池组	电池为 104 只，每只 2V，容量 400AH	组	1	
6	直流馈电柜		面	2	
十四	电能计量				
1	电能量采集柜	含电能数据采集终端 1 台	面	1	
2	数字电能表	主变高压侧 1 块+主变低压侧 1 块+110 线路 2 块	块	4	
3	智能电能表	10kV 线路 10 块、电容器 2 块、接地变 1 块	块	13	
十五	公用系统				
1	变电站智能辅助控制系统	1 套，含一次设备在线监测子系统、安全防卫子系统、动环子系统、智能锁控子系统、智能巡视子系统、火灾报警系统等	套	1	
2	时间同步柜	1 套时间同步系统，主时钟双套配置	面	1	
十六	过程层智能组件				
1	合智一体化装置	主变高压侧 2 台+110kV 线路 2 台+分段 1 台	台	5	
2	合智一体化装置	主变低压侧	台	2	
3	110kV TV 母线合并单元		台	2	
4	110kV TV 母线智能终端		台	2	
5	主变本体智能控制柜	本体合并单元 2 套+本体智能终端 1 套（含非电量保护及调档等功能）	面	1	
6	过程层交换机	22 光口	台	3	
十七	站内通信				
1	语音插座	含模块及底盒	个	3	
2	信息插座	含模块及底盒	个	2	
3	穿线盒		个	6	
4	超五类屏蔽双绞线		m	100	
5	阻燃 PVC 管	ϕ25	m	300	

12.3 建筑工程量表

建筑工程量表包括总图、建筑物、构筑物、水工和暖通共五部分。

总图部分包括站区占地面积、站区道路面积、站区围墙长度、站区内建筑物面积、站区电缆隧道长度和特殊构筑物。其中站区占地面积边界以围墙中心线外 1m 为界。

建筑物部分包括配电装置楼。建筑物分为建筑专业和结构专业两部分。

110kV 变电站通用方案 HA-110-A3-3 建筑工程量表见表 12-3。

表 12-3　　通用方案 HA-110-A3-3 建筑工程量表

序号	名称	规格	单位	数量	备注
一	总图部分				
1	站区总占地面积				
1.1	站区围墙内占地面积		hm^2	0.3690	以围墙中心线计
1.2	其他占地面积		hm^2	0.0266	以围墙中心线外 1m 计
1.3	进站道路占地面积		hm^2	—	本次不涉及
1.4	合计		hm^2	0.3956	
2	站区道路面积	厚度 0.67m，混凝土路面	m^2	885	
3	站区围墙长度	围墙高 2.30m，装配式围墙	m	258	
4	建筑物				
4.1	配电装置楼；辅助用房；消防泵房	58m×19m；6m×6m；6m×9m	m^2	822	框架结构（按轴线计算）
5	站区沟道				
5.1	电缆沟道	1.4m×1m（最小净空）	m	31.5	过道路段 12m
5.2	电缆沟道	1.2m×1.6m（最小净空）	m	22.5	过道路段 4m
5.3	电缆沟道	2m×1.2m（最小净空）	m	12	
6	特殊构筑物				
6.1	总事故油池	最小净空	m^3	30	钢筋混凝土结构
6.2	化粪池		座	1	成品
6.3	深井		座	—	本次不涉及
6.4	消防水池	净空体积	m^3	400	
7	大门		m	5m×2.4m	实体电动推拉大门
8	站区地坪	100mm 厚三七灰土 100mm 厚碎石基层	m^2	1600	
二	建筑部分				
1	配电装置楼				
1.1	建筑部分				
1.1.1	建筑面积	58.0m×19.0m，地上一层	m^2	803.4	
1.1.2	建筑体积		m^3	3877	
1.1.3	地面工程				
1.1.3.1	自流平地面	自流平地面	m^2	708.7	110kV GIS 室、二次设备间、蓄电池室、电容器室
1.1.3.2	地砖面层	普通地砖	m^2	33.3	其余楼面
1.1.4	屋面保温防水	挤塑聚苯板保温、双层 SBS 改性沥青防水卷材	m^2	742	

续表 12-3

序号	名称	规格	单位	数量	备注
1.1.5	墙体工程				
1.1.5.1	外墙	铝镁锰岩棉夹芯板	m^2	1099.6	
1.1.5.2	外墙内侧	9mm厚纤维水泥饰面板	m^2	352.2	
1.1.5.3	外墙内侧（防火墙）	纤维复合板	m^2	550.8	
1.1.5.4	内墙	纤维复合板	m^2	296	
1.1.5.5	外墙装饰	外墙涂料	m^2	100	
1.2	结构部分				
1.2.1	屋面板面积	130mm厚C30钢筋桁架楼承板	m^2	742	以轴线计
1.2.2	钢柱	Q355BH型钢	t	32.243	
1.2.3	钢梁	Q355BH型钢	t	50.797	
1.2.4	钢支撑、桁架、墙架	Q355冷弯型钢	t	9.855	
1.2.5	独立基础	C30钢筋混凝土	m^3	119.77	
1.2.6	挖方		m^3	—	
2	消防泵房				
2.1	建筑部分				
2.1.1	建筑面积	6.0m×9.0m	m^2	58.3	
2.1.2	建筑体积		m^3	262.35	
2.1.3	地面工程				
2.1.3.1	整体面层	水泥砂浆地面	m^2	54	以轴线计
2.1.4	屋面工程				
2.1.4.1	屋面保温防水	挤塑聚苯板保温、双层SBS改性沥青防水卷材	m^2	54	以轴线计
2.1.5	墙体工程				
2.1.5.1	外墙	铝镁锰复合板	m^3	145.65	
2.1.5.2	外墙内侧	9mm厚水泥纤维饰面板	m^3	138.12	
2.1.5.3	外墙装饰	外墙涂料	m^2	19	
2.1.5.4	天棚抹灰	防火涂料	m^2	54	
2.2	结构部分				
2.2.1	屋面板面积	120mm厚钢筋桁架楼承板	m^2	54	以轴线计
2.2.2	挖方		m^3	—	
3	辅助用房				
3.1	建筑部分				
3.1.1	建筑面积	6m×6m	m^2	44.9	
3.1.2	建筑体积		m^3	148.17	
3.1.3	地面工程	普通地砖	m^2	36	以轴线计
3.1.4	屋面保温防水	挤塑聚苯板保温、双层SBS改性沥青防水卷材	m^2	36	以轴线计
3.1.5	墙体工程				
3.1.5.1	外墙	铝镁锰岩棉夹芯板	m^2	92.9	
3.1.5.2	内墙	双侧水泥纤维饰面板中间+钢龙骨	m^2	60	
3.1.5.3	天棚抹灰	防火涂料	m^2	27	以轴线计
3.1.5.4	天棚吊顶	轻钢龙骨吊顶，铝扣板（烤漆）	m^2	9	以轴线计
3.2	结构部分				

续表 12-3

序号	名称	规格	单位	数量	备注
3.2.1	屋面板面积	120mm 厚 C30 钢筋桁架楼承板	m^2	36	
3.2.4	钢柱	Q355BH 型钢	t	2.78	
3.2.5	钢梁	Q355BH 型钢	t	2.2	
3.2.7	钢支撑、桁架、墙架	Q355 冷弯型钢	t	1.575	
三	构筑物部分				
1	主变压器基础及油坑				
1.1	主变压器基础	C30 钢筋混凝土整版式基础	m^3	32	
1.2	主变压器油坑	净空体积	m^3	63	
2	主变压器构支架				
2.1	10kV 母线桥支架	ϕ273×6 圆形直缝钢管，Q355B	t	0.6t	
四	水工及水防部分				
1	排水管	HDPE 双壁波纹排水管	m	260	
2	污水管	UPVC 排水塑料管 DN200	m	10	
3	消防管道	塑钢管	t	4.061	
4	检查井	钢筋混凝土检查井	个	5	
5	阀门井	ϕ1200mm	个	3	
6	成品塑料雨水井		个	12	
7	成品塑料雨水口		个	12	
8	成品塑料污水井		个	1	
9	消火栓	室外地上，SSF100/65-1.0	套	3	
10	轴流消防泵	Q=30L/s，H=45m，N=22kW	台	2	
11	轴流稳压泵	Q=1.0L/s，H=45m，N=2.2kW	套	2	
12	立式稳压罐	SNL800	个	1	
五	暖通部分				
1	屋顶风机	DWT-1-3，自配室外防雨叶，300m/h^3，72Pa，0.06kW	台	1	蓄电池室
2	屋顶风机	DWT-1-4，自配室外防雨叶，4000m/h^3，142Pa，0.75kW	台	5	10kV 配电装置室
3	屋顶风机	DWT-1-3 轴流式屋顶风机，L=450m^3/h，N=0.37kW，380V，P=72Pa	台	4	电容器室
4	屋顶风机	DWT-1-4 轴流式屋顶风机，L=5200m^3/h，N=0.55kW，380V，P=109Pa，噪声<67dB	台	1	110kV GIS 室
5	低噪声侧壁风机	XBDZ-B-3.6，L=5200m^3/h，N=0.75kW，380V，P=230Pa，噪声<67dB	台	1	110kV GIS 室
6	风管式空调	QL=12.3kW，QR=14.0kW(5P)，N=6.0kW，380V，50Hz	台	6	二次设备间、10kV 配电装置
7	空调壁挂机	KFR-35GW-BP（1.5P）	台	1	蓄电器室
8	空调壁挂机	KFR-23GW-BP（1.0P）	台	3	资料室、警卫室、值班室各 1

12.4 预算书

预算投资为静态投资，编制依据为第 4 章要求，预算书附总预算表、安装工程部分汇总预算表、建筑工程部分汇总预算表、其他费用预算表，见表 12-4～表 12-7。

表 12-4　　通用方案 HA-110-A3-3 总预算表　　金额单位：万元

序号	工程或费用名称	金额	各项占静态投资比例（%）	单位投资（元/kVA）
一	建筑工程费	710	27.34	142
1	与站址有关的单项工程			
2	辅助生产工程	155	5.97	31
3	主要生产工程	555	21.37	111
二	安装工程费	324	12.48	64.8
1	主要生产工程	324	12.48	64.8
2	与站址有关的单项工程			
三	设备购置费	1370	52.75	274
四	其他费用	167	6.43	33.4
五	基本预备费	26	1	5.2
六	特殊项目费用			
	工程静态投资	2597	100	519.4

表 12-5　　通用方案 HA-110-A3-3 安装工程部分汇总预算表　　金额单位：元

序号	工程或费用名称	设备购置费	安装工程							
			分部分项工程费		措施项目费（一）	措施项目费（二）	施工企业配合调试费	规费	税金	合计
			小计	其中：装置性材料费						
	安装工程	13700013	2544400	932748	218364		11921	248814	214669	3238167
一	主要生产工程	13700013	2544400	932748	218364		11921	248814	214669	3238167
1	主变压器系统	2736813	137153	70734	9769		840	8329	9176	165267
1.5	110kV 主变压器	2736813	137153	70734	9769		840	8329	9176	165267
2	配电装置	6401599	413501	160717	37436		3078	39678	30275	523968
2.1	屋内配电装置	6382265	404511	157300	36679		3004	39055	29335	512584
2.2	屋外配电装置	19334	8990	3417	757		74	623	940	11384
3	无功补偿	286189	24077		3140		308	3732	2813	34071
3.3	低压电容器	286189	24077		3140		308	3732	2813	34071
4	控制及直流系统	3592976	244450		27081		2354	35716	23364	332965
4.1	计算机监控系统	1558836	174666		17350		1510	22858	14975	231359
4.2	继电保护	449928	45972		6514		548	8807	5566	67407
4.3	直流系统及不间断电源	302100	18064		2505		219	3284	2167	26239
4.4	智能辅助控制系统	1208400	1577		232		18	330	194	2352
4.5	在线监测系统	73712	4171		479		59	436	463	5608
5	站用电系统	296773	49373	39816	2326		92	1060	4757	57607
5.1	站用变压器	285787	5875		740		77	824	676	8192
5.2	站用配电装置	10986	608		87		7	119	74	895
5.3	站区照明		42891	39816	1499		7	117	4006	48520
6	电缆及接地	6224	1106570	661481	78917		4872	77467	80187	1348014
6.1	全站电缆	6224	870170	544726	58399		3593	52804	54730	1039695
6.2	全站接地		236400	116755	20518		1280	24663	25457	308318
7	通信及远动系统	379438	33283		4960		377	7166	4121	49907

续表 12-5

序号	工程或费用名称	设备购置费	安装工程							
			分部分项工程费		措施项目费（一）	措施项目费（二）	施工企业配合调试费	规费	税金	合计
			小计	其中：装置性材料费						
7.2	远动及计费系统	379438	33283		4960		377	7166	4121	49907
8	全站调试		535992		54734			75665	59975	726367
8.1	分系统调试		142498		18329			30820	17248	208896
8.2	整套启动调试		15046		1992			3415	1841	22294
8.3	特殊调试		378449		34413			41430	40886	495178
	合计	13700013	2544400	932748	218364		11921	248814	214669	3238167

表 12-6　　通用方案 HA-110-A3-3 建筑工程部分汇总预算表　　金额单位：元

序号	工程或费用名称	建筑工程						
		建筑设备费	分部分项工程费	措施项目费（一）	措施项目费（二）	规费	税金	合计
	建筑工程	275000	5644769	320515		299262	558525	7098071
一	主要生产工程	266000	4349764	251205		234548	447517	5549034
1	主要生产建筑	110000	3170983	189362		176805	328243	3975393
1.1	主控通信楼	110000	3170983	189362		176805	328243	3975393
2	配电装置建筑		559200	28084		26222	43596	657102
2.1	主变压器系统		271212	13487		12593	19318	316610
2.2	构架及设备基础		16694	864		807	867	19233
2.9	避雷针塔		67141	3417		3190	3242	76989
2.10	电缆沟道		204153	10316		9632	20169	244270
3	供水系统建筑		5189	325		303	524	6340
3.1	站区供水管道		5189	325		303	524	6340
4	消防系统	156000	614392	33435		31217	75154	910198
4.1	消防水泵房	156000	281422	17317		16168	42382	513289
4.3	站区消防管道		31245	1974		1843	3156	38217
4.4	消防器材		55000				4950	59950
4.6	消防水池		246725	14144		13206	24667	298742
二	辅助生产工程	9000	1295006	69310		64714	111008	1549037
1	辅助生产建筑	9000	272954	16951		15827	28326	343059
1.2	辅助用房	9000	272954	16951		15827	28326	343059
2	站区性建筑		936435	46813		43709	74011	1100968
2.2	站区道路及广场		353001	19045		17782	35085	424913
2.3	站区排水		120201	7501		7003	12123	146828
2.4	围墙及大门		463233	20267		18923	26803	529227
4	站区绿化		85617	5546		5178	8671	105011
	合计	275000	5644769	320515		299262	558525	7098071

表 12-7 **通用方案 HA-110-A3-3 其他费用预算表** 金额单位：元

序号	工程或费用名称	编制依据及计算说明	合价
	合计		1668144
2	项目建设管理费		1287235
2.1	项目法人管理费	[（建筑工程费+安装工程费）×0.9] ×3.73%	346988
2.2	招标费	（建筑工程费+安装工程费）×1.37%	141606
2.3	工程监理费	（建筑工程费+安装工程费）×6.15%	635679
2.4	设备材料监造费	（监造设备费）×0.87%	66835
2.5	施工过程造价咨询及竣工结算审核费	（建筑工程费+安装工程费）×0.88%	90959
2.6	工程保险费	（建筑工程费+安装工程费）×0.05%	5168
3	项目建设技术服务费		269278
3.4	设计文件评审费		230000
3.4.1	可行性研究文件评审费	可行性研究评审费	50000
3.4.2	初步设计文件评审费	初步设计评审费	75000
3.4.3	施工图文件评审费	施工图评审费	105000
3.6	工程建设检测费		28941
3.6.1	电力工程质量检测费	（建筑工程费+安装工程费）×0.28%	28941
3.7	电力工程技术经济标准编制费	（建筑工程费+安装工程费）×0.1%	10336
4	生产准备费		111631
4.2	工器具及办公家具购置费	[（建筑工程费+安装工程费）×0.8] ×1.35%	111631
	小计：		1668144

第 13 章　110kV 变电站通用方案 HA-110-B-1 通用造价

13.1　通用方案

本通用方案技术条件根据《国网河南省电力公司 35～220kV 变电站通用设计施工图实施方案》最新版 HA-110-B-1 方案进行设计，即主变压器采用 1×50MVA 三相三绕组有载调压变压器，电压等级采用 110/35/10kV，110kV 采用户外 HGIS 设备，35kV、10kV 为户内开关柜。

本方案技术条件组合在本书中列表表示，变电站具体设计内容可参见已出版的通用设计配套图书。

13.1.1　主要技术条件

本方案主要技术条件包括变电站电气部分、土建部分等内容，具体见表 13-1。

表 13-1　　通用方案 HA-110-B-1 技术条件

序号	项目名称	工程技术条件
一	电气部分	
1	主变压器	110/35/10kV 三相三绕组有载调压变压器，本期 1 台 50MVA 主变压器，终期 3 台 50MVA 主变压器
2	出线回路数	
2.1	110kV	本期 2 回，终期 4 回，架空出线
2.2	35kV	本期 3 回，终期 6 回，电缆出线
2.3	10kV	本期 8 回，终期 26 回，电缆出线
3	无功补偿装置	10kV 并联电容器，本期 1 组（3600+4800）kvar，终期 3 组（3600+4800）kvar
4	电气主接线	
4.1	110kV	本期单母线接线，终期单母线分段接线
4.2	35kV	本期单母线接线，终期单母线分段接线
4.3	10kV	本期单母线接线，终期单母线三分段接线
5	短路电流水平	110、35、10kV 短路电流水平分别为 40、31.5、40/31.5kA
6	主要设备选型	
6.1	主变压器	户外、油浸、自然油循环自冷型三相三绕组有载调压变压器
6.2	断路器	110kV 采用户外 HGIS 设备
6.3	隔离开关	110kV 采用户外 HGIS 设备
6.4	互感器	110kV 电流互感器采用电磁式，内置于 HGIS 中；110kV 母线电容式电压互感器采用三相电压互感器，110kV 出线电容式电压互感器采用单相电压互感器，采用 AIS 设备外置
6.5	避雷器	110、35、10kV 避雷器采用氧化锌避雷器
6.6	35kV 开关柜	35kV 采用户内配电装置成套开关柜，真空断路器
6.7	10kV 开关柜	10kV 采用户内配电装置成套开关柜，真空断路器
6.8	站用变压器	本期设置 1 台 10kV 接地变压器消弧线圈成套装置
6.9	无功补偿装置	10kV 电容器采用户外框架式电容器补偿装置，串联电抗器电抗率按 5%考虑
7	配电装置	
7.1	110kV 配电装置	110kV 采用户外软母线中型，HGIS 单列布置，采用架空出线和主变压器架空进线方式
7.2	35kV 配电装置	35kV 采用户内开关柜单列离墙布置
7.3	10kV 配电装置	10kV 采用户内开关柜双列离墙布置，电容器组户外单列布置
8	控制及远动	
8.1	计算机监控系统	一套：完成全站监控及远传，实现无人值班

续表 13-1

序号	项目名称	工程技术条件
8.1	计算机监控系统	主机/操作员站 2 套
		Ⅰ区数据通信网关机柜：2 台通信网关机兼图形网关机，组一面柜
		Ⅱ区数据通信网关机柜：2 台Ⅱ区通信网关机
		综合应用服务器柜：含 1 台综合应用服务器
		公用测控柜 1 面：含智能母线测控 1 台、公用测控 1 台
		主变压器测控柜 1 面：含 4 台测控装置
		测控装置：35kV 保护测控装置 3 台，10kV 保护测控装置 11 台
		微机五防操作闭锁 1 套，含电脑钥匙、就地锁具、验电器等
		站控层交换机：3 台，集中安装在预制舱网络柜内
		间隔层交换机：2 台，分散安装于 35、10kV TV 开关柜内
		过程层交换机：3 台，集中安装在预制舱网络柜内
		铠装光缆、尾缆、铠装超五类以太网线、铠装屏蔽双绞线 1 套
		高级应用软件：实现顺序控制、智能告警及分析决策等高级功能
8.2	时间同步系统	含同步时钟主机（双机）、接收天线、光纤、光电转换器、配套机柜 2 面等
8.3	变电站智能辅助控制系统	1 套，含火灾消防子系统、安全防卫子系统、动环子系统、智能锁控子系统及智能巡视子系统等
8.4	调度专用网络接入设备	2 面，包括调度数据网络设备 2 套、安全防护设备 1 套
8.5	电量计费系统	含电能量采集装置 1 块，0.5 级电能表 19 块
9	交直流一体化电源系统	直流系统为单母线分段接线，采用辐射方式供电；蓄电池布置在蓄电池室内
10	继电保护	各类保护盘柜，不包括安全自动装置
11	过程层设备	合并单元 4 台；智能终端 3 台；合并单元/智能终端一体化装置 9 台
12	预制舱	全站设置一个Ⅲ型二次设备预制舱
13	电缆	
13.1	10kV 电力电缆	0.22km
13.2	1kV 及以下电力电缆	1.975km
13.3	控制电缆	4.962km，1kV、屏蔽、铜芯
14	接地	热镀锌扁钢，垂直接地极 225m，水平接地极 2000m，设备接地 1500m
二	土建部分	
1	基本技术数据	
1.1	地震基本烈度	7 度，按设计基本地震加速度值 0.15g
1.2	设计风速	27m/s
1.3	地基承载力特征值	f_{ak} = 150kPa
1.4	海拔	1000m 以下，场地同一标高
1.5	污秽等级	d 级
1.6	采暖	非采暖区
1.7	地下水	无影响
2	总平面布置	
2.1	站外道路	本次未涉及
2.2	站内道路	站内道路为 4.0m，采用郊区型道路，无路缘石，路面为混凝土
2.3	电缆沟道	总长度 182m；采用砖砌电缆沟
2.4	排水方式	站内排水采用有组织集中排放方式
2.5	站区占地	站区东西方向长 84.5m，南北方向长 53.5m，围墙内占地 0.4521hm^2

续表 13-1

序号	项目名称	工程技术条件
3	建筑物	配电装置用房 1 座，辅助用房 1 座，全站总建筑面积为 636.82m²
3.1	配电装置用房	
3.1.1	建筑面积与体积	单层，建筑面积为 588.51m²，建筑体积为 2648.3m³
3.1.2	建筑结构	采用装配式钢框架结构
3.1.3	建筑物基础	本次未涉及
3.1.4	建筑装修	（1）外墙：采用铝镁锰复合板+纤维水泥饰面板。 （2）门窗：除部分选用防火门外，其余门均采用成品防盗钢门，窗采用三层玻璃断桥铝合金窗。 （3）屋面：防水等级Ⅰ级。设置两道设防的防水保温屋面。 （4）楼地面：设备房间采用水泥基自流平地面，其他房间采用地砖。 （5）内墙：采用一体化纤维水泥集成墙板，除卫生间和备餐间为瓷砖以外，其他均为纤维水泥饰面板
3.2	辅助用房	
3.2.1	建筑面积与体积	单层，建筑面积 48.31m²，建筑体积为 144.93m³
3.2.2	建筑结构	装配式钢框架结构
3.2.3	建筑物基础	本次未涉及
3.2.4	建筑装修	地面为地砖地面。内墙、顶棚采用乳胶漆涂料，设吊顶。外面装饰材料及风格、色调同配电装置用房。门采用成品防盗钢门，窗采用三层玻璃断桥铝合金窗
4	构筑物	
4.1	110kV 构架	110kV 构架采用圆形钢管，A 字型结构。构架横梁采用三角形钢桁架梁，主材腹杆均采用型钢。采用热镀锌防腐
4.2	主变压器构架	主变压器构架采用圆形钢管，A 字型结构。构架横梁采用三角形钢桁架梁，主材腹杆均采用型钢。采用热镀锌防腐
4.3	构、支架基础及主变压器基础	构、支架基础均采用地脚螺栓重力式基础，主变压器基础采用钢筋混凝土整板式基础
5	其他构筑物	事故油池采用现浇钢筋混凝土结构，化粪池采用成品玻璃钢材质
6	供水	本次未涉及
7	采暖通风	在配电装置用房内 10/35kV 配电装置室、二次设备室、资料室及蓄电池室，辅助用房内值班室、警卫室等房间采用分体冷热空调，在 10/35kV 配电装置室，蓄电池室设通风设备
8	消防	站内不设水消防系统，站内设置不同类型的移动式灭火器，主变压器采用灭火器和消防砂箱

13.1.2 主要电气设备材料表

电气一次部分设备包括主变压器系统、各电压等级装置、无功补偿装置、站用电部分、照明部分、防火材料及其他、接地等部分。其中，主变压器系统主要包括与主变压器相连到架构前的部分设备；照明部分将动力配电箱、检修箱、照明配电箱、户外照明灯具归入本项内；防火材料及其他包括二次控制电缆及 1kV 电力电缆、电缆支架、防火材料等；接地部分包含主接地网、接地引下线、垂直接地极等。电气二次设备包括计算机监控系统、继电保护、直流系统、通信电源、电能计费、端子箱等部分。其中，端子箱划分为断路器端子箱、母线、变压器端子箱、线路端子箱等。110kV 变电站 HA-110-B-1 方案主要电气设备材料表见表 13-2。

表 13-2　　通用方案 HA-110-B-1 主要电气设备材料表

序号	设备名称	规格	单位	数量	备注
一	主变压器部分				
1	主变压器	三相三绕组油浸自冷式有载调压变压器 SSZ11-50000/110	台	1	
2	110kV 中性点成套设备		套	1	
3	氧化锌避雷器	YH5W-17/45，附放电计数器	只	3	
4	氧化锌避雷器	YH10W-51/134，附放电计数器	只	3	
5	耐张绝缘子串	11(XWP2-120)	串	6	

续表 13-2

序号	设备名称	规格	单位	数量	备注
6	钢芯铝绞线	JL/G1A-300/25 110kV 单导线1跨、引下线1组，中性点设备连线，单导线0.33组	m	103	
7	35kV				
(1)	铜母排	TMY-100×10	m	33	35kV主进母排
(2)	热缩管	与TMY-100×10配套	m	33	
(3)	铜伸缩节	MST-125×10	个	6	
(4)	母线固定金具	MWP-103	只	24	
(5)	支柱绝缘子	ZSW-40.5/12.5	只	24	
(6)	35kV氧化锌避雷器	51/134	只	3	附放电计数器
(7)	单芯铜缆	VV-16	m	3	
(8)	35kV穿墙套管	CWW-40.5/1250A	只	3	
(9)	35kV穿墙孔板	铝板-2200×900×10	块	1	
(10)	35kV穿墙孔板	2200×900	块	1	终期孔洞封堵
8	10kV				
(1)	铜母排	TMY-125×10	m	66	10kV主进母排
(2)	热缩管	与TMY-125×10配套	m	66	
(3)	铜伸缩节	MST-125×12.5	个	12	
(4)	母线固定金具	MWP-204	只	24	
(5)	母线间隔垫	MJG-04	个	24	
(6)	支柱绝缘子	ZSW-20/12.5	只	24	
(7)	10kV氧化锌避雷器	17/45	只	3	附放电计数器
(8)	单芯铜缆	VV-16	m	3	
(9)	10kV穿墙套管	CWW-20/4000A	只	3	
(10)	10kV穿墙孔板	铝板-1800×900×10	块	1	
(11)	穿墙孔板	1800×900	块	2	终期孔洞封堵
9	主变压器本体智能控制柜		台	1	
二	110kV户外配电装置部分				
1	110kV HGIS出线间隔	单断路器，3150A，40kA	间隔	2	
2	110kV HGIS主进间隔	单断路器，3150A，40kA	间隔	1	
3	电压互感器	110kV电容式	台	8	
4	氧化锌避雷器	HY10W-102/266	台	6	
5	隔离开关	126kV，3150A，40kA	组	2	
6	钢芯铝绞线	JL/G1A-630/45110kV母线2跨，引下线2组	m	270	
7	钢芯铝绞线	JL/G1A-500/35单导线引下线4组	m	120	
8	钢芯铝绞线	JL/G1A-300/25单导线引下线3.66组，跳线2组	m	230	
9	悬垂绝缘子串	11(XWP2-120)	串	21	
10	HGIS智能汇控柜		面	3	
11	母线设备智能控制柜		面	2	
三	35kV配电装置部分				
1	高压开关柜	KYN-40.5，1250A～31.5kA	面	1	主变压器进线
2	高压开关柜	KYN-40.5，1250A～31.5kA	面	1	分段隔离

续表 13-2

序号	设备名称	规格	单位	数量	备注
3	高压开关柜	KYN-40.5，1250A～31.5kA	面	1	母线设备
4	高压开关柜	KYN-40.5，1250A～31.5kA	面	3	出线
四	10kV 配电装置部分				
1	高压开关柜	KYN28-12，4000A～40kA	面	1	主变压器进线
2	高压开关柜	KYN28-12，4000A	面	1	分段隔离
3	高压开关柜	KYN28-12，1250A～31.5kA	面	1	母线设备
4	高压开关柜	KYN28-12，1250A～31.5kA	面	1	接地变压器
5	高压开关柜	KYN28-12，1250A～31.5kA	面	2	电容器
6	高压开关柜	KYN28-12，1250A～31.5kA	面	8	出线
四	无功补偿装置				
1	10kV 框架式成套电容器组	TBB10-4800/200，每套包括电容器组、电抗器 5%、放电线圈、隔离开关、避雷器、支持绝缘子等	套	1	
2	10kV 框架式成套电容器组	TBB10-3600/200，每套包括电容器组、电抗器 5%、放电线圈、隔离开关、避雷器、支持绝缘子等	套	1	
3	10kV 电力电缆	YJV22-10kV-3×240	m	130	
4	10kV 户内冷缩电缆头	配 YJV22-10kV-3×240 电缆用	套	2	
5	10kV 户外冷缩电缆头	配 YJV22-10kV-3×240 电缆用	套	2	
6	电缆保护管	镀锌钢管 DN150	m	12	
五	站用电部分		m	50	
1	接地变压器消弧线圈成套装置	DKSC-800kVA/10.5kV-100kVA/0.4	套	1	
2	10kV 电力电缆	YJV22-10kV-3×120	m	90	
3	10kV 户内冷缩电缆头	配 YJV22-10kV-3×120 电缆用	套	1	
4	10kV 户外冷缩电缆头	配 YJV22-10kV-3×120 电缆用	套	1	
5	低压电力电缆	YJV22-1kV-4×95	m	50	
6	电缆保护管	波纹管 DN150	m	10	
7	电缆保护管	镀锌钢管 DN150	m	150	
六	照明部分				
1	检修电源箱	XLW-1-4	个	1	
2	室内照明配电箱		个	2	
3	事故照明配电箱		个	1	
4	插座配电箱		个	1	
5	风机配电箱		个	1	
6	LED 投光灯	2×150W，220V，防水防尘	套	9	含光源
7	LED 投光灯	1×150W，220V，防水防尘	套	3	含光源
8	悬挂棒管式 LED 灯	220V，2×18W	套	42	
9	节能吸顶灯	30W，220V	套	11	
10	节能泛光灯	30W，220V	套	7	
11	事故照明	30W，220V	套	15	
12	铝合金线槽		m	200	
13	低压电力电缆	VV22-1kV-4×50	m	55	
14	低压电力电缆	VV22-1kV-4×35	m	170	

续表 13-2

序号	设备名称	规格	单位	数量	备注
15	低压电力电缆	VV22-1kV-3×16	m	20	
16	低压电力电缆	VV22-1kV-3×4	m	460	
17	单芯塑料绝缘铜线	BVV-500-2.5	m	1240	
18	单芯塑料绝缘铜线	BVV-500-4	m	2190	
19	单芯塑料绝缘铜线	BVV-500-10	m	1340	
20	单芯塑料绝缘铜线	BVV-500-16	m	80	
21	PVC 管	DN32	m	60	
22	PVC 管	DN25	m	1300	
23	钢管	DN32	m	300	
24	钢管	DN70	m	6	
25	单联单控开关	250V，6A	个	19	
26	三联双控开关	250V，10A	个	4	
27	单相插座	16A	个	22	
28	三相插座	25A	个	9	
29	空调空开	400V，32A	个	6	
30	疏散灯	5W	个	6	
31	出口指示灯	5W	个	6	
七	防雷接地				
1	接地扁钢	−60mm×6mm	m	2000	水平接地
2	接地扁钢	−60mm×6mm	m	1500	设备接地、电缆沟支架接地
3	垂直接地极	−50mm×50mm×5mm，$L = 2.5$m	根	90	
4	防腐导电涂料		t	0.3	
5	扁钢护管	镀锌钢管 DN80	m	100	
6	临时接地端子		个	10	带盒
7	二次接地铜排	TMY-4×25	m	200	
8	二次铜缆	VV-2×50	m	200	
9	低压支柱绝缘子		个	200	
八	防火材料及其他				
1	无机防火堵料	粉末状固体，无结块，密度≤$2×10^3$kg/m^3；耐火极限≥3h	t	4.6	
2	有机防火堵料	胶泥状，密度≤$2×10^3$kg/m^3；耐火极限≥3h	t	2.72	
3	有机耐火隔板	$t = 10$mm；耐火极限≥3h	m^2	180	
4	防火涂料	BXF-D311	t	1.14	
5	花纹钢板	$t = 5$mm	m^2	50	
6	PVC 管	DN150	m	60	
7	PVC 管	DN100	m	30	
8	角钢	∟50mm×50mm×5mm，热镀锌	m	190	
9	膨胀螺栓	M8x80，热镀锌	套	622	
10	螺栓	M6x40，热镀锌	套	956	
11	电缆支架		t	3.809	
12	预制电缆	ZR-KVVP22-4×2.5	km	0.22	

续表 13-2

序号	设备名称	规格	单位	数量	备注
		ZR-KVVP22-7×2.5	km	0.365	
13	电缆连接器	4×2.5	个	12	
		7×2.5	个	20	
14	控制电缆	ZR-KVVP22-4×2.5	km	2.236	
		ZR-KVVP22-7×2.5	km	0.274	
		ZR-KVVP22-10×2.5	km	0.19	
		ZR-KVVP22-4×4	km	1.877	
15	电力电缆	VV-3×25+1×16	km	0.72	
		VV-2×16	km	0.2	
		VV-2×25	km	0.2	
		VV-1×120	km	0.1	
16	电缆钢槽盒	100mm×100mm	m	200	
17	电缆保护管	镀锌钢管 DN50	m	400	
九	计算机监控系统				
1	监控主机柜	含监控主机兼操作员站兼工程师站 2 套，系统软件等（含高级应用功能），网络打印机 1 台	面	1	
2	综合应用服务器柜	含综合应用服务器 1 套	面	1	
3	数据通信网关机柜	含Ⅰ区数据通信网关机 2 套，Ⅱ区数据通信网关机 1 套	面	1	
4	调度专网屏	每面含 1 台路由器和 2 台交换机，2 台纵向加密装置，其中 1 面含 1 套网络安全监测装置	面	2	
5	五防功能	含就地锁具	套	1	
6	站控层交换机柜	每台交换机含 2 光口、22 电口（Ⅰ区 2 台、Ⅱ区 1 台）	面	1	
7	时间同步系统柜	对时装置 1 台/扩展装置 1 台，支持北斗和 GPS 授时信号	面	1	
8	公用测控柜	含智能母线测控 1 台、公用测控 1 台	面	1	
9	10kV TV 测控装置		台	1	
10	35kV TV 测控装置		台	1	
11	1 号变压器测控柜	含 4 台测控装置	面	1	
12	10kV 室间隔层交换机	每台交换机含 2 光口、22 电口	台	1	
13	35kV 室间隔层交换机	每台交换机含 2 光口、22 电口	台	1	
14	过程层交换机	20 光口（主变压器间隔 1 台、中心交换机 1 台、线路 1 台）	台	3	
15	10kV 线路测控保护装置		台	8	
16	35kV 线路测控保护装置		台	3	
17	10kV 电容器测控保护装置		台	2	
18	10kV 接地变压器测控保护装置		台	1	
19	10kV 电压并列装置		台	1	
20	35kV 电压并列装置		台	1	
21	铠装光缆、尾缆、网线	预制光缆 1495m，光缆连接器 40 个	套	1	
十	继电保护				
1	1 号主变压器保护柜	含主后合一保护装置 2 台	面	1	
2	110kV 线路测控保护柜	含 2 台测控保护（距离零序保护）一体化装置	面	1	
3	110kV 分段保护柜	含 1 台 110kV 线路备自投和 1 台 110kV 分段测控保护装置	面	1	
4	网络记录分析及故障录波柜	含网络记录分析仪 1 台；故障录波装置 1 台	面	1	

续表 13-2

序号	设备名称	规格	单位	数量	备注
5	消弧线圈控制柜		面	1	
6	二次设备预制舱	Ⅲ型二次设备预制舱	套	1	
十一	交直流一体化电源系统				
1	阀控密封铅酸蓄电池	400Ah，2V	只	103	
2	380V 配电柜	含1面交流进线柜、1面交流馈线柜	面	2	
3	直流柜	1面充电柜，1面馈线柜，1面直流分电屏，1面通信电源柜	面	4	
4	UPS 电源柜	含1台5kVA的UPS；含1台3kVA的逆变电源	面	1	
5	一体化监控柜	IEC 61850 规约	面	1	
十二	电能计费				
1	电能量采集装置		套	1	
2	电能表柜	含5块数字式电能表，SV光口输入	面	1	
3	0.5 级电能表		块	14	
十三	辅助设备智能监控系统		套	1	
1	智能巡视子系统	含边缘巡视主机1台，球型摄像机13个，高清固定摄像机3个、红外热成像摄像机3个、声纹监测装置1台，全景摄像机1台，含柜体1面	套	1	
2	安全防卫子系统	含红外对射1套，电子围栏1套，门禁2套、声光报警器1套、紧急按钮1套及安装附件	套	1	
3	动环监视子系统	含动环监控终端1台、空调控制器7个、照明控制器4个、风机控制器3个、水泵控制器3个、温湿度传感器7个、微气象传感器1个、水浸传感器5个、水位传感器3个、绝缘气体监测传感器10个	套	1	
4	一次设备在线监测子系统	含变压器监测终端、HGIS监测终端、开关柜监测终端、数字化表计监测终端	套	1	
5	智能锁控子系统	含锁控监控终端1台、电子钥匙2把、锁具35个	套	1	
6	火灾自动报警子系统	含火灾报警控制器（壁挂安装），火灾探测器、电缆感温装置、手动报警装置及相应设备材料等	套	1	
十四	过程层设备				
1	110kV 线路合并单元智能终端集成装置		台	2	
2	110kV 分段合并单元智能终端集成装置		台	1	
3	110kV TV 合并单元		台	2	
4	110kV TV 智能终端		台	2	
5	主变压器高压侧合并单元智能终端集成装置		台	2	
6	主变压器本体合并单元		台	2	
7	主变压器本体智能终端		台	1	
8	主变压器中压侧合并单元智能终端集成装置		台	2	
9	主变压器低压侧合并单元智能终端集成装置		台	2	
十五	站内通信				
1	穿线盒		个	4	
2	信息插座		个	3	
3	语音插座		个	6	
4	超五类网线		m	450	
5	管材	DN25，PVC 管	m	180	
6	管材	DN32，镀锌钢管	m	18	

13.1.3　建筑工程量表

建筑工程量表包括总图、建筑物、构筑物、水工和暖通共五部分。

总图部分包括站区占地面积、站区道路面积、站区围墙长度、站区内建筑物面积、站区电缆隧道长度和特殊构筑物。其中站区占地面积边界以围墙中心线外 1m 为界。

建筑物部分包括配电装置楼、辅助用房和消防泵房共三项。各建筑物分为建筑专业和结构专业两部分。

110kV 变电站通用方案 HA-110-B-1 建筑工程量表见表 13-3。

表 13-3　　通用方案 HA-110-B-1 建筑工程量表

序号	名称	规格	单位	数量	备注
一	总图部分				
1	站区总占地面积				
1.1	站区围墙内占地面积		hm^2	0.4521	以围墙中心线计
1.2	其他占地面积		hm^2	0.0278	以围墙中心线外 1m 计
1.3	进站道路占地面积		hm^2	—	本次不涉及
1.4	合计		hm^2	0.4799	
2	站区道路面积	厚度 0.67m，混凝土路面	m^2	565	
3	站区围墙长度	围墙高 2.3m，装配式围墙	m	271	
4	建筑物				
4.1	配电装置用房及辅助用房	49.6m×11.0m；12.0m×3.3m	m^2	585.2	框架结构（按轴线计算）
5	站区电缆沟				
5.1	站区电缆沟	1.4m×1.0m（最小净空容积容积）	m	9	砖砌
	沟壁		m^3	4.32	
	底板		m^3	1.35	
5.2	站区电缆沟	1.1m×1.0m（最小净空容积）	m	20	砖砌
	沟壁		m^3	9.6	
	底板		m^3	3.65	
5.3	站区电缆沟	0.8m×0.8m（最小净空容积）	m	96	砖砌
	沟壁		m^3	36.86	
	底板		m^3	14.21	
5.4	站区电缆沟	0.8m×0.6m（最小净空容积）	m	56	砖砌
	沟壁		m^3	16.13	
	底板		m^3	8.29	
6	特殊构筑物				
6.1	总事故油池	最小净空容积	m^3	30	钢筋混凝土结构
6.2	化粪池		座	1	成品
6.3	深井		座	1	
7	大门		m	4.0m×2.0m	实体电动推拉大门
8	主变压器消防砂箱		座	1	一项
9	独立避雷针		t	1.2	钢材镀锌
10	站区地坪	100mm 厚灰土，100mm 厚碎石	m^2	2779	
二	建筑物部分				
1	配电装置用房				
1.1	建筑部分				

续表 13-3

序号	名称	规格	单位	数量	备注
1.1.1	建筑面积	49.6m×11.0m	m^2	545.6	以轴线计
1.1.2	建筑体积		m^3	2455.2	以轴线计
1.1.3	地面工程				
1.1.3.1	地砖	普通地砖	m^2	55.93	防汛器材室、安全工具室、应急操作室
1.1.3.2	复杂地面	环氧砂浆自流平地面	m^2	489.67	10kV 配电室、二次设备室、蓄电池室
1.1.4	屋面工程				
1.1.4.1	屋面保温防水	50mm 厚挤塑聚苯乙烯板，双层 SBS 改性沥青防水卷材防水	m^2	545.6	
1.1.5	墙体工程				
1.1.5.1	外墙	铝镁锰复合板	m^2	567.166	
1.1.5.2	外墙内侧	纤维水泥饰面板，一体化纤维水泥集成墙板（用于防火侧）	m^2	475.22	
1.1.5.3	内墙	一体化纤维水泥集成墙板	m^2	121.23	
1.2	结构部分				
1.2.1	屋面板面积	120mm 厚 C30 钢筋桁架楼承板	m^2	545.6	以轴线计
1.2.2	钢柱	Q355H	t	15.249	
1.2.3	钢梁	Q355H	t	31.583	
1.2.4	钢支撑、桁架、墙架	Q355H	t	5.351	
1.2.5	基础短柱	C30 钢筋混凝土	m^3	17.92	基础层
1.2.6	挖方		m^3	—	本次不涉及
1.2.7	基础		m^3	—	本次不涉及
2	辅助用房				
2.1	建筑部分				
2.1.1	建筑面积	12.0m×3.3m	m^2	39.6	以轴线计
2.1.2	建筑体积		m^2	118.8	以轴线计
2.1.3	地面工程				
2.1.3.1	地砖	普通地砖	m^2	39.6	警卫室、保电值班室、卫生间、备餐间
2.1.4	楼面工程				
2.1.4.1	轻钢龙骨吊顶	塑料扣板	m^2	36	警卫室、保电值班室、卫生间、备餐间顶棚
2.1.5	屋面工程				
2.1.5.1	屋面保温防水	50mm 厚挤塑聚苯乙烯板	m^2	70	
2.1.6	墙体工程				
2.1.6.1	外墙	铝镁锰复合板	m^2	88.105	
2.1.6.2	外墙内侧	纤维水泥饰面板，一体化纤维水泥集成墙板（用于防火侧）	m^2	80.85	
2.1.6.3	内墙	一体化纤维水泥集成墙板	m^2	37.21	
2.2	结构部分				
2.2.1	屋面板面积	120mm 厚 C30 钢筋桁架楼承板	m^2	70	以轴线计
2.2.2	钢柱	Q355H	t	2.418	
2.2.3	钢梁	Q355H	t	2.151	

续表 13-3

序号	名称	规格	单位	数量	备注
2.2.4	钢支撑、桁架、墙架	Q355H	t	1.012	
2.2.5	基础短柱	C30 钢筋混凝土	m^3	5.712	基础层
2.2.6	挖方		m^3	—	本次不涉及
2.2.7	基础		m^3	—	本次不涉及
三	构筑物部分				
1	主变压器基础及油坑				
1.1	主变压器基础	钢筋混凝土整板式基础（5m×4.2m×0.8m），C30	m^3	16.4	
1.2	主变压器油坑	最小净空容积	m^3	63.75	钢筋混凝土结构
1.2.1	池壁	砖砌	m^3	10.55	
1.2.2	压顶	预制压顶	m^3	1.89	
1.2.3	底板	150mm 厚混凝土油池池壁 C25	m^3	12.03	
1.2.4	卵石		m^3	20.05	
2	主变压器构支架				
2.1	构架				
2.1.1	主变压器构架（A 型）	11m 高 ϕ 273×6 圆形直缝钢管	t	2.95	Q355B，不含连接件
2.1.2	10、35kV 母线桥支架	ϕ 273×6 圆形直缝钢管	t	0.62	Q235B，4 支
2.1.3	主变压器横梁	格构式钢桁架，主材 ϕ 95×6	t	1.12	1 榀
2.1.4	主变压器构架爬梯		t	0.13	
2.2	箱体				
2.2.1	智能控制柜	C15 混凝土	m^3	0.8	1 座
3	10kV 部分				
3.1	10kV 电容器组				
3.1.1	电容器组基础	混凝土基础，C30	m^3	3.97	共 2 组电容器
3.1.2	电容器组围栏基础	C15	m^3	4.24	共 2 组电容器
4	110kV 配电装置				
4.1	110kV 构架部分				
4.1.1	8.0m 钢梁	格构式钢梁 Q355B，主材 ϕ 89×6	t	3.57	5 榀
4.1.2	8.5m 钢梁	格构式钢梁 Q355B，主材 ϕ 89×6	t	1.48	2 榀
4.1.3	9.0m 钢梁	格构式钢梁 Q355B，主材 ϕ 89×6	t	2.9	4 榀
4.1.4	11.0m 高端撑柱	ϕ 273×6 圆形直缝钢管，Q355B	t	4.62	2 榀
4.1.5	11.0mA 型柱	ϕ 273×6 圆形直缝钢管，Q355B	t	7.65	5 榀
4.1.6	11.0mA 型柱	ϕ 273×6 圆形直缝钢管，Q355B	t	3.24	2 榀
4.1.7	8.0m 高 A 型柱	ϕ 273×6 圆形直缝钢管，Q355B	t	4.75	4 榀
4.1.8	地线柱	ϕ 325×8 圆形直缝钢管，Q355B	t	1.58	7 根
4.1.9	构架避雷针		t	1.76	2 针
4.1.10	爬梯		t	1.23	4 组
4.2	110kV 设备支架				
4.2.1	110kV HGIS 基础	C30	m^3	40.54	4 组
4.2.2	110kV 避雷器支架	ϕ 273×6 圆形直缝钢管，Q235B	t	0.81	2 组
4.2.3	电压互感器支架（母线 TV）	ϕ 273×6 圆形直缝钢管，Q235B	t	0.64	2 组

续表 13-3

序号	名称	规格	单位	数量	备注
4.2.4	电压互感器支架（线路 TV）	ϕ273×6 圆形直缝钢管，Q235B	t	0.35	2 组
4.2.5	检修箱基础	C30	m^3	1	1 座
四	水工及水防部分				
1	轻型井盖及井座	ϕ700mm	套	9	
2	双壁波纹管（pe 排水管），DN300	DN200	m	181	
3	雨水检查井	ϕ1000mm	个	7	
4	压力罐给水设备		套	—	本次不涉及
5	排水管	DN100	m	13.5	
6	消防砂箱	$1m^3$	座	1	
7	消防工具箱	消防斧 2 把、消防铁锹 4 把、消防沙桶 8 个	套	1	
五	暖通部分				
1	轴流风机	BT35-11N04-1450-20，通风量 $5000m^3/h$，功率 0.55kW（380V）	台	4	10、35kV 配电装置室
2	玻璃钢防爆轴流风机	NO3.55，$n=1450r/min$，$\alpha=25°$，$L=2737m^3/h$，$H=71Pa$，电机 $N=0.09kW$，YSF-5624	台	1	蓄电池室
3	分体式单冷柜式空调	制冷量 12kW，制热量 16.5kW，最大电功率 7.8kW，～380V	台	5	10、35kV 配电装置室、二次设备室
4	分体壁挂式防爆单冷空调器	制冷量 3.5kW，制热量 4.6kW，最大电功率 2.0kW，～220V	台	1	蓄电池室
5	分体壁挂式单冷空调器	制冷量 3.5kW，制热量 4.6kW，最大电功率 2.0kW，～220V	台	3	资料室、警卫室、保电值班室
6	卫生间通风器	风量 $400m^3/h$，$P=0.15kW$，～220V	台	2	
7	进风百叶窗+6 目钢丝网	1200mm×600mm	个	6	电动

13.1.4 预算书

预算投资为静态投资，编制依据为第 4 章要求，预算书附总预算表、安装工程部分汇总预算表、建筑工程部分汇总预算表、其他费用预算表分别见表 13-4～表 13-7。

表 13-4　　通用方案 HA-110-B-1 总预算表　　金额单位：万元

序号	工程或费用名称	金额	各项占静态投资比例（%）	单位投资（元/kVA）
一	建筑工程费	560	22.9	112
1	主要生产工程	451	18.45	90.2
2	辅助生产工程	109	4.46	21.8
3	与站址有关的单项工程			
二	安装工程费	321	13.13	64.2
1	主要生产工程	321	13.13	64.2
2	与站址有关的单项工程			
三	设备购置费	1395	57.06	279
四	其他费用	145	5.93	29
五	基本预备费	24	0.98	4.8
六	特殊项目费用			
	工程静态投资	2445	100	489

表 13-5　　**通用方案 HA-110-B-1 安装工程部分汇总预算表**　　金额单位：元

序号	工程或费用名称	设备购置费	安装工程							
			分部分项工程费		措施项目费（一）	措施项目费（二）	施工企业配合调试费	规费	税金	合计
			小计	其中：装置性材料费						
	变电安装工程	13948249	2578984	1122743	204993		11688	218224	200216	3214105
一	主要生产工程	13948249	2578984	1122743	204993		11688	218224	200216	3214105
1	主变压器系统	3064476	208263	113280	14205		1200	11441	14226	249335
1.6	110kV 主变压器	3064476	208263	113280	14205		1200	11441	14226	249335
2	配电装置	5019912	584463	303347	39195		3775	24743	36109	688285
2.1	屋内配电装置	2201108	343888	256274	17736		935	11646	11092	385296
2.2	屋外配电装置	2818804	240575	47073	21459		2841	13097	25017	302989
3	无功补偿	286189	30059	220	3849		386	4464	3488	42245
3.3	低压电容器	286189	30059	220	3849		386	4464	3488	42245
4	控制及直流系统	4957360	199747		20505		1840	26368	17861	266322
4.1	计算机监控系统	3748960	169953		16546		1465	21514	14353	223831
4.3	直流系统及不间断电源		24027		3172		305	3847	2822	34172
4.4	智能辅助控制系统	805600	466		68		5	94	57	690
4.5	在线监测系统	402800	5301		720		66	913	630	7629
5	站用电系统	294850	43073	26544	2990		182	2653	4401	53299
5.1	站用变压器	285787	6446		825		84	949	747	9051
5.3	站区照明	9063	36627	26544	2165		98	1704	3653	44248
6	电缆及接地		1059582	675156	74992		3815	78529	72509	1289427
6.1	全站电缆		893014	608235	57586		2798	55200	53761	1062359
6.2	全站接地		166567	66920	17406		1016	23329	18749	227068
7	通信及远动系统	325462	47916	4196	6666		489	9489	5810	70371
7.1	通信系统	1208	8485	4196	770		44	934	921	11154
7.2	远动及计费系统	324254	39431		5896		445	8555	4889	59216
8	全站调试		405882		42591			60537	45811	554820
8.1	分系统调试		145944		18778			31582	17667	213971
8.2	整套启动调试		15046		1992			3415	1841	22294
8.3	特殊调试		244892		21821			25540	26303	318555
	合计	13948249	2578984	1122743	204993		11688	218224	200216	3214105

表 13-6　　**通用方案 HA-110-B-1 建筑工程部分汇总预算表**　　金额单位：元

序号	项目或费用名称	建筑工程						
		建筑设备费	分部分项工程费	措施项目费（一）	措施项目费（二）	规费	税金	合计
	建筑工程	96000	4623520	249395		232857	404435	5606207
一	主要生产工程	85500	3698426	206141		192472	330934	4513473
1	主要生产建筑	85500	2209198	135416		126437	230090	2786640
1.4	配电装置室	85500	2209198	135416		126437	230090	2786640
2	配电装置建筑		1431538	70557		65878	100573	1668546
2.1	主变压器系统		208669	11695		10919	16371	247654

续表 13-6

序号	项目或费用名称	建筑工程						
		建筑设备费	分部分项工程费	措施项目费（一）	措施项目费（二）	规费	税金	合计
2.2	构架及设备基础		653073	33747		31510	31795	750125
2.4	站用变压器系统		4622	270		252	463	5608
2.6	低压电容器		36044	1979		1847	3126	42996
2.7	二次设备预制舱		16498	1009		942	1660	20110
2.9	避雷针塔		60202	3157		2947	3185	69491
2.10	电缆沟道		165356	7801		7284	16240	196680
2.11	栅栏及地坪		287074	10899		10176	27733	335882
3	供水系统建筑		1962	125		117	198	2402
3.1	站区供水管道		1962	125		117	198	2402
4	消防系统		55729	43		40	73	55885
4.4	消防器材		55729	43		40	73	55885
二	辅助生产工程	10500	925094	43254		40385	73500	1092734
1	辅助生产建筑	10500	298707	18000		16806	30961	374974
1.2	辅助用房	10500	298707	18000		16806	30961	374974
2	站区性建筑		626388	25254		23579	42539	717760
2.2	站区道路及广场		147983	8123		7584	14732	178421
2.3	站区排水		76171	2924		2730	7364	89189
2.4	围墙及大门		402234	14208		13266	20443	450150
	合计	96000	4623520	249395		232857	404435	5606207

表 13-7　　通用方案 HA-110-B-1 其他费用预算表　　金额单位：元

序号	工程或费用名称	编制依据及计算说明	合价
2	项目建设管理费		1086993
2.1	项目法人管理费	［（建筑工程费+安装工程费）×0.9］×3.73%	296098
2.2	招标费	（建筑工程费+安装工程费）×1.37%	120838
2.3	工程监理费	（建筑工程费+安装工程费）×6.15%	542449
2.4	设备材料监造费	（监造设备费）×0.87%	45579
2.5	施工过程造价咨询及竣工结算审核费	（建筑工程费+安装工程费）×0.88%	77619
2.6	工程保险费	（建筑工程费+安装工程费）×0.05%	4410
3	项目建设技术服务费		263517
3.4	设计文件评审费		230000
3.4.1	可行性研究文件评审费		50000
3.4.2	初步设计文件评审费	可行性研究评审费	75000
3.4.3	施工图文件评审费	初步设计评审费	105000
3.6	工程建设检测费	施工图评审费	24697
3.6.1	电力工程质量检测费		24697
3.7	电力工程技术经济标准编制费	（建筑工程费+安装工程费）×0.28%	8820
4	生产准备费	（建筑工程费+安装工程费）×0.1%	95259
4.2	工器具及办公家具购置费	［（建筑工程费+安装工程费）×0.8］×1.35%	95259
	小计		1445770

13.2　子模块

13.2.1　主要技术条件

HA-110-B-1 通用方案有 3 个子模块，分别为增加一台主变压器 50MVA（HA-110-B-1-ZB）、增减一回 110kV 架空出线（HA-110-B-1-110）、增减一回 35kV 出线（HA-110-B-1-35），技术条件见表 13-8。

表 13-8　　通用方案 HA-110-B-1 子模块技术条件

序号	子模块名称	子模块技术条件
一	增加一台主变压器 50MVA（三绕组）（HA-110-B-1-ZB）	
1	规模	主变压器 1×50MVA，终期 3×50MVA 主变压器间隔 110、35、10kV 三侧进线间隔
2	接线	110kV 单母分段，35kV 单母分段，10kV 单母三分段
3	短路电流水平	110、35、10kV 短路电流水平分别为 40、25、40kA
4	主要设备型式	主变压器：110/35/10kV 三相三绕组变压器，有载调压，油浸式，低损耗，自然油循环风冷。 断路器：110kV 户外 HGIS，35kV、10kV 户内真空断路器
5	配电装置型式	主变压器：户外布置；35、10kV 采用户内开关柜
6	计算机监控	计算机监控系统软件扩容 1 套。 主变压器测控柜 1 面 每面含测控装置 4 台。 保护及故障信息管理系统软件升级 1 套
7	电能计量	主变压器电能表柜：1 面，含 0.5 级电能表 3 块
8	继电保护	1 套
9	过程层设备	1 套
10	土建设施	构、支架基础均地脚螺栓重力式基础，主变压器基础钢筋混凝土整板式基础
11	其他	含控制、电力电缆、电缆管沟、配套
二	增减一回 110kV 架空出线（HA-110-B-1-110）	
1	规模	110kV 出线 1 回
2	接线	110kV 单母分段，出线侧 A 相配置单相 TV、配三相避雷器
3	短路电流水平	40kA
4	主要设备型式	断路器：110kV 户外 HGIS
5	配电装置型式	户外软母线中型布置
6	计算机监控	计算机监控系统软件扩容 1 套。 110kV 线路测控装置 1 台。 保护及故障信息管理系统软件升级 1 套
7	电能计量	0.5S 级电能表 1 块
8	继电保护	1 套
9	过程层设备	1 套
10	其他	含控制、电力电缆、电缆管沟、接地，母线已建
11	土建设施	110kV 构架已建，新建设备支架
三	增减一回 35kV 电缆出线（HA-110-B-1-35）	
1	规模	35kV 出线 1 回
2	接线	35kV 单母线分段
3	短路电流水平	25kA
4	主要设备型式	断路器：35kV 户内真空断路器
5	配电装置型式	户内开关柜
6	计算机监控	计算机监控系统软件扩容 1 套。 保护及故障信息管理系统软件升级 1 套
7	电能计量	0.5S 级电能表 1 块
8	继电保护	1 套
9	过程层设备	1 套
10	土建设施	室内电缆沟及开关柜基础已建成，无工程量
11	其他	含控制、电力电缆，电缆管沟、接地，母线已建

13.2.2 主要电气设备材料表

110kV变电站通用方案HGIS子模块主要电气设备材料表见表13-9。

表13-9 通用方案HA-110-B-1子模块主要电气设备材料表

序号	名称	规格	单位	数量	备注
一	增加一台主变压器50MVA（三绕组）（HA-110-B-1-ZB）				
（一）	主变压器部分				
1	有载调压变压器（户外安装）	三相双绕组油浸自冷式有载调压变压器SZ11-50000/110	台	1	
2	中性点成套设备		套	1	
3	钢芯铝绞线	JL/G1A-300/25 中性点设备连线，单导线0.33组	m	4	
4	钢芯铝绞线	JL/G1A-400/35 110kV单导线1跨、引下线1组	m	99	
5	耐张绝缘子串	11（XWP2-100）	串	6	
6	35kV进线				
（1）	铜母排	TMY-100×10	m	33	35kV主进母排
（2）	热缩管	与TMY-100×10配套	m	33	
（3）	铜伸缩节	MST-125×10	个	6	
（4）	母线固定金具	MWP-103	只	24	
（5）	支柱绝缘子	ZSW-40.5/12.5	只	24	
（6）	35kV氧化锌避雷器	51/134	只	3	附放电计数器
（7）	单芯铜缆	VV-16	m	3	
（8）	35kV穿墙套管	CWW-40.5/1250A	只	3	
（9）	35kV穿墙孔板	铝板-2200×900×10	块	1	
7	10kV进线				
（1）	铜母排	TMY-125×10	m	66	10kV主进母排
（2）	热缩管	与TMY-125×10配套	m	66	
（3）	铜伸缩节	MST-125×12.5	个	12	
（4）	母线固定金具	MWP-204	只	24	
（5）	母线间隔垫	MJG-04	个	24	
（6）	支柱绝缘子	ZSW-20/12.5	只	24	
（7）	10kV氧化锌避雷器	17/45	只	3	附放电计数器
（8）	单芯铜缆	VV-16	m	3	
（9）	10kV穿墙套管	CWW-20/4000A	只	3	
（10）	10kV穿墙孔板	铝板-1800×900×10	块	1	
8	35kV氧化锌避雷器	YH10W-51/134	只	3	
9	10kV氧化锌避雷器	YH10W-17/45	只	3	
10	主变压器智能控制柜		面	1	
（二）	配电装置				
2.1	110kV户外配电装置				
1	110kV HGIS主进间隔	单断路器，3150A，40kA	间隔	1	
2	钢芯铝绞线	JL/G1A-300/25引下线2组	m	50	
3	悬垂绝缘子串	11（XWP2-120）	串	3	
4	HGIS汇控柜		面	1	

续表 13-9

序号	名称	规格	单位	数量	备注
2.2	35kV 户内配电装置				
1	高压开关柜	KYN-40.5，1250A～31.5kA	面	1	主变压器进线
2.3	10kV 配电装置				
1	高压开关柜	KYN28-12，4000A～40kA	面	1	主变压器进线
（三）	防雷接地				
1	接地扁钢	−60mm×6mm	m	100	设备接地
2	接地电缆	VV-2×50	m	50	
（四）	防火材料				
1	有机耐火隔板	$t = 10$mm；耐火极限≥3h	m^2	10	
2	防火涂料	BXF-D311	t	0.05	
3	无机防火堵料	粉末状固体，无结块，密度≤2×10^3kg/m^3；耐火极限≥3h	t	0.05	
4	有机防火堵料	胶泥状，密度≤2×10^3kg/m^3；耐火极限≥3h	t	0.05	
5	预制电缆	ZR-KVVP22-4×2.5	m	50	
		ZR-KVVP22-7×2.5	m	125	
6	预制电缆连接器	4×2.5	个	2	
		7×2.5	个	5	
7	控制电缆	ZR-KVVP22-4×2.5	m	470	
		ZR-KVVP22-4×4	m	355	
8	动力电缆	VV22-1kV-3×16+1×10	m	160	
9	电缆保护钢管	DN50	m	100	
（五）	计算机监控系统				
1	计算机监控系统扩容	监控扩容、远动扩容、五防扩容、网分扩容、录波扩容	套	1	
2	1 号变压器测控柜	含 4 台测控装置	面	1	
3	过程层交换机	交换机含 2 光口、22 电口（Ⅰ区 2 台、Ⅱ区 1 台）	台	1	
4	预制光缆		m	745	
5	预制光配		个	16	
（六）	继电保护				
1	主变压器保护屏	含主后合一保护装置 2 台	面	1	
（七）	电能计费				
1	电能表柜	0.2S 数字输入式电能表 3 块	面	1	
（八）	过程层设备				
1	主变压器高压侧合并单元智能终端集成装置		台	2	
2	主变压器合并单元		台	2	
3	主变压器智能终端		台	1	
4	主变压器中压侧主进智能组件	合并单元智能终端集成装置	台	2	
5	主变压器低压侧主进智能组件	合并单元智能终端集成装置	台	2	
二	增减一回 110kV 架空出线（HA-110-B-1-110）				
（一）	110kV 户外配电装置部分				
1	110kV HGIS 出线间隔	单断路器，3150A，40kA	间隔	1	
2	电压互感器	110kV 电容式	台	1	

续表 13-9

序号	名称	规格	单位	数量	备注
3	氧化锌避雷器	HY10W-102/266	台	3	
4	钢芯铝绞线	JL/G1A-500/35，单导线引下线 2 组	m	60	
5	钢芯铝绞线	JL/G1A-300/25，单导线引下线 1.33 组	m	40	
6	悬垂绝缘子串	11（XWP2-120）	串	3	
7	HGIS 汇控柜		面	1	
（二）	防雷接地				
1	接地扁钢	−60mm×6mm	m	50	设备接地
2	接地电缆	VV-2×50	m	10	
（三）	防火材料				
1	有机耐火隔板	$t=10$mm；耐火极限≥3h	m^2	5	
2	防火涂料	BXF-D311	t	0.02	
3	无机防火堵料	粉末状固体，无结块，密度≤2×10^3kg/m^3；耐火极限≥3h	t	0.02	
4	有机防火堵料	胶泥状，密度≤2×10^3kg/m^3；耐火极限≥3h	t	0.02	
5	控制电缆	ZR-KVVP22-4×2.5	m	110	
		ZR-KVVP22-4×4	m	240	
6	动力电缆	VV22-1kV-3×16+1×10	m	80	
7	电缆保护钢管	DN50	m	20	
（四）	计算机监控系统				
1	计算机监控系统扩容	监控扩容、远动扩容、五防扩容、网分扩容、录波扩容	套	1	
2	主变压器测控柜	含 4 台测控装置	面	1	
3	过程层交换机	交换机含 2 光口、22 电口（Ⅰ区 2 台、Ⅱ区 1 台）	台	1	
4	预制光缆		m	95	
5	预制光配		个	4	
（五）	继电保护				
1	110kV 线路测控保护柜	含 1 台测控保护（距离零序保护）一体化装置	面	1	
（六）	电能计费				
1	电能表	0.5S 级电子式电能表	块	1	
（七）	过程层设备				
1	110kV 线路合并单元智能终端集成装置	含合并单元智能终端集成装置 1 台	台	1	
三	增减一回 35kV 出线（HA-110-B-1-35）				
（一）	35kV 户内配电装置部分				
1	高压开关柜	KYN-40.5，1250A～31.5kA	面	1	电缆出线柜
（二）	防雷接地				
1	接地扁钢	−60mm×6mm	m	30	设备接地
（三）	防火材料				
1	有机耐火隔板	$t=10$mm；耐火极限≥3h	m^2	3	
2	防火涂料	BXF-D311	t	0.02	
3	无机防火堵料	粉末状固体，无结块，密度≤2×10^3kg/m^3；耐火极限≥3h	t	0.02	
4	有机防火堵料	胶泥状，密度≤2×10^3kg/m^3；耐火极限≥3h	t	0.02	
5	控制电缆	ZR-KVVP22-4×2.5	m	100	

续表 13-9

序号	名称	规格	单位	数量	备注
5	控制电缆	ZR-KVVP22-4×4	m	100	
（四）	计算机监控系统		套	1	
1	计算机监控系统扩容	监控扩容、远动扩容、五防扩容	套	1	
（五）	继电保护				
1	35kV 线路保护测控装置		块	1	
（六）	电能计费				
1	35kV 线路电能表	0.5S 级电子式电能表	块	1	

13.2.3　建筑工程量表

子模块建筑工程量表见表 13-10。

表 13-10　　通用方案 HA-110-B-1 子模块建筑工程量表

序号	名称	规格	单位	数量	备注
一	增加一台 50MVA 主变压器（HA-110-B-1-ZB）				
1	主变压器基础及油坑				
1.1	主变压器基础	钢筋混凝土整板式基础（5m×4.2m×0.8m），C30	m^3	16.4	
1.2	主变压器油坑	最小净空容积	m^3	63.75	钢筋混凝土结构
2	主变压器构支架及 10kV 引线架				
2.1	主变压器构架				
2.1.1	主变压器构架（A 型）	11m 高 ϕ273×6 圆形直缝钢管，Q355B	t	2.95	不含连接件
2.1.2	10、35kV 母线桥支架	ϕ273×6 圆形直缝钢管，Q235B	t	0.62	4 支
2.1.3	主变压器横梁	格构式钢桁架，主材 ϕ95×6	t	1.12	1 榀
2.1.4	主变压器构架爬梯		t	0.13	
2.1.5	智能控制柜	C15 混凝土	m^3	0.8	1 座
2.3	110kV 设备支架				
2.3.1	110kV HGIS 基础	C30	m^3	10.14	1 组
二	增减一回 110kV 架空出线子模块（HA-110-B-1-110）				
1	110kV 配电装置				
1.1	110kV 设备支架				
1.1.1	110kV　HGIS 基础	C30	m^3	10.14	1 组
1.1.2	110kV 电容式电压互感器支架	ϕ273×6 圆形直缝钢管，Q235B	t	0.21	1 支
1.1.3	110kV 避雷器支架	ϕ273×6 圆形直缝钢管，Q235B	t	0.8	3 支
三	增减一回 35kV 出线（HA-110-B-1-35）				
1	35kV 配电装置	室内电缆沟及开关柜基础已建成			

13.2.4　预算书

110kV 变电站通用方案 HGIS 子模块总预算表、安装工程部分汇总预算表、建筑工程部分汇总预算表、其他费用预算表分别见表 13-11～表 13-21。

表 13-11　　子模块 HA-110-B-1-ZB 总预算表　　金额单位：万元

序号	工程或费用名称	金额	各项占静态投资比例（%）	单位投资（元/kVA）
一	建筑工程费	26	4.04	5.2
1	主要生产工程	26	4.04	5.2
2	辅助生产工程			
3	与站址有关的单项工程			
二	安装工程费	104	16.17	20.8
1	主要生产工程	104	16.17	20.8
2	与站址有关的单项工程			
三	设备购置费	481	74.81	96.2
四	其他费用	26	4.04	5.2
五	基本预备费	6	0.93	1.2
六	特殊项目费用			
	工程静态投资	643	100	128.6

表 13-12　　子模块 HA-110-B-1-ZB 安装工程部分汇总预算表　　金额单位：元

序号	工程或费用名称	设备购置费	安装工程							
			分部分项工程费		措施项目费（一）	措施项目费（二）	施工企业配合调试费	规费	税金	合计
			小计	其中：装置性材料费						
	变电安装工程	4809006	883552	451454	55220		2754	50984	48280	1040790
一	主要生产工程	4809006	883552	451454	55220		2754	50984	48280	1040790
1	主变压器系统	3064476	208263	113280	14205		1200	11441	14226	249335
1.6	110kV 主变压器	3064476	208263	113280	14205		1200	11441	14226	249335
2	配电装置	1269730	319356	261218	13732		577	6071	7989	347724
2.1	屋内配电装置	420027	292968	256274	11080		284	3704	5136	313172
2.2	屋外配电装置	849703	26388	4944	2652		293	2366	2853	34552
4	控制及直流系统	474801	120576		8099		760	10032	7152	146620
4.1	计算机监控系统	173204	85454		5956		580	7136	5321	104447
4.2	继电保护	173204	11437		1646		134	2275	1394	16886
4.4	智能辅助控制系统		20000							20000
4.6	在线监测系统	128393	3686		496		46	622	437	5287
6	电缆及接地		100190	76956	5239		218	3956	3738	113340
6.1	全站电缆		98492	75358	5182		218	3956	3580	111428
6.2	全站接地		1698	1598	57				158	1912
8	全站调试		135167		13945			19485	15174	183770
8.1	分系统调试		25617		3325			5625	3111	37678
8.2	整套启动调试		7523		996			1708	920	11147
8.3	特殊调试		102027		9624			12152	11142	134945
	合计	4809006	883552	451454	55220		2754	50984	48280	1040790

表 13-13　　**模块 HA-110-B-1-ZB 建筑工程部分汇总预算表**　　金额单位：元

序号	工程或费用名称	建筑工程						
		建筑设备费	分部分项工程费	措施项目费（一）	措施项目费（二）	规费	税金	合计
	变电建筑工程		222817	12330		11512	17755	264414
一	主要生产工程		222817	12330		11512	17755	264414
2	配电装置建筑		222817	12330		11512	17755	264414
2.1	主变压器系统		209537	11561		10794	16426	248318
2.2	构架及设备基础		13280	769		718	1329	16096
	合计		222817	12330		11512	17755	264414

表 13-14　　**子模块 HA-110-B-1-ZB 其他费用预算表**　　金额单位：元

序号	工程或费用名称	编制依据及计算说明	合价
2	项目建设管理费		182036
2.1	项目法人管理费	[（建筑工 1 程费+安装工程费）×0.9×0.9] ×3.73%	39434
2.2	招标费	（建筑工程费+安装工程费）×1.37%	17881
2.3	工程监理费	（建筑工程费+安装工程费）×6.15%	80270
2.4	设备材料监造费	（监造设备费）×0.87%	32312
2.5	施工过程造价咨询及竣工结算审核费	（建筑工程费+安装工程费）×0.88%	11486
2.6	工程保险费	（建筑工程费+安装工程费）×0.05%	653
3	项目建设技术服务费		63960
3.4	设计文件评审费		59000
3.4.1	可行性研究文件评审费		14000
3.4.2	初步设计文件评审费		20000
3.4.3	施工图文件评审费		25000
3.6	工程建设检测费		3655
3.6.1	电力工程质量检测费	（建筑工程费+安装工程费）×0.28%	3655
3.7	电力工程技术经济标准编制费	（建筑工程费+安装工程费）×0.1%	1305
4	生产准备费		14096
4.2	工器具及办公家具购置费	[（建筑工程费+安装工程费）×0.8] ×1.35%	14096
	小计		260092

表 13-15　　**子模块 HA-110-B-1-110 总预算表**　　金额单位：万元

序号	工程或费用名称	金额	各项占静态投资比例（%）	单位投资（元/kVA）
一	建筑工程费	3	2.29	0.6
1	主要生产工程	3	2.29	0.6
2	辅助生产工程			
3	与站址有关的单项工程			
二	安装工程费	20	15.27	4
1	主要生产工程	20	15.27	4
2	与站址有关的单项工程			
三	设备购置费	101	77.1	20.2
四	其他费用	6	4.58	1.2
五	基本预备费	1	0.76	0.2
六	特殊项目费用			
	工程静态投资	131	100	26.2

表 13-16　　子模块 HA-110-B-1-110 安装工程部分汇总预算表　　金额单位：元

序号	工程或费用名称	设备购置费	安装工程							
			分部分项工程费		措施项目费（一）	措施项目费（二）	施工企业配合调试费	规费	税金	合计
			小计	其中：装置性材料费						
	变电安装工程	1012898	158357	22986	12655		599	14467	13013	199091
一	主要生产工程	1012898	158357	22986	12655		599	14467	13013	199091
2	配电装置	862452	25322	3040	2689		307	2450	2769	33536
2.2	屋外配电装置	862452	25322	3040	2689		307	2450	2769	33536
4	控制及直流系统	150446	42746		2478		214	3281	2135	50855
4.1	计算机监控系统	34238	26093		783		79	907	708	28569
4.2	继电保护	73410	10523		1545		121	2191	1294	15675
4.4	智能辅助控制系统		5000							5000
4.6	在线监测系统	42798	1130		150		14	183	133	1610
6	电缆及接地		27860	19946	1635		78	1404	1304	32281
6.1	全站电缆		26162	18348	1578		78	1404	1146	30369
6.2	全站接地		1698	1598	57				158	1912
8	全站调试		62429		5852			7332	6805	82419
8.1	分系统调试		4964		636			1066	600	7266
8.2	整套启动调试		4514		598			1025	552	6688
8.3	特殊调试		52951		4619			5241	5653	68465
	合计	1012898	158357	22986	12655		599	14467	13013	199091

表 13-17　　子模块 HA-110-B-1-110 建筑工程部分汇总预算表　　金额单位：元

序号	工程或费用名称	建筑工程						
		建筑设备费	分部分项工程费	措施项目费（一）	措施项目费（二）	规费	税金	合计
	变电建筑工程		27820	1492		1393	1910	32614
一	主要生产工程		27820	1492		1393	1910	32614
2	配电装置建筑		27820	1492		1393	1910	32614
2.2	构架及设备基础		27820	1492		1393	1910	32614
	合计		27820	1492		1393	1910	32614

表 13-18　　子模块 HA-110-B-1-110 其他费用预算表　　金额单位：元

序号	工程或费用名称	编制依据及计算说明	合价
2	项目建设管理费		33719
2.1	项目法人管理费	[（建筑工程费+安装工程费）×0.9×0.9]×3.73%	7001
2.2	招标费	（建筑工程费+安装工程费）×1.37%	3174
2.3	工程监理费	（建筑工程费+安装工程费）×6.15%	14250
2.4	设备材料监造费	（监造设备费）×0.87%	6178
2.5	施工过程造价咨询及竣工结算审核费	（建筑工程费+安装工程费）×0.88%	3000
2.6	工程保险费	（建筑工程费+安装工程费）×0.05%	116
3	项目建设技术服务费		24880
3.4	设计文件评审费		24000

续表 13-18

序号	工程或费用名称	编制依据及计算说明	合价
3.4.1	可行性研究文件评审费		6000
3.4.2	初步设计文件评审费		8000
3.4.3	施工图文件评审费		10000
3.6	工程建设检测费		649
3.6.1	电力工程质量检测费	（建筑工程费+安装工程费）×0.28%	649
3.7	电力工程技术经济标准编制费	（建筑工程费+安装工程费）×0.1%	232
4	生产准备费		2502
4.2	工器具及办公家具购置费	[（建筑工程费+安装工程费）×0.8] ×1.35%	2502
	小计		61102

表 13-19　　子模块 HA-110-B-1-35 总预算表　　金额单位：万元

序号	工程或费用名称	金额	各项占静态投资比例（%）	单位投资（元/kVA）
一	建筑工程费			
1	主要生产工程			
2	辅助生产工程			
3	与站址有关的单项工程			
二	安装工程费	5	17.24	1
1	主要生产工程	5	17.24	1
2	与站址有关的单项工程			
三	设备购置费	22	75.86	4.4
四	其他费用	2	6.9	0.4
五	基本预备费			
六	特殊项目费用			
	工程静态投资	29	100	5.8

表 13-20　　子模块 HA-110-B-1-35 安装工程部分汇总预算表　　金额单位：元

序号	工程或费用名称	设备购置费	安装工程								
			分部分项工程费		措施项目费（一）	措施项目费（二）	施工企业配合调试费	规费	税金	合计
			小计	其中：装置性材料费						
	安装工程	221339	37271	4656	3221		164	4545	2804	48005
一	主要生产工程	221339	37271	4656	3221		164	4545	2804	48005
2	配电装置	179045	4770		621		61	735	557	6744
2.1	屋内配电装置	179045	4770		621		61	735	557	6744
4	控制及直流系统	42294	15367		790		62	1123	661	18002
4.1	计算机监控系统	32224	14237		640		47	939	528	16392
4.6	在线监测系统	10070	1130		150		14	183	133	1610
6	电缆及接地		8552	4656	696		41	802	544	10635
6.1	全站电缆		8552	4656	696		41	802	544	10635
8	全站调试		8583		1114			1885	1042	12624
8.1	分系统调试		4069		516			860	490	5936
8.2	整套启动调试		4514		598			1025	552	6688
	合计	221339	37271	4656	3221		164	4545	2804	48005

表 13-21 **子模块 HA-110-B-1-35 其他费用预算表** 金额单位：元

序号	工程或费用名称	编制依据及计算说明	合价
2	项目建设管理费		8084
2.1	项目法人管理费	[（建筑工程费+安装工程费）×0.9×0.9] ×3.73%	1450
2.2	招标费	（建筑工程费+安装工程费）×1.37%	658
2.3	工程监理费	（建筑工程费+安装工程费）×6.15%	2952
2.5	施工过程造价咨询及竣工结算审核费	（建筑工程费+安装工程费）×0.88%	3000
2.6	工程保险费	（建筑工程费+安装工程费）×0.05%	24
3	项目建设技术服务费		15682
3.4	设计文件评审费		15500
3.4.1	可行性研究文件评审费		3500
3.4.2	初步设计文件评审费		5000
3.4.3	施工图文件评审费		7000
3.6	工程建设检测费		134
3.6.1	电力工程质量检测费	（建筑工程费+安装工程费）×0.28%	134
3.7	电力工程技术经济标准编制费	（建筑工程费+安装工程费）×0.1%	48
4	生产准备费		518
4.2	工器具及办公家具购置费	[（建筑工程费+安装工程费）×0.8] ×1.35%	518
	小计		24285

第 14 章　110kV 变电站通用方案 HA-110-B-3 通用造价

14.1　通用方案

本通用方案技术条件根据《国网河南省电力公司 35～220kV 变电站通用设计施工图实施方案》最新版 HA-110-B-3 方案确定，即主变压器采用 1×50MVA 三相双绕组有载调压变压器，电压等级采用 110/10kV，110kV 采用户外 HGIS 设备，10kV 为户内开关柜。

本方案技术条件组合在本书中列表表示，变电站具体设计内容可参见已出版的通用设计配套图书。

14.1.1　主要技术条件

本方案主要技术条件包括变电站电气部分、土建部分等内容，具体见表 14-1。

表 14-1　　通用方案 HA-110-B-3 技术条件

序号	项目名称	工程技术条件
一	电气部分	
1	主变压器	110/10kV 三相双绕组有载调压变压器，本期 1 台 50MVA 主变压器，终期 3 台 50MVA 主变压器
2	出线回路数	
2.1	110kV	本期 2 回，终期 4 回，架空出线
2.2	10kV	本期 10 回，终期 30 回，电缆出线
3	无功补偿装置	10kV 并联电容器，本期 1 组（3600+4800）kvar，终期 3 组（3600+4800）kvar
4	电气主接线	
4.1	110kV	本期单母线接线，终期单母线分段接线
4.2	10kV	本期单母线接线，终期单母线三分段接线
5	短路电流水平	110、10kV 短路电流水平分别为 40、40/31.5kA
6	主要设备选型	
6.1	主变压器	110/10kV，户外、油浸、自然油循环自冷型三相双绕组有载调压高效节能型变压器，主变能效不低于 2 级
6.2	断路器	110kV 采用户外 HGIS 设备
6.3	隔离开关	双柱水平旋转式，双接地
6.4	互感器	110kV 电流互感器采用电磁式，内置于 HGIS 中；110kV 母线电容式电压互感器采用三相电压互感器，110kV 出线电容式电压互感器采用三相电压互感器，采用 AIS 设备外置
6.5	避雷器	110、10kV 避雷器采用氧化锌避雷器
6.6	10kV 开关柜	10kV 采用户内配电装置成套开关柜，真空断路器
6.7	站用变压器	本期设置 1 台 10kV 接地变压器消弧线圈成套装置
6.8	无功补偿装置	10kV 电容器采用户外框架式电容器补偿装置，串联电抗器电抗率按 5%考虑
7	配电装置	
7.1	110kV 配电装置	户外软母线中型，HGIS 单列布置，采用架空出线和主变压器架空进线方式
7.2	10kV 配电装置	10kV 采用户内开关柜双列离墙布置，电容器组户外单列布置
8	控制及远动	
8.1	计算机监控系统	一套：完成全站监控及远传，实现无人值班和一键顺控
		主机/操作员站 2 套，组一面柜
		Ⅰ区数据通信网关机柜：2 台通信网关机兼图形网关机、2 套防火墙，组一面柜
		Ⅱ区数据通信网关机柜：2 台Ⅱ区通信网关机，组一面柜
		综合应用服务器柜：含 1 台综合应用服务器，组一面柜
		智能防误主机柜：含 1 台智能防误主机，组一面柜

续表 14-1

序号	项目名称	工程技术条件
8.1	计算机监控系统	公用测控柜：含公用测控 1 台，组一面柜
		公用测控及母线测控柜：含 110kV 母线测控 2 台、公用测控 1 台，组一面柜
		一键顺控公用测控柜：含公用测控 2 台，组一面柜
		主变压器测控柜：含 3 台测控装置，组一面柜
		测控装置：10kV 保护测控装置 13 台、10kV 电压并列装置 1 台、10kV TV 测控装置 1 台
		站控层交换机：5 台，集中安装在公用测控柜内
		间隔层交换机：6 台，分散安装于预制舱和 10kV 开关柜内
		过程层交换机：3 台，分散安装在预制舱保护柜内
		含尾缆、超五类屏蔽双绞线、屏蔽双绞线等配套
		高级应用软件：实现顺序控制、智能告警及分析决策等高级功能
8.2	时间同步系统	含同步时钟主机（双机）、接收天线、光纤、光电转换器、扩展装置 1 台、配套机柜 2 面等
8.3	智能辅助控制系统	1 套，含智能巡视子系统、安全防卫子系统、动环监视子系统、智能锁控子系统、火灾自动报警子系统等
8.4	状态监测子系统	1 套，一次设备状态监测子系统
8.5	调度专用网络接入设备	含调度专网屏（含设备）2 面、二次安全防护设备 2 套、网络安全监测装置 1 套
8.6	电量计费系统	非关口电能量采集装置柜 1 面、电度表柜（含 4 块 0.5 级数字式电度表）1 面、0.5 级电度表 13 块
9	交直流一体化电源系统	直流系统为单母线分段接线，采用辐射方式供电；蓄电池布置在蓄电池室内
10	继电保护	各类保护盘柜
11	智能组件	合并单元 3 台；智能终端 2 台；合并单元智能终端一体化装置 6 台
12	预制舱	全站设置一个Ⅱ型二次设备预制舱
13	电缆	
13.1	10kV 电力电缆	0.13km
13.2	1kV 及以下电力电缆	一次设备用电力电缆 0.785km，二次设备用电力电缆 1.5km
13.3	控制电缆	4.8 km
14	光缆	预制光缆 1.4 km
15	接地	热镀锌扁钢，垂直接地极 90 根，水平接地 2600m，设备接地 900m
二	土建部分	
1	基本技术数据	
1.1	地震基本烈度	7 度，按设计基本地震加速度值 0.1g
1.2	设计风速	30m/s
1.3	地基承载力特征值	f_{ak} = 150kPa
1.4	海拔	1000m 以下，场地同一标高
1.5	污秽等级	d 级
1.6	采暖	非采暖区
1.7	地下水	无影响
2	总平面布置	
2.1	站外道路	本次未涉及
2.2	站内道路	站内道路为 4.0m，采用郊区型道路，路缘石，路面为混凝土
2.3	电缆沟道	总长度 213.5m；采用混凝土电缆沟
2.4	排水方式	站内排水采用有组织集中排放方式
2.5	站区占地	站区东西方向长 81m，南北方向长 51m，围墙内占地 0.4131hm^2

续表 14-1

序号	项目名称	工程技术条件
2.6	围墙	采用装配式围墙
3	建筑物	配电装置用房 1 座，辅助用房 1 座，全站总建筑面积为 475.91m²
3.1	配电装置用房	
3.1.1	建筑面积与体积	单层，建筑面积为 437.47m²，建筑体积为 1750m³
3.1.2	建筑结构	采用装配式钢框架结构
3.1.3	建筑物基础	本次未涉及
3.1.4	建筑装修	（1）外墙：铝镁锰复合板+纤维水泥饰面板 （2）门窗：选用防火门、成品木门、成品防盗钢门，窗采用三层玻璃中间层为夹胶玻璃断桥铝合金窗 （3）屋面：防水等级 I 级。设置两道设防的防水保温屋面 （4）楼地面：设备房间采用水泥基自流平地面，其他房间采用地砖 （5）内墙：采用一体化纤维水泥集成墙板，除卫生间和备餐间为瓷砖以外，其他均为纤维水泥饰面板
3.2	辅助用房	
3.2.1	建筑面积与体积	单层，建筑面积 38.44m²，建筑体积为 134.54m³
3.2.2	建筑结构	装配式钢框架结构
3.2.3	建筑物基础	本次未涉及
3.2.4	建筑装修	地面为地砖地面。内墙采用一体化纤维水泥集成墙板，设吊顶。外面装饰材料及风格、色调同配电装置用房。门采用成品木门、成品防盗钢门，窗采用三层玻璃中间层为夹胶玻璃断桥铝合金窗
4	构筑物	
4.1	110kV 构架	110kV 构架采用圆形钢管，A 字型结构。构架横梁采用三角形钢桁架梁，主材采用圆形钢管，腹杆采用型钢。采用热镀锌防腐，按远景规模一次建设
4.2	主变压器构架	主变压器构架采用圆形钢管，A 字型结构。构架横梁采用三角形钢桁架梁，主材采用圆形钢管，腹杆采用型钢。采用热镀锌防腐，按本期规模建设
4.3	构、支架基础及主变压器基础	构、支架基础均采用地脚螺栓重力式基础；主变压器基础采用钢筋混凝土整板式基础，按本期规模建设
5	其他构筑物	事故油池采用现浇钢筋混凝土结构，化粪池采用成品玻璃钢材质
6	供水	本次未涉及
7	采暖通风	在配电装置用房内 10kV 配电装置室、二次设备室、资料室及蓄电池室，辅助用房内值班室、警卫室等房间采用分体冷热空调，在 10kV 配电装置室，蓄电池室设通风设备
8	消防	站内不设水消防系统，站内设置不同类型的移动式灭火器，主变压器采用灭火器和消防砂箱

14.1.2 主要电气设备材料表

电气一次部分设备包括主变压器系统、各电压等级装置、无功补偿装置、站用电部分、照明部分、防火材料及其他、接地等部分。其中，主变压器系统主要包括与主变压器相连到架构前的部分设备；站用电部分包括 1kV 电力电缆；照明部分将检修电源箱、照明配电箱、户外照明灯具归入本项内；防火材料及其他包括电缆支架、防火材料、二次控制电缆等；接地部分包含主接地网、接地引下线、垂直接地极等。电气二次设备包括计算机监控系统、继电保护、直流系统、通信电源、电能计费、检修箱、智能汇控柜等部分。110kV 变电站通用方案 HA-110-B-3 主要电气设备材料表见表 14-2。

表 14-2　通用方案 HA-110-B-3 主要电气设备材料表

序号	设备名称	型号及规范	单位	数量	备注
一	主变压器部分				
1	110kV 主变压器	三相双绕组油浸自冷式有载调压变压器 SZ20-50000/110	台	1	
2	110kV 中性点成套设备		套	1	
3	10kV 氧化锌避雷器	17/45，附放电计数器	台	3	

续表 14-2

序号	设备名称	型号及规范	单位	数量	备注
4	铜排	TMY-30×4	m	3	避雷器引下线
5	耐张绝缘子串	11(XWP2-100)	串	6	
6	钢芯铝绞线	JL/G1A-300/25	m	105	110kV单导线1跨、引下线1组
7	耐张线夹	NY-300/25	件	6	
8	设备线夹	SY-300/25A	件	3	
9	T形线夹	TY-300/25	件	3	
10	钢芯铝绞线	JL/G1A-240/30	m	10	中性点设备连线，单导线0.33组
11	铜铝过渡设备线夹	SYG-240/30C	件	1	
12	设备线夹	SY-240/30C	件	1	
13	10kV铜母排	2(TMY-125×10)	m	66	单片长（每相二片安装）
14	母排绝缘热缩保护套管	MPG-125×10	m	66	单片长
15	户外棒式支柱绝缘子	ZSW1-20kV/12.5kN	只	21	非磁性
16	矩形母线固定金具	MWP-204	件	21	
17	铜母线伸缩节	MST-125×10	件	12	全铜型
18	户外检修箱	XLW-1	台	1	
19	主变本体智能汇控柜		面	1	
二	110kV户外配电装置部分				
1	110kV HGIS出线间隔	单断路器3150A，40kA	间隔	2	
2	110kV HGIS主进间隔	单断路器3150A，40kA	间隔	1	
3	110kV电压互感器	电容式	台	12	
4	110kV氧化锌避雷器	102/266，附放电计数器	台	6	
5	隔离开关	126kV，3150A，40kA，双柱水平旋转双接地	组	1	
6	钢芯铝绞线	JL/G1A-630/45	m	120	出线间隔引下线4组
7	钢芯铝绞线	JL/G1A-240/30	m	70	出线间隔避雷器、电压互感器用引下线4组
8	钢芯铝绞线	JL/G1A-300/25	m	69	进线间隔引下线3组，跳线1组
9	钢芯铝绞线	JL/G1A-630/55	m	250	3跨，跳线4组
10	钢芯铝绞线	JL/G1A-240/30	m	50	母线设备间隔设备连线1组，引下线1组，跳线1组
11	设备线夹	SY-630/45B	件	18	
12	设备线夹	SY-300/25B	件	9	
13	设备线夹	SY-240/30B	件	21	
14	耐张线夹	NY-630/45	件	18	
15	T形线夹	TY-630/45	件	12	
16	T形线夹	TY-300/25	件	6	
17	T形线夹	TY-240/30	件	9	
18	悬垂线夹	XGU-6A带碗头挂板	件	12	
19	悬垂绝缘子串	11（XWP2-100）	串	12	

续表 14-2

序号	设备名称	型号及规范	单位	数量	备注
20	耐张绝缘子串	11(XWP2-100)	串	18	
21	HGIS 智能汇控柜		面	3	
22	母线设备智能控制柜		面	1	
23	无尘室安装		套	1	
三	10kV 配电装置部分	所有柜均含 4000A 主母线、微动开关			
1	高压开关柜	KYN28-12，4000A，40kA	面	1	主变压器进线
2	高压开关柜	KYN28-12，4000A	面	1	分段隔离
3	高压开关柜	KYN28-12，1250A，无开关	面	1	母线设备
4	高压开关柜	KYN28-12，1250A，31.5kA	面	1	接地变压器
5	高压开关柜	KYN28-12，1250A，31.5kA	面	2	电容器
6	高压开关柜	KYN28-12，1250A，31.5kA	面	10	电缆出线
7	10kV 封闭母线桥（进线）	桥内母线 4000A, L=4000mm	套	1	含母线及金具
8	10kV 封闭母线桥（联络）	桥内母线 4000A, L=7000mm	套	1	含母线及金具
9	铝合金封墙板	1700mm×700mm 厚 10mm	块	3	2 块暂不开孔
10	穿墙套管	CWW-24/4000-4	只	3	
四	无功补偿装置				
1	10kV 框架式成套电容器组	TBB10-4800/200，每套包括电容器组、电抗器 5%、放电线圈、隔离接地开关、避雷器、支柱绝缘子、围栏等	套	1	厂家成套
2	10kV 框架式成套电容器组	TBB10-3600/200，每套包括电容器组、电抗器 5%、放电线圈、隔离接地开关、避雷器、支柱绝缘子、围栏等	套	1	厂家成套
3	10kV 电力电缆	YJV22-10kV-3×240	km	0.074	
4	10kV 户内冷缩电缆终端	配 YJV22-10kV-3×240 电缆用	套	2	
5	10kV 户外冷缩电缆终端	配 YJV22-10kV-3×240 电缆用	套	2	
6	电缆保护管	镀锌钢管，DN150	m	18	
7	铜铝过渡板	MG-80×8	件	6	
五	站用电部分				
1	接地变压器消弧线圈成套装置	DKSC-800kVA/10.5kV-200kVA/0.4kV	套	1	
2	10kV 电力电缆	YJV22-10kV-3×150	km	0.056	
3	10kV 户内冷缩电缆终端	配 YJV22-10kV-3×150 电缆用	套	1	
4	10kV 户外冷缩电缆终端	配 YJV22-10kV-3×150 电缆用	套	1	
5	低压电力电缆	YJV22-1kV-3×185+1×95	km	0.035	
6	电缆保护管	镀锌钢管，DN150	m	25	
7	电力电缆	YJV22-1kV-3×16+1×10	km	0.7	二次设备电缆
8	电力电缆	VV22-1kV-2×16	km	0.2	二次设备电缆
9	电力电缆	VV22-1kV-2×25	km	0.2	二次设备电缆
10	电力电缆	NH-VV-1kV-1×185	km	0.1	二次设备电缆
六	照明部分				
1	户内检修电源箱		台	1	
2	照明配电箱		台	3	2 个户内，1 个户外
3	事故照明配电箱		台	1	

续表 14-2

序号	设备名称	型号及规范	单位	数量	备注
4	电动百叶窗配电箱		台	1	
5	暖通配电箱		台	2	
6	消防照明配电箱		台	1	
7	LED 投光灯	2×150W，220V	套	9	含光源、灯杆
8	LED 投光灯	1×150W，220V	套	3	含光源、灯杆
9	门垛灯	45W，220V	套	2	
10	防潮灯	户外吸顶式 26W，220V	套	6	
11	低压电力电缆	ZC-VV22-1kV-3×6	km	0.52	屋外照明
12	电缆保护管	镀锌钢管，DN50	m	400	屋外
七	防雷接地				
1	接地扁钢	−60mm×6mm，热镀锌	m	2600	水平接地、电缆沟、支架等接地
2	接地扁钢	−60mm×6mm，热镀锌	m	900	设备接地
3	热镀锌角钢	−50mm×50mm×5mm，$L=2500$mm	根	90	垂直接地板
4	接地铜缆	VV22-1kV-2×50	km	0.23	主控楼电缆沟
5	接地铜排	TMY-40×5	m	100	设备底座引线
6	接地铜排	TMY-25×4	m	180	主控楼电缆沟
7	支持绝缘子	WX-1	只	200	接地铜排用
8	接地铜缆	VV22-1kV-2×50	km	0.2	二次设备电缆
9	接地铜缆	VV22-1kV-1×50	km	0.1	二次设备电缆
10	接地铜质软导线	4mm^2	km	0.5	
八	防火材料及其他				
1	无机耐火隔板	WBT 型 $\delta=10$mm	m^2	180	
2	有机防火堵料		t	2	
3	无机防火堵料		t	2.6	
4	防火涂料		t	1.14	
5	防火包		m^3	2.5	
6	花纹钢板	$\delta=6$mm	m^2	50	
7	电缆支架	−50mm×50mm×5mm	t	4.5	
8	控制电缆	ZR-KVVP22-500V-4×4	km	1.2	
9	控制电缆	ZR-KVVP22-500V-7×1.5	km	0.3	
10	控制电缆	ZR-KVVP22-500V-14×1.5	km	0.7	
11	控制电缆	ZR-KVVP22-500V-7×2.5	km	0.4	
12	控制电缆	ZR-KVVP22-500V-10×2.5	km	0.9	
13	控制电缆	ZR-KVVP22-500V-14×2.5	km	0.6	
14	控制电缆	NH-KVV22-500V-4×4	km	0.3	
15	预制电缆	ZR-KVVP22-500V-4×2.5	km	0.15	
16	预制电缆	ZR-KVVP22-500V-7×2.5	km	0.25	
17	电缆连接器	单端预制	个	16	
18	电缆钢槽盒	200mm×100mm	m	220	带盖板（含通信用）

续表 14-2

序号	设备名称	型号及规范	单位	数量	备注
19	电缆保护管	镀锌钢管，DN50	m	400	二次（含通信用 100m）
九	计算机监控系统				
1	监控主机柜	含监控主机兼操作员站兼工程师站 2 套，系统软件等（含高级应用功能），网络打印机 1 台	面	1	
2	智能防误主机柜	含智能五防系统 1 套，含就地锁具等	面	1	
3	综合应用服务器柜	含综合应用服务器 1 套	面	1	
4	数据通信网关机柜Ⅰ	含Ⅰ区数据通信网关机 2 套，2 套防火墙	面	1	
5	数据通信网关机柜Ⅱ	含Ⅱ区数据通信网关机 2 套	面	1	
6	时间同步系统柜	对时装置 2 台，扩展装置 1 台，支持北斗和 GPS 授时信号	面	2	扩展柜安装于预制舱
7	公用测控柜	含公用测控 1 台	面	1	
8	一键顺控公用测控柜	含公用测控 2 台及一键顺控	面	1	
9	站控层交换机柜	2 光口 22 电口（Ⅰ区双网 2 台、Ⅱ区双网 2 台、Ⅳ区 1 台）	台	5	
10	1 号变压器测控柜	含 3 台测控装置	面	1	
11	公用测控及母线测控柜	含 110kV 母线测控 2 台、公用测控 1 台	面	1	
12	110kV 间隔层交换机	2 光口 22 电口	台	2	安装于预制舱公用测控柜
13	主变压器间隔层交换机	2 光口 22 电口	台	2	安装于预制舱公用测控柜
14	10kV 间隔层交换机	2 光口 22 电口	台	2	安装于 10kV 高压柜内
15	10kV TV 测控装置		台	1	
16	10kV 线路测控保护装置		台	10	
17	10kV 电容器测控保护装置		台	2	
18	10kV 接地变压器测控保护装置		台	1	
19	10kV 电压并列装置		台	1	
20	过程层交换机	22 光口（主变压器间隔 1 台、中心交换机 1 台、线路 1 台）	台	3	安装于预制舱保护屏柜
21	预制光缆	12 芯 0.9km、成端 14 个；24 芯 0.5km、成端 26 个	km	1.4	
22	预制光配	双端预制，12 芯 14 个；24 芯 26 个	个	40	
23	阻燃尾缆		km	0.8	厂家提供
24	屏蔽双绞线		km	0.5	厂家提供
25	超五类屏蔽双绞线		km	1	厂家提供
十	继电保护				
1	1 号主变压器保护柜	含主后合一保护装置 2 台	面	1	安装于预制舱
2	110kV 线路测控保护柜	含 2 台测控保护一体化装置	面	1	安装于预制舱
3	110kV 备自投柜	含 1 台备自投装置	面	1	安装于预制舱
4	消弧线圈控制柜		面	1	仅计列安装费
5	二次设备预制舱	Ⅱ型二次设备预制舱（含光纤集中接线柜及配套舱内照明、通风、空调等设备）	套	1	
6	网络记录分析及故障录波柜	含网络记录分析仪 1 台；故障录波装置 1 台	面	1	安装于预制舱
十一	交直流一体化电源系统				

续表 14-2

序号	设备名称	型号及规范	单位	数量	备注
1	一体化电源监控	数字接口型装置，通信规约 IEC61850	套	1	
2	交流电源屏		面	3	
3	UPS 电源屏	含 1 台 10kVA 的 UPS、1 台 3kVA 的逆变电源	面	1	
4	直流充电柜	充电柜含 5×30A 高频开关	面	1	
5	直流馈线柜		面	1	
6	直流分电屏		面	1	安装于预制舱
7	蓄电池	400Ah,2V，103 只	套	1	
8	通信电源屏	5×30A 的 DC\DC 变换器	面	1	
十二	电能计费				
1	非关口电能量采集装置柜		面	1	安装于预制舱
2	电能表柜	含 4 块 0.5 级数字式电度表，SV 光口输入	面	1	安装于预制舱
3	0.5 级电能表		块	13	
十三	智能辅助控制系统		套	1	
1	智能巡视子系统	含边缘巡视主机 1 台，球型摄像机 13 个，高清固定摄像机 3 个、红外热成像摄像机 3 个、声纹监测装置 1 台，全景摄像机 1 台，含柜体 1 面等	套	1	
2	安全防卫子系统	含红外对射 1 套，电子围栏 1 套，门禁 2 套、声光报警器 1 套、紧急按钮 1 套及安装附件等	套	1	
3	动环监视子系统	含动环监控终端 1 台、空调控制器 7 个、照明控制器 4 个、风机控制器 3 个、水泵控制器 3 个、温湿度传感器 7 个、微气象传感器 1 个、水浸传感器 5 个、水位传感器 3 个、绝缘气体监测传感器 10 个等	套	1	
4	智能锁控子系统	含锁控监控终端 1 台、电子钥匙 2 把、锁具 35 个等	套	1	
5	火灾自动报警子系统	含火灾报警控制器（壁挂安装），火灾探测器、电缆感温装置、手动报警装置及相应设备材料等	套	1	
十四	状态监测系统	含变压器监测终端、HGIS 监测终端、避雷器监测终端、开关柜监测终端、数字化表计监测终端、氢气浓度监测子系统等	套	1	
十五	过程层设备				
1	110kV 线路合并单元智能终端集成装置		台	2	
2	110kV TV 合并单元		台	1	
3	110kV TV 智能终端		台	1	
4	主变压器高压侧合并单元智能终端集成装置		台	2	
5	主变压器本体合并单元		台	2	
6	主变压器本体智能终端		台	1	
7	主变压器低压侧合并单元智能终端集成装置		台	2	
十六	远动部分				
1	调度专网屏	每面含 1 台路由器、2 台交换机	面	2	
2	二次安全防护设备	每套含 2 台纵向加密认证装置	套	2	
3	网络安全监测装置		台	1	
4	电力电缆	VV22-1kV-4×4	km	0.2	
5	2M 同轴电缆		km	0.2	
6	控制电缆	ZR-KVVP22-500V-7×1.5	km	0.2	

续表 14-2

序号	设备名称	型号及规范	单位	数量	备注
7	监控系统安全防护评估		项	1	等保测评
十七	站内通信				
1	电话机	HA868(Ⅲ)P/TD	部	3	
2	IAD	8 口	台	3	
3	穿线盒		个	4	
4	信息插座		个	4	
5	语音插座		个	6	
6	超五类网线		km	0.3	
7	普通电话线		km	0.3	
8	PVC 管	DN25	m	200	
9	电缆保护管	镀锌钢管，DN32	m	20	

14.1.3 建筑工程量表

建筑工程量表包括总图、建筑物、构筑物、水工和暖通共五部分。

总图部分包括站区占地面积、站区道路面积、站区围墙长度、站区内建筑物面积、站区电缆隧道长度和特殊构筑物。其中站区占地面积边界以围墙中心线外 1m 为界。

建筑物部分包括配电装置楼、辅助用房共两项。各建筑物分为建筑专业和结构专业两部分。

110kV 变电站通用方案 HA-110-B-3 建筑工程量表见表 14-3。

表 14-3　　通用方案 HA-110-B-3 建筑工程量表

序号	名称	规格	单位	数量	备注
一	总图部分				
1	站区总占地面积				
1.1	站区围墙内占地面积		hm^2	0.4131	以围墙中心线计
1.2	其他占地面积		hm^2	0.0268	以围墙中心线外 1m 计
1.3	进站道路占地面积		hm^2	—	本次未涉及
1.4	合计		hm^2	0.4399	
2	站区道路面积	厚度 0.7m，混凝土路面	m^2	560	
3	站区围墙长度	围墙高 2.30m，装配式围墙	m	260	
4	建筑物				
4.1	配电装置用房	44.4m×9.0m（轴线尺寸）	m^2	437.47	框架结构
4.2	辅助用房	12.2m×2.9m（轴线尺寸）	m^2	38.44	框架结构
5	站区电缆沟				
5.1	站区电缆沟	1.4m×1m（最小净空容积）	m	13.5	
5.2	站区电缆沟	1.1m×1.0m（最小净空容积）	m	32	含过道路段 6m
5.3	站区电缆沟	0.8m×0.8m（最小净空容积）	m	100	含过道路段 6m
5.4	站区电缆沟	0.8m×0.6m（最小净空容积）	m	68	含过道路段 6m
6	特殊构筑物				
6.1	事故油池	最小净空容积	m^3	30	钢筋混凝土结构
6.2	化粪池		座	1	成品
6.3	深井		座	—	本次未涉及
7	大门	5.0m×2.1m	m^2	10.5	实体电动推拉大门

续表 14-3

序号	名称	规格	单位	数量	备注
8	独立避雷针	2 根	t	3.2	钢材镀锌
9	碎石地坪	200mm 厚灰土，100mm 厚碎石	m^2	2800	
二	建筑物部分				
1	配电装置用房				
1.1	建筑部分				
1.1.1	建筑面积	44.4m×9.0m（轴线尺寸）	m^2	437.47	
1.1.2	建筑体积		m^3	1750	
1.1.3	地面工程				
1.1.3.1	复杂地面	环氧砂浆自流平地面	m^2	354.96	10kV 配电室、二次设备室、蓄电池室
1.1.3.2	地砖	普通地砖	m^2	44.64	其余地面
1.1.4	屋面工程				
1.1.4.1	屋面保温防水	挤塑聚苯板保温、双层橡胶防水卷材	m^2	421.12	
1.1.5	墙体工程				
1.1.5.1	外墙	铝镁锰复合板	m^2	516.89	
1.1.5.2	外墙内侧	纤维水泥饰面板	m^2	211.94	
1.1.5.3	外墙内侧	一体化纤维水泥集成墙板	m^2	190.55	用于防火侧
1.1.5.4	普通内墙	一体化纤维水泥集成墙板	m^2	157.2	
1.1.5.5	外墙	真石漆	m^2	65.76	外墙勒脚
1.1.5.6	外墙	砌体	m^3	71.13	
1.1.5.7	外墙	混凝土墙	m^3	16.26	女儿墙
1.2	结构部分				
1.2.1	屋面板面积	120mm 厚 C30 钢筋桁架楼承板	m^2	421.12	以轴线计
1.2.2	钢柱	Q355H	t	17.11	刷薄型防火涂料
1.2.3	钢梁	Q355H	t	18.57	刷薄型防火涂料
1.2.4	钢支撑、桁架、墙架	Q355H	t	8.57	
1.2.5	挖方		m^3	—	本次未涉及
1.2.6	基础		m^3	—	本次未涉及
1.2.7	沉降观测		套	8	
1.2.8	地脚螺栓		t	0.27	
2	辅助用房				
2.1	建筑部分				
2.1.1	建筑面积	12.2m×2.9m（轴线尺寸）	m^2	38.44	
2.1.2	建筑体积		m^3	134.54	
2.1.3	地面工程				
2.1.3.1	地砖	普通地砖	m^2	28.8	
2.1.4	楼面工程				
2.1.4.1	轻钢龙骨吊顶	塑料扣板	m^2	28.8	
2.1.5	屋面工程				
2.1.5.1	屋面保温防水	挤塑聚苯板保温、双层聚氨酯防水	m^2	53.6	
2.1.6	墙体工程				

续表 14-3

序号	名称	规格	单位	数量	备注
2.1.6.1	外墙	铝镁锰复合板	m^2	67.464	
2.1.6.2	外墙内侧	纤维水泥饰面板	m^2	67.464	
2.1.6.3	内墙	一体化纤维水泥集成墙板	m^2	21.6	
2.1.6.4	外墙	砌体	m^3	9.792	
2.1.6.5	外墙	真石漆	m^2	10.8	外墙勒脚
2.2	结构部分				
2.2.1	屋面板面积	130mm 厚 C30 钢筋桁架楼承板	m^2	53.6	以轴线计
2.2.2	钢柱	Q355H	t	1.872	刷薄型防火涂料
2.2.3	钢梁	Q355H	t	1.712	刷薄型防火涂料
2.2.4	其他钢结构（檩条镀锌方钢）	Q355H	t	0.648	
2.2.5	挖方		m^3	—	本次未涉及
2.2.6	基础		m^3	—	本次未涉及
2.2.7	地脚螺栓		t	0.104	
三	构筑物部分				
1	主变压器基础及油坑				
1.1	主变压器基础	钢筋混凝土整板式基础（5m×4.2m×0.8m），C30	m^3	35.52	
1.2	主变压器油坑	最小净空容积	m^3	59	钢筋混凝土结构
2	主变压器构支架				
2.1	构支架				
2.1.1	主变压器构架（A 型）	12m 高 ϕ 273×6，圆形直缝钢管，Q355B	t	1.6	钢材镀锌
2.1.2	主变压器构架（带端撑 A 型）	12m 高 ϕ 273×6，圆形直缝钢管，Q355B	t	2.4	钢材镀锌
2.1.3	10kV 母线桥支架	ϕ 273×6，圆形直缝钢管，Q235B	t	0.6	2 支，钢材镀锌
2.1.4	主变压器横梁	格构式钢桁架，主材 ϕ 89×6	t	1.2	1 榀，钢材镀锌
2.1.5	主变压器构架爬梯		t	0.125	钢材镀锌
2.2	箱体				
2.2.1	智能控制柜	C25	m^3	3.2	4 座
3	10kV 部分				
3.1	10kV 电容器组				共 2 组电容器
3.1.1	电容器组基础	C30	m^3	10.8	
3.1.2	电容器组围栏基础	C25	m^3	11.6	
3.1.3	电抗器基础	C30	m^3	15	
3.2	10kV 站用变基础	C30	m^3	9.7	
4	110kV 配电装置				
4.1	110kV 构架部分				
4.1.1	7.5m 钢梁	格构式钢梁 Q355B，主材 ϕ 89×6	t	4.83	7 榀，钢材镀锌
4.1.2	9m 钢梁	格构式钢梁 Q355B，主材 ϕ 89×6	t	3.08	4 榀，钢材镀锌
4.1.3	12.0m 高带端撑带牛腿	ϕ 273×6 圆形直缝钢管，Q355B	t	4.8	2 榀，钢材镀锌
4.1.4	12.0m 高 A 型柱	ϕ 273×6 圆形直缝钢管，Q355B	t	8	5 榀，钢材镀锌
4.1.5	12.0m 高 A 型柱带牛腿	ϕ 273×6 圆形直缝钢管，Q355B	t	3.4	2 榀，钢材镀锌
4.1.6	9.0m 高 A 型柱	ϕ 273×6 圆形直缝钢管，Q355B	t	5.2	4 榀，钢材镀锌

续表 14-3

序号	名称	规格	单位	数量	备注
4.1.7	地线柱	ϕ325×8 圆形直缝钢管，Q355B	t	1.15	5根，钢材镀锌
4.1.8	构架避雷针		t	1.2	2针，钢材镀锌
4.1.9	爬梯		t	1.265	14组，钢材镀锌
4.2	110kV 设备支架				
4.2.1	110kV HGIS 基础	C30	m^3	63	3组
4.2.2	110kV 避雷器支架	ϕ273×6 圆形直缝钢管，Q235B	t	1.32	6根，钢材镀锌
4.2.3	电压互感器支架	ϕ273×6 圆形直缝钢管，Q235B	t	1.76	8根，钢材镀锌
4.2.4	电压互感器钢梁		t	0.88	钢材镀锌
4.2.5	检修箱基础	C25	m^3	0.8	1座
5	预制舱基础		m^3	27.95	
四	水工部分				
1	检查井盖及井座		套	13	
2	双壁波纹管（HDPE 排水管）	DN200	m	50	
3	双壁波纹管（HDPE 排水管）	DN300	m	85	
4	双壁波纹管（HDPE 排水管）	DN400	m	83	
5	雨水口		个	10	砖砌
6	集水井		m^3	5	混凝土
7	排水阀门井		m^3	3.5	混凝土
8	压力罐给水设备		套	—	本次未涉及
9	污水管道	UPVC 管 DN200	m	20	
10	消防砂箱	$1m^3$	座	1	
11	消防器材设备	消防斧3把、消防铁锹5把、消防沙桶10个	套	1	
12	消防器材小间	预制成品	个	1	
五	暖通部分				
1	低噪声屋顶风机	DWT-1，NO.4，通风量 $3000m^3/h$，功率 0.75kW	台	3	10kV 配电装置室
2	超低噪声屋顶风机	DWT-1，NO.3，通风量 $800m^3/h$，功率 0.37kW	台	1	蓄电池室
3	风管吊挂式空调	配电装置室2台，制冷量12kW；二次设备室2台，制冷量10kW	台	4	10kV 配电装置室、二次设备室
4	防爆壁挂式空调	KFR-50GW	台	1	蓄电池室
5	壁挂式空调	KFR-35GW	台	3	资料室、警卫室、值班室各1
6	卫生间通风器	BPT18-44A	台	2	
7	进风铝合金百叶窗+6目钢丝网	1500mm×600mm	个	4	电动

14.1.4 预算书

预算投资为静态投资，编制依据为第4章要求，预算书附总预算表、安装工程部分汇总预算表、建筑工程部分汇总预算表、其他费用预算表分别见表14-4～表14-7。

表 14-4　**通用方案 HA-110-B-3 总预算表**　金额单位：万元

序号	工程或费用名称	金额	各项占静态投资比例（%）	单位投资（元/kVA）
一	建筑工程费	496	22.47	99.2
1	主要生产工程	382	17.31	76.4
2	辅助生产工程	114	5.17	22.8
3	与站址有关的单项工程			
二	安装工程费	283	12.82	56.6
1	主要生产工程	283	12.82	56.6
2	与站址有关的单项工程			
三	设备购置费	1277	57.86	255.4
四	其他费用	129	5.85	25.8
五	基本预备费	22	1	4.4
六	特殊项目费用			
	工程静态投资	2207	100	441.4

表 14-5　**通用方案 HA-110-B-3 安装工程部分汇总预算表**　金额单位：元

序号	工程或费用名称	设备购置费	安装工程							
			分部分项工程费		措施项目费（一）	措施项目费（二）	施工企业配合调试费	规费	税金	合计
			小计	其中：装置性材料费						
	安装工程	12768630	2248131	878078	188875		11663	203442	181857	2833968
一	主要生产工程	12768630	2248131	878078	188875		11663	203442	181857	2833968
1	主变压器系统	2736813	131999	64665	10074		840	8843	9176	160932
1.6	110kV 主变压器	2736813	131999	64665	10074		840	8843	9176	160932
2	配电装置	4191144	450760	202381	32476		3422	20910	29587	537155
2.1	屋内配电装置	1372340	215473	165174	10589		525	6522	6155	239264
2.2	屋外配电装置	2818804	235287	37207	21886		2897	14388	23432	297890
3	无功补偿	286189	29622		3834		382	4495	3450	41782
3.3	低压电容器	286189	29622		3834		382	4495	3450	41782
4	控制及直流系统	4892912	165363		15936		1502	19660	14093	216555
4.1	计算机监控系统	3684512	143686		13077		1227	16196	11548	185734
4.3	直流系统及不间断电源		15910		2072		204	2457	1858	22502
4.4	智能辅助控制系统	805600	466		68		5	94	57	690
4.5	在线监测系统	402800	5301		720		66	913	630	7629
5	站用电系统	290318	53020	39708	2784		142	1550	5175	62671
5.1	站用变压器	285787	6341		807		83	918	733	8882
5.2	站用配电装置	4532	212		34		2	52	27	326
5.3	站区照明		46468	39708	1943		57	580	4414	53462
6	电缆及接地		976093	567399	75106		4245	81115	70162	1206722
6.1	全站电缆		818263	510575	57535		3213	57436	52152	988599
6.2	全站接地		157830	56824	17571		1032	23679	18010	218123
7	通信及远动系统	371253	46401	3926	6371		483	8894	5593	67743
7.1	通信系统	67944	10295	3926	1013		73	1192	1132	13704

续表 14-5

序号	工程或费用名称	设备购置费	安装工程							
			分部分项工程费		措施项目费（一）	措施项目费（二）	施工企业配合调试费	规费	税金	合计
			小计	其中：装置性材料费						
7.2	远动及计费系统	303308	36106		5359		411	7703	4462	54039
8	全站调试		394872		42293		646	57975	44621	540407
8.1	分系统调试		134825		17292			29019	16302	197439
8.2	特殊项目调试		245002		23009		646	25540	26478	320674
8.3	整套启动调试		15046		1992			3415	1841	22294
	合计	12768630	2248131	878078	188875		11663	203442	181857	2833968

表 14-6　　通用方案 HA-110-B-3 建筑工程部分汇总预算表　　金额单位：元

序号	项目或费用名称	建筑工程						
		建筑设备费	分部分项工程费	措施项目费（一）	措施项目费（二）	规费	税金	合计
	建筑工程		4173496	222900		208120	357009	4961525
一	主要生产工程		3181444	183475		171309	284713	3820941
1	主要生产建筑		1674511	96792		90374	167551	2029228
1.1	主控通信楼		1484832	90572		84566	149397	1809366
1.3	采暖、通风及空调		110595	2638		2463	10413	126109
1.4	照明及接地		79084	3583		3345	7741	93753
2	配电装置建筑		1444515	85939		80241	111415	1722110
2.1	主变压器系统		236117	14031		13100	19430	282677
2.2	构架及设备基础		707088	42646		39818	44768	834319
2.4	低压电容器		45326	2649		2473	3828	54275
2.6	站用变压器系统		11266	692		646	1134	13739
2.9	避雷针塔		69450	4160		3884	4693	82187
2.10	电缆沟道		231478	14279		13332	23318	282408
2.12	配电装置区域地面封闭		116862	5858		5470	11537	139726
2.14	二次设备预制舱		26929	1625		1517	2706	32778
3	供水系统建筑		11959	744		695	1206	14603
3.1	站区供水管道		11959	744		695	1206	14603
4	消防系统		50459				4541	55000
4.4	消防器材		50459				4541	55000
二	辅助生产工程		992052	39425		36811	72296	1140584
1	辅助生产建筑		229427	12715		11872	22861	276875
1.2	警卫室		229427	12715		11872	22861	276875
2	站区性建筑		762625	26710		24939	49435	863708
2.2	站区道路及广场		204157	10535		9836	20208	244735
2.3	站区排水		132962	7689		7179	13305	161135
2.4	围墙及大门		425506	8487		7924	15922	457838
	合计		4173496	222900		208120	357009	4961525

表 14-7　　通用方案 HA-110-B-3 其他费用预算表　　金额单位：元

序号	工程或费用名称	编制依据及计算说明	合价
	合计		1287477
2	项目建设管理费		943663
2.1	项目法人管理费	[（建筑工程费+安装工程费）×0.9] ×3.73%	261695
2.2	招标费	（建筑工程费+安装工程费）×1.37%	106798
2.3	工程监理费	（建筑工程费+安装工程费）×6.15%	479423
2.4	设备材料监造费	（监造设备费）×0.87%	23249
2.5	施工过程造价咨询及竣工结算审核费	（建筑工程费+安装工程费）×0.88%	68600
2.6	工程保险费	（建筑工程费+安装工程费）×0.05%	3898
3	项目建设技术服务费		259623
3.4	设计文件评审费		230000
3.4.1	可行性研究文件评审费	可行性研究评审费	50000
3.4.2	初步设计文件评审费	初步设计评审费	75000
3.4.3	施工图文件评审费	施工图评审费	105000
3.6	工程建设检测费		21827
3.6.1	电力工程质量检测费	（建筑工程费+安装工程费）×0.28%	21827
3.7	电力工程技术经济标准编制费	（建筑工程费+安装工程费）×0.1%	7795
4	生产准备费		84191
4.2	工器具及办公家具购置费	[（建筑工程费+安装工程费）×0.8] ×1.35%	84191
	小计		1287477

14.2　子模块

14.2.1　主要技术条件

HA-110-B-3 通用方案 HA-110-B-3-ZB 子模块，增加一台主变压器 50MVA，技术条件见表 14-8。

表 14-8　　通用方案 HA-110-B-3-ZB 子模块技术条件

序号	子模块名称	子模块技术条件
	增加一台主变压器 50MVA（双绕组）	
1	规模	主变压器 1×50MVA 主变压器间隔 110、10kV 侧进线间隔
2	接线	单母线接线
3	短路电流水平	110、10kV 短路电流水平分别为 40、40kA
4	主要设备型式	
4.1	主变压器	110/10kV，户外、油浸、自然油循环自冷型三相双绕组有载调压高效节能型变压器，主变能效不低于 2 级
4.2	断路器	110kV 采用户外 HGIS 设备
4.3	10kV 开关柜	10kV 采用户内配电装置成套开关柜，真空断路器
5	计算机监控	计算机监控系统软件扩容 1 套 主变压器测控柜 1 面，每面含测控装置 3 台 智能锁控子系统扩建、在线监测系统
6	电能计量	0.5 级电能表 2 块
7	继电保护	主变压器保护柜 1 面
8	过程层设备	合并单元 2 台；智能终端 1 台；合并单元智能终端一体化装置 4 台
9	土建设施	构、支架基础均地脚螺栓重力式基础，主变压器基础钢筋混凝土整板式基础
10	其他	含控制电缆、电力电缆、电缆管沟、电缆防火等配套

14.2.2 主要电气设备材料表

110kV变电站通用方案HA-110-B-3-ZB主要电气设备材料表见表14-9。

表14-9　　通用方案HA-110-B-3-ZB子模块主要电气设备材料表

序号	设备名称	规格	单位	数量	备注
	增加一台主变压器50MVA（双绕组）				
一	主变压器部分				
1	主变压器	三相双绕组油浸自冷式有载调压变压器 SZ20-50000/110	台	1	
2	110kV中性点成套设备		套	1	
3	10kV氧化锌避雷器	17/45，附放电计数器	台	3	
4	铜排	TMY-30×4	m	3	避雷器引下线
5	耐张绝缘子串	11（XWP2-100）	串	6	
6	钢芯铝绞线	JL/G1A-300/25	m	105	110kV单导线1跨、引下线1组
7	耐张线夹	NY-300/25A.B	件	6	
8	设备线夹	SY-300/25A	件	3	
9	T形线夹	TY-300/25	件	3	
10	钢芯铝绞线	JL/G1A-240/30	m	10	中性点设备连线，单导线0.33组
11	铜铝过渡设备线夹	SYG-240/30C	件	1	
12	设备线夹	SY-240/30C	件	1	
13	10kV铜母排	2(TMY-125×10)	m	66	单片长（每相二片安装）
14	母排绝缘热缩保护套管	MPG-125×10	m	66	单片长
15	户外棒式支柱绝缘子	ZSW1-20kV/12.5kN	只	21	非磁性
16	矩形母线固定金具	MWP-204	件	21	
17	铜母线伸缩节	MST-125×10	件	12	全铜型
18	主变压器智能控制柜		面	1	
二	配电装置				
2.1	110kV户外配电装置				
2.1.1	110kV HGIS主进间隔	单断路器，3150A，40kA	间隔	1	
2.1.2	电压互感器	110kV电容式	台	3	
2.1.3	悬垂绝缘子串	11(XWP2-100)	串	3	
2.1.4	钢芯铝绞线	JL/G1A-300/25	m	69	引下线3组，跳线1组
2.1.5	HGIS汇控柜		面	1	
2.2	10kV配电装置				
2.2.1	高压开关柜	KYN28-12，4000A，40kA	面	1	主变压器进线
2.2.2	10kV封闭母线桥（进线）	桥内母线4000A, L=4000mm	套	1	含母线及金具
2.2.3	穿墙套管	CWW-24/4000-4	只	3	
三	防雷接地				

续表 14-9

序号	设备名称	规格	单位	数量	备注
1	接地扁钢	−60mm×6mm	m	100	设备接地
2	接地电缆	VV22-1kV-2×50	km	0.05	
3	接地铜缆	VV22-1kV-2×50	km	0.1	二次设备电缆
4	接地铜缆	VV22-1kV-1×50	km	0.1	二次设备电缆
5	接地铜质软导线	$4mm^2$	km	0.3	
四	防火材料				
1	无机耐火隔板	WBT 型 $\delta = 10mm$	m^2	10	
2	防火堵料		t	0.1	
3	防火涂料		t	0.05	
4	控制电缆	ZR-KVVP22-500V-4×4	km	0.3	
5	控制电缆	ZR-KVVP22-500V-14×1.5	km	0.4	
6	控制电缆	ZR-KVVP22-500V-7×2.5	km	0.2	
7	控制电缆	ZR-KVVP22-500V-14×2.5	km	0.5	
8	预制电缆	ZR-KVVP22-500V-4×2.5	km	0.1	
9	预制电缆	ZR-KVVP22-500V-7×2.5	km	0.2	
10	预制电缆连接器		个	12	
11	电力电缆	YJV22-1kV-3×16+1×10	km	0.1	二次设备电缆
12	电力电缆	VV22-1kV-2×16	km	0.1	二次设备电缆
13	电力电缆	VV22-1kV-2×25	km	0.1	二次设备电缆
14	电缆保护管	镀锌钢管，DN50	m	200	
五	计算机监控系统				
1	计算机监控系统扩容	监控扩容、五防扩容、网分扩容、录波扩容等	套	1	
2	主变压器测控柜	含 3 台测控装置	面	1	
3	预制光缆	12 芯 0.2km、成端 4 个；24 芯 0.8km、成端 16 个	km	1	
4	预制光配	双端预制，12 芯 4 个；24 芯 16 个	个	20	
六	继电保护				
1	主变压器保护屏	含主后合一保护装置 2 台	面	1	
七	电能计费				
1	电能表	0.5S 数字输入式电能表	块	2	
八	过程层设备				
1	主变压器高压侧合并单元智能终端集成装置		台	2	
2	主变压器合并单元		台	2	
3	主变压器智能终端		台	1	
4	主变压器低压侧合并单元智能终端集成装置		台	2	
九	智能辅助控制系统	智能锁控子系统扩建	项	1	
十	状态监测系统	含变压器监测终端、HGIS 监测终端、开关柜监测终端、数字化表计监测终端等	项	1	

14.2.3 建筑工程量表

110kV 变电站通用方案 HA-110-B-3-ZB 子模块建筑工程量见表 14-10。

表 14-10 通用方案 HA-110-B-3-ZB 子模块建筑工程量表

序号	名称	规格	单位	数量	备注
一	增加一台 50MVA 主变压器（双绕组）				
1	主变压器基础及油坑				
1.1	主变压器基础	钢筋混凝土整板式基础（5m×4.2m×0.8m），C30	m^3	35.52	
1.2	主变压器油坑	最小净空容积	m^3	59	钢筋混凝土结构
2	构支架				
2.1	主变压器构支架				
2.1.1	主变压器构架（A 型）	12m 高 ϕ 273×6 圆形直缝钢管，Q355B	t	1.6	钢材镀锌
2.1.2	主变压器构架（带端撑 A 型）	12m 高 ϕ 273×6 圆形直缝钢管，Q355B	t	2.4	钢材镀锌
2.1.3	10kV 母线桥支架	ϕ 273×6 圆形直缝钢管，Q235B	t	0.6	2 支，钢材镀锌
2.1.4	主变压器横梁	格构式钢桁架，主材 ϕ 89×6	t	1.2	1 榀，钢材镀锌
2.1.5	主变压器构架爬梯		t	0.125	钢材镀锌
2.1.6	智能控制柜	C25	m^3	3.2	4 座
2.2	110kV 设备支架				
2.2.1	110kV HGIS 基础	C30	m^3	21	1 组
2.2.2	电压互感器支架	ϕ 273×6 圆形直缝钢管，Q235B	t	0.44	2 支，钢材镀锌
2.2.3	电压互感器钢梁		t	0.22	钢材镀锌

14.2.4 预算书

110kV 变电站通用方案 HA-110-B-3-ZB 子模块总预算表、安装工程部分汇总预算表、建筑工程部分汇总预算表、其他费用预算表分别见表 14-11～表 14-14。

表 14-11 子模块 HA-110-B-3-ZB 总预算表 金额单位：万元

序号	工程或费用名称	金额	各项占静态投资比例（%）	单位投资（元/kVA）
一	建筑工程费	26	4.59	5.2
1	主要生产工程	26	4.59	5.2
2	辅助生产工程			
3	与站址有关的单项工程			
二	安装工程费	82	14.46	16.4
1	主要生产工程	82	14.46	16.4
2	与站址有关的单项工程			
三	设备购置费	430	75.84	86
四	其他费用	23	4.06	4.6
五	基本预备费	6	1.06	1.2
六	特殊项目费用			
	工程静态投资	567	100	113.4

表 14-12　　**子模块 HA-110-B-3-ZB 安装工程部分汇总预算表**　　金额单位：元

序号	工程或费用名称	设备购置费	安装工程							
			分部分项工程费		措施项目费（一）	措施项目费（二）	施工企业配合调试费	规费	税金	合计
			小计	其中：装置性材料费						
	安装工程	4301285	650997	269699	72944		2323	46653	47041	819958
一	主要生产工程	4301285	650997	269699	72944		2323	46653	47041	819958
1	主变压器系统	2727750	138666	64665	16048		837	8783	10308	174642
1.6	110kV 主变压器	2727750	138666	64665	16048		837	8783	10308	174642
2	配电装置	1084133	100645	67665	8554		360	3310	4342	117212
2.1	屋内配电装置	234430	73439	64624	4210		59	735	1244	79687
2.2	屋外配电装置	849703	27206	3041	4344		301	2575	3098	37525
4	控制及直流系统	489402	64519		8610		525	6428	5556	85639
4.1	计算机监控系统	104728	46935		5139		343	3490	3380	59287
4.2	继电保护	193344	13412		2678		136	2316	1669	20210
4.5	在线监测系统	191330	4172		794		46	622	507	6142
6	电缆及接地		202185	137370	18257		591	9485	10175	240692
6.1	全站电缆		202185	137370	18257		591	9485	10175	240692
8	全站调试		144983		21474		9	18647	16660	201774
8.1	分系统调试		26383		4665			4916	3237	39201
8.2	特殊项目调试		109756		15215		9	12024	12330	149335
8.3	整套启动调试		8844		1594			1708	1093	13238
	合计	4301285	650997	269699	72944		2323	46653	47041	819958

表 14-13　　**子模块 HA-110-B-3-ZB 建筑工程部分汇总预算表**　　金额单位：元

序号	工程或费用名称	建筑工程						
		建筑设备费	分部分项工程费	措施项目费（一）	措施项目费（二）	规费	税金	合计
	建筑工程		210107	19038		11108	16929	257182
一	主要生产工程		210107	19038		11108	16929	257182
2	配电装置建筑		210107	19038		11108	16929	257182
2.1	主变压器系统		177723	16024		9350	14055	217153
2.2	110kV 设备支架及基础		32383	3014		1759	2874	40029
	合计		210107	19038		11108	16929	257182

表 14-14　　**子模块 HA-110-B-3-ZB 其他费用预算表**　　金额单位：元

序号	工程或费用名称	编制依据及计算说明	合价
	合计		225906
2	项目建设管理费		152989
2.1	项目法人管理费	［（建筑工程费+安装工程费）×0.9×0.9］×3.73%	32544
2.2	招标费	（建筑工程费+安装工程费）×1.37%	14757
2.3	工程监理费	（建筑工程费+安装工程费）×6.15%	66244
2.4	设备材料监造费	（监造设备费）×0.87%	29427
2.5	施工过程造价咨询及竣工结算审核费	（建筑工程费+安装工程费）×0.88%	9479

续表 14-14

序号	工程或费用名称	编制依据及计算说明	合价
2.6	工程保险费	（建筑工程费+安装工程费）×0.05%	539
3	项目建设技术服务费		63093
3.4	设计文件评审费		59000
3.4.1	可行性研究文件评审费	可行性研究评审费	14000
3.4.2	初步设计文件评审费	初步设计评审费	20000
3.4.3	施工图文件评审费	施工图评审费	25000
3.6	工程建设检测费		3016
3.6.1	电力工程质量检测费	（建筑工程费+安装工程费）×0.28%	3016
3.7	电力工程技术经济标准编制费	（建筑工程费+安装工程费）×0.1%	1077
4	生产准备费		9824
4.2	工器具及办公家具购置费	[（建筑工程费+安装工程费）×0.8] ×1.14%	9824
	小计		225906

第 15 章　35kV 变电站通用方案 HA-35-E3-1 通用造价

15.1　通用方案

本通用方案技术条件根据《国网河南省电力公司 35～220kV 变电站通用设计施工图实施方案》最新版中方案 HA-35-E3-1 确定，即主变压器采用 1×10MVA 三相双绕组有载调压变压器，电压等级采用 35/10kV，35、10kV 均为户内开关柜。

本方案技术条件组合在本书中列表表示，变电站具体设计内容可参见已出版的通用设计配套图书。

15.1.1　主要技术条件

本方案主要技术条件包括变电站电气部分、土建部分等内容，具体见表 15-1。

表 15-1　通用方案 HA-35-E3-1 技术条件

序号	项目名称	工程技术条件
一	电气部分	
1	主变压器	35/10kV 三相双绕组有载调压变压器，本期 1 台 10MVA 变压器，终期 2 台 20MVA 变压器
2	出线回路数	
2.1	35kV	本期 2 回，终期 4 回，电缆出线
2.2	10kV	本期 6 回，终期 16 回，电缆出线
3	无功补偿装置	10kV 并联电容器，本期 2 组 1000kvar，终期 2 组（1000+2000）kvar
4	电气主接线	
4.1	35kV	本期单母线分段接线，终期单母线分段接线
4.2	10kV	本期单母线接线，终期单母线分段接线
5	短路电流水平	35、10kV 短路电流水平分别为 25、31.5/40kA
6	主要设备选型	
6.1	主变压器	户外、油浸、低损耗、自冷型三相双绕组有载调压变压器
6.2	35kV 开关柜	35kV 采用户内配电装置成套开关柜，真空断路器
6.3	10kV 开关柜	10kV 采用户内配电装置成套开关柜，真空断路器
6.4	避雷器	35、10kV 避雷器采用氧化锌避雷器
6.5	站用变压器	10kV 站用变压器采用户外油浸式变压器
6.6	无功补偿装置	10kV 电容器采用户外框架式电容器补偿装置，串联电抗器电抗率按 5%考虑
7	配电装置	35、10kV 布置于同一配电室内
7.1	35kV 配电装置	35kV 采用户内开关柜单列布置
7.2	10kV 配电装置	10kV 采用户内开关柜双列布置，主变压器进线采用铜排，电容器组户外单列布置
8	控制及远动	
8.1	计算机监控系统	1 套：完成全站监控及远传，实现无人值班
		监控主机柜：含主机/操作员站 1 套
		数据通信网关机柜：含Ⅰ区数据通信网关机 2 台、Ⅱ区数据通信网关机 1 台、智能接口装置 1 台
		公用测控柜：公用测控 1 台
		测控装置：35kV 保护测控装置 3 台，35kV 母线测控装置 1 台，35kV 电压并列装置 1 台；10kV 保护测控装置 9 台，10kV 母线测控装置 1 台，10kV 电压并列装置 1 台
		智能防误主机 1 套，含包括防误系统软件、五防锁具、电脑钥匙、智能防误模块等
		站控层和间隔层交换机：各 2 台
		正向隔离装置、反向隔离装置、防火墙、网络安全监测装置各 1 套

续表 15-1

序号	项目名称	工程技术条件
8.2	时间同步系统	支持 GPS+北斗对时系统
8.3	智能辅助控制系统	1套，含火灾消防子系统、安全防卫子系统、动环子系统、智能锁控子系统及智能巡视子系统等
8.4	状态监测系统	1套，含主变在线监测终端1台， 接收主变数字化远传表计信息
8.5	调度专用网络接入设备	2面，包括调度数据网络设备2套、安全防护设备1套
8.6	电量计费系统	含电能量采集装置1块，0.5S级电能表13块
9	交直流一体化电源系统	直流系统为单母线接线，采用辐射方式供电。蓄电池组柜布置在二次设备室内
10	继电保护	各类保护盘柜，不包括安全自动装置
11	电缆	6.482km
11.1	35kV 电力电缆	0.18km
11.2	10kV 电力电缆	0.14km
11.3	1kV 及以下电力电缆	3.37km
11.4	控制电缆	2.885km，1kV、屏蔽、铜芯
12	接地	热镀锌扁钢，垂直接地极70根，水平接地网1270m
二	土建部分	
1	基本技术数据	
1.1	地震基本烈度	7度，按设计基本地震加速度值0.10g
1.2	设计风速	27m/s
1.3	地基承载力特征值	f_{ak} = 150kPa
1.4	海拔	1000m以下，场地同一标高
1.5	污秽等级	D级
1.6	采暖	非采暖区
1.7	地下水	无影响
2	总平面布置	
2.1	站外道路	本次未涉及
2.2	站内道路	道路宽取4m，采用郊区型道路，无路缘石，路面为混凝土
2.3	电缆沟道	总长度11m；采用素混凝土结构
2.4	排水方式	采用有组织集中排放方式
2.5	站区占地	站区东西方向长57m，南北方向长34m，围墙内占地0.1938hm^2
2.6	围墙	采用装配式围墙
3	建筑物	配电装置用房1座，全站总建筑面积为408m^2（轴线面积）
3.1	配电装置用房	
3.1.1	建筑面积与体积	单层，建筑面积为408m^2（轴线面积），建筑体积为1792m^3
3.1.2	建筑结构	装配式钢框架结构，不设电缆夹层
3.1.3	建筑物基础	采用钢筋混凝土独立基础
3.1.4	建筑装修	（1）外墙：采用铝镁锰复合板+纤维水泥饰面板 （2）门窗：除部分选用木门外，其余门均采用防火门，窗采用断桥铝合金窗 （3）屋面：防水等级Ⅰ级，采用中级防水卷材 （4）楼地面：配电装置房间自流平地面，其余均采用地砖 （5）内隔墙：采用一体化纤维水泥集成墙板，除卫生间和备餐间为瓷砖以外，其他均为纤维水泥饰面板
4	构筑物	
4.1	支架基础及主变压器基础	无构架，设备支架基础均采用地脚螺栓重力式基础。主变压器基础采用钢筋混凝土整板式基础
5	其他构筑物	事故油池等地下构筑物均采用现浇钢筋混凝土结构
6	供水	本次不涉及
7	采暖通风	在配电装置室、二次设备室等房间采用分体冷热空调及通风设备
8	消防	站内不设水消防系统，站内设置不同类型的移动式灭火器

15.1.2　主要电气设备材料表

电气一次部分设备包括主变压器系统、各电压等级装置、无功补偿装置、站用电部分、照明部分、防火材料及其他、接地等部分。其中，主变压器系统主要包括与主变压器相连到架构前的部分设备；照明部分将动力配电箱、检修箱、照明配电箱、户外照明灯具归入本项内；防火材料及其他包括二次控制电缆、电缆支架、防火材料等；接地部分包含主接地网、接地引下线、垂直接地极等。电气二次设备包括计算机监控系统、继电保护、直流系统、通信电源、电能计费等。35kV 变电站通用方案 HA-35-E3-1 主要电气设备材料表见表 15-2。

表 15-2　通用方案 HA-35-E3-1 主要电气设备材料表

序号	设备名称	规格	单位	数量	备注
一	主变压器系统				
1	主变压器	三相双绕组油浸自冷式有载调压变压器 SZ-10000/35	台	1	
2	支柱绝缘子	ZSW-35/12.5	支	3	
3	母线固定金具	MDG-5	套	3	
4	氧化锌避雷器	YH5WZ-51/134，配在线监测仪	台	3	
5	35kV 电力电缆	YJV-26/35-1×300	m	180	
6	35kV 户外冷缩电缆终端	配 YJV-26/35-1×300 电缆用	套	3	
7	35kV 户内冷缩电缆终端	配 YJV-26/35-1×300 电缆用	套	3	
8	接地电缆	YJV-8.7/10-1×150	m	12	
9	接线端子	DT-150	个	8	
10	电缆接地保护箱		台	1	
11	钢芯铝绞线	JL/G1A-300/25	m	12	
12	铜铝过渡设备线夹	SYG-300/25	套	6	主变压器高压侧
13	T 型线夹	TY-300/25	套	3	避雷器用
14	铜铝过渡设备线夹	SYG-300/25	套	6	35kV 电缆终端用
15	接地线	BVR-50	m	4	
16	接线端子	DT-50	个	12	
17	钢板制作件	热镀锌，−200×110×8	个	3	
18	热镀锌槽钢	[8，$L=2850$mm	根	2	
19	抱箍	热镀锌	个	6	
20	热镀锌槽钢	[8，$L=900$mm	根	6	
21	热镀锌角钢	∟50mm×5mm，$L=2700$mm	根	2	
22	热镀锌角钢	∟50mm×5mm，$L=1300$mm	根	1	
23	铝排卡子	−40mm×4mm，$L=400$mm	个	6	
24	热镀锌钢板	−10mm×250mm×250mm	块	3	
25	主变压器 10kV 侧				
25.1	铜排	TMY-100×10	m	21	
25.2	伸缩节	MST-100×10	套	6	
25.3	热缩绝缘护套	配 TMY-100×10	m	21	
25.4	热缩绝缘接头盒	配 TMY-100×10	只	12	
25.5	支柱绝缘子	ZSW-24/12.5	支	18	
25.6	母线固定金具	MWP-103	套	18	
25.7	避雷器	YH5WZ-17/45 配计数器 JS-8(S)	台	3	

续表 15-2

序号	设备名称	规格	单位	数量	备注
25.8	铜排	TMY-30×4	m	3	配热缩绝缘护套
25.9	接地线	BVR-50	m	2	
25.10	接线端子	DT-50	个	6	
25.11	扁钢制作件	热镀锌扁钢，−60mm×8mm	件	3	
25.12	热镀锌槽钢	[10，L = 4000mm	根	2	桥架
25.13	热镀锌槽钢	[8，L = 1200mm	根	7	绝缘子、避雷器
25.14	热镀锌槽钢	[8，L = 700mm	根	2	
25.15	热镀锌钢板	−10mm×240mm×240mm	块	18	
25.16	热镀锌角钢	∟50mm×5mm，L = 700mm	根	1	斜撑架
25.17	热镀锌角钢	∟50mm×5mm，L = 1400mm	根	2	斜撑架
25.18	抱箍	热镀锌，自制	个	1	斜撑架
二	35kV 配电装置				
1	高压开关柜	KYN-40.5，1250A，31.5kA	台	1	主进
2	高压开关柜	KYN-40.5，1250A，31.5kA	台	1	分段断路器
3	高压开关柜	KYN-40.5，1250A	台	1	隔离
4	高压开关柜	KYN-40.5，1250A	台	2	母线设备
5	高压开关柜	KYN-40.5，1250A，31.5kA	台	2	出线
三	10kV 配电装置				
1	高压开关柜	KYN-12，3150A，40kA	台	1	主进
2	高压开关柜	KYN-12，3150A	台	1	隔离
3	高压开关柜	KYN-12，1250A，31.5kA	台	6	出线
4	高压开关柜	KYN-12，1250A，31.5kA	台	2	电容器
5	高压开关柜	KYN-12，1250A，31.5kA	台	1	接地变压器
6	高压开关柜	KYN-12，1250A	台	1	母线设备
7	10kV 封闭母线桥	10kV，3150A	m	3.5	主进母线桥
8	10kV 封闭母线桥	10kV，3150A	m	9.5	联络母线桥
9	穿墙套管	CWW-24/2500	支	3	
10	热镀锌钢板	−10mm×1600mm×700mm，切缝并铜焊封闭	块	1	
11	热镀锌角钢	∟50mm×5mm	m	24	
四	10kV 无功补偿装置				
1	10kV 电容器	TBB10-1000/334-AKW	套	2	
2	10kV 电力电缆	YJV22-8.7/15-3×120	m	100	
3	10kV 户外冷缩电缆终端	配 YJV22-8.7/15-3×120 电缆用	套	2	
4	10kV 户内冷缩电缆终端	配 YJV22-8.7/15-3×120 电缆用	套	2	
5	铜铝过渡版	MG-80×8	块	6	
6	抱箍	热镀锌	个	4	
7	热镀锌槽钢	[8，L = 1100mm	根	4	
8	铝排卡子	−40mm×4mm，L = 450mm	个	4	
9	接地线	BVR-50	m	4	
10	接线端子	DT-50	个	8	
五	站用电部分				

续表 15-2

序号	设备名称	规格	单位	数量	备注
1	站用变压器	S13-100/10	台	1	
2	10kV 电力电缆	YJV22-8.7/15-3×120	m	40	
3	10kV 户外冷缩电缆终端	配 YJV22-8.7/15-3×120 电缆用	套	1	
4	10kV 户内冷缩电缆终端	配 YJV22-8.7/15-3×120 电缆用	套	1	
5	低压电力电缆	YJV22-0.6/1-4×70	m	40	
6	低压电力电缆	YJV22-0.6/1-4×70	m	70	
7	铝排卡子	−40mm×4mm，$L=450$mm	个	4	
六	照明部分				
1	照明配电箱 ZM	PZ-30	台	1	
2	动力配电箱 DL	PZ-30	台	1	
3	空调配电箱 KT（1#）	PZ-30	台	1	
4	空调配电箱 KT（2#）	PZ-30	台	1	
5	户外检修电源箱	12 回路，落地式	台	2	
6	户内检修电源箱	PZ-30	台	1	
7	风机控制箱 KZ1	PZ-30	台	1	
8	备用照明配电箱	PZ-30	台	1	
9	A 型应急照明配电箱	内置电压转换装置，600VA	台	1	
10	按钮盒	LA10-2H	个	2	配防尘、防潮保护盒
11	投光灯	AC 220V，150W，LED 灯具	套	6	女儿墙布置
12	投光灯	AC 220V，150W，LED 灯具	套	2	配 1.5m 不锈钢灯杆
13	门柱灯	AC 220V，60W，LED 灯具	套	2	
14	吊杆式三管 LED 灯	AC 220V，3×18W	套	7	
15	吊杆式双管 LED 灯	AC 220V，2×18W	套	31	卫生间、走廊、雨棚
16	吸顶式天棚灯	AC 220V，30W，LED 灯具	套	9	
17	三联暗装双控开关	250V，10A	个	2	
18	双联暗装双控开关	250V，10A	个	2	
19	暗装单极开关	250V，10A	个	4	
20	暗装单极开关	250V，10A	个	6	户外需配防尘、防潮护罩
21	暗装三相塑壳断路器	380V，32A，带漏电保护，配箱体	套	6	柜式空调，安装高度 0.3m
22	壁挂空调插座	250V，25A	个	2	壁挂空调用，安装高度 2.5m
23	暗装单相五孔插座	250V，25A	个	33	安装高度 0.5m
24	暗装单相五孔插座	250V，25A，卫生间用	个	2	安装高度 1.3m，并配护罩
25	吊杆工厂灯	DC 220V，30W，直流 LED 灯	套	11	事故照明用
26	安全出口标志灯，双灯	中型标志灯，应急时间＞2h	套	10	
27	疏散方向指示灯（左向）	中型标志灯，应急时间＞2h	套	8	
28	疏散方向指示灯（右向）	中型标志灯，应急时间＞2h	套	10	
29	疏散方向指示灯（双向）	中型标志灯，应急时间＞2h	套	1	

续表 15-2

序号	设备名称	规格	单位	数量	备注
30	低压电力电缆	ZC-YJV22-1.0-4×35	m	160	
31	低压电力电缆	ZC-YJV22-1.0-5×6	m	230	
32	低压电力电缆	ZC-VV22-1.0-2×4	m	300	
33	铜芯绝缘铜线	ZC-BV-1.0-4	m	880	
34	铜芯绝缘铜线	ZC-BV-1.0-2.5	m	600	
35	低压电力电缆	NH-VV22-1.0-4×4	m	60	
36	低压电力电缆	NH-VV22-1.0-2×4	m	120	
37	阻燃耐火绝缘铜线	WDZN-BYJ-1.0-4	m	1770	
38	阻燃耐火绝缘铜线	WDZN-BYJ-1.0-2.5	m	220	
39	热镀锌钢管	ϕ50	m	60	
40	热镀锌钢管	ϕ32	m	220	
41	热镀锌钢管	ϕ25	m	830	
42	PVC 管	ϕ32	m	50	
43	PVC 管	ϕ25	m	800	
44	分线盒		个	足量	
七	防雷接地				
1	独立避雷针	30m	基	1	列入土建卷册
2	热镀锌扁钢	−60mm×6mm	m	1600	
3	热镀锌角钢	L50mm×5mm，$L = 2500$mm	根	70	
4	不锈钢膨胀螺栓	M8×60	个	180	
5	临时接地端子	带保护盒	个	10	
6	热镀锌钢管	ϕ80×4	m	20	
7	绝缘铜线	BVR-50	m	10	
8	铜线鼻	配 BVR-50	个	32	
9	绝缘铜线	BVR-4	m	20	金属门等接地
10	铜线鼻	配 BVR-4	个	60	
11	接地铜缆	VV-1×50	m	20	
12	接地铜缆	VV-1×120	m	40	
13	接地铜排	TMY-25×4	m	60	
14	低压支柱绝缘子		个	75	
八	防火材料及其他				
1	无机防火砖		m^3	4	
2	有机防火堵料		kg	500	
3	防火隔板	FGW-C，10mm	m^2	70	
4	层间防火隔板	1600×300×100， 翻边 80mm	m	70	
5	层间防火隔板	1600×300×100， 翻边 50mm	m	50	
6	防火涂料		kg	400	
7	热镀锌角钢	L50mm×5mm	m	100	
8	花纹钢板	花纹钢板，5mm	t	1.5	
9	电缆支架		t	2.424	
10	CPVC 管	DN100	m	30	

续表 15-2

序号	设备名称	规格	单位	数量	备注
11	热镀锌钢管	DN125	m	16	
12	热镀锌钢管	DN100	m	23	
13	热镀锌钢管	DN80	m	12	
14	热镀锌钢管	DN50	m	30	
15	控制电缆		m	2885	
15.1	控制电缆	ZR-KVVP2-22-10×4	m	75	
15.2	控制电缆	ZR-KVVP2-22-7×4	m	345	
15.3	控制电缆	ZR-KVVP2-22-4×4	m	1510	
15.4	控制电缆	ZR-KVVP2-22-4×2.5	m	510	
15.5	控制电缆	ZR-KVVP2-22-7×2.5	m	200	
15.6	控制电缆	ZR-KVVP2-22-10×2.5	m	185	
15.7	控制电缆	ZR-KVVP2-22-14×2.5	m	60	
16	屏蔽双绞线		m	600	监控厂家供
17	超五类以太网线		m	500	监控厂家供
18	接地线	BVR-4mm^2 黄绿线	m	300	
19	热镀锌钢管	DN40	m	24	二次埋管
20	热镀锌钢管	DN80	m	8	二次埋管
九	计算机监控系统				
1	监控主机柜	含监控主机 1 台兼操作员站、工程师站（含数据服务器功能），显示器及系统软件、网络打印机等，2260mm×800mm×900mm	面	1	
2	智能防误主机	包括防误系统软件、五防锁具、电脑钥匙、智能防误模块等	套	1	
	综合应用服务器柜		面	1	
3	数据通信网关机柜	含数据通信网关机 2 台、智能接口装置 1 台，2260mm×800mm×600mm	面	1	
4	站控层交换机	Ⅰ/Ⅱ区各 1 台（百兆 24 电，4 光）	台	2	
5	间隔层交换机	35kV/10kV 电压等级（百兆 24 电，2 光）	台	2	
6	公用测控柜	含公用测控装置 1 套，屏内相关附件等	面	1	
7	正向隔离装置		套	1	
8	反向隔离装置		套	1	
9	防火墙		套	1	
10	时间同步系统	支持 GPS+北斗对时系统	套	1	
11	调度数据网接入柜	每面含路由器 1 台，接入交换机 2 台，纵向加密装置 2 套	面	2	
12	网络安全监测装置		台	2	
十	继电保护				
1	主变压器保护测控柜	含主变压器差动保护装置 1 套、主变压器高后备保护测控装置 1 套、主变压器低后备保护测控装置 1 套、主变压器本体保护装置 1 套，主变压器综合测控装置 1 套，预留温度显示仪及有载调压控制器安装位置及接线，2260mm×800mm×600mm	面	1	
2	35kV 线路保护测控装置		套	2	
3	35kV 分段保护测控装置		套	1	
4	35kV 备用电源自动投切装置		套	1	
5	35kV 母线测控装置		套	2	

续表 15-2

序号	设备名称	规格	单位	数量	备注
6	35kV 电压并列装置		套	1	
7	10kV 线路保护测控装置	含保护、测控功能	套	6	
8	10kV 电容器保护测控装置	含保护、测控功能	套	2	
9	10kV 站用变压器保护测控装置	含保护、测控功能	套	1	
10	10kV 母线测控装置		套	1	
11	10kV 电压并列装置		套	1	
十一	一体化电源系统				
1	交流电源柜	含 ATS 开关 1 套，控制单元 1 套及馈线空气开关等	面	1	
2	交流不停电电源 UPS	5kVA	套	1	
3	直流充电柜	含 20A 充电模块 4 个	面	1	
4	直流馈线柜	含直流馈线空气开关等	面	1	
5	一体化电源监控装置		套	1	
6	通信电源柜	含 DC/DC 模块（20A）5 套及馈线空气开关等	面	1	
7	蓄电池	12V，104 只，容量 200Ah	面	1	
十二	电能计费				
1	电能表柜	含 0.5S 多功能电能表 2 块（主变压器各电压侧）	面	1	
2	电量采集终端		台	1	
3	35kV 线路电能表	0.5S 多功能电能表	块	2	
4	10kV 电能表	0.5S 多功能电能表	块	9	
十三	智能辅助控制系统	含火灾消防子系统、安全防卫子系统、动环子系统、智能锁控子系统及智能巡视子系统等	套	1	
十四	状态监测系统	含主变压器在线监测终端 1 台，接收主变数字化远传表计信息	套	1	
十五	其他				
1	公用信息接入费		套	1	
2	变电站监控系统网络安全风险评估费		套	1	

15.1.3 建筑工程量表

建筑工程量表包括总图、建筑物、构筑物、水工和暖通共五部分。

总图部分包括站区占地面积、站区道路面积、站区围墙长度、站区内建筑物面积、站区电缆隧道长度和特殊构筑物。其中站区占地面积边界以围墙中心线外 1m 为界。

建筑物部分包括配电装置楼。建筑物分为建筑专业和结构专业两部分。

35kV 变电站通用方案 HA-35-E3-1 建筑工程量表见表 15-3。

表 15-3　　通用方案 HA-35-E3-1 建筑工程量表

序号	名称	规格	单位	数量	备注
一	总图部分				
1	站区总占地面积				
1.1	站区围墙内占地面积		hm^2	0.1938	以围墙中心线计
1.2	其他占地面积		hm^2	—	
1.3	进站道路占地面积		hm^2	—	本次不涉及
1.4	合计		hm^2	0.1938	
2	站区道路面积	厚度 0.67m，混凝土路面	m^2	368	

续表 15-3

序号	名称	规格	单位	数量	备注
3	站区围墙长度	围墙高 2.3m，装配式围墙	m	177	
4	建筑物				
4.1	35kV 配电装置楼	33m×16m（L 型）	m^2	408	装配式钢框架结构（按轴线计算）
5	站区电缆沟	1.4m×1m（最小净空）	m	11	
		沟壁	m^3	5.21	素混凝土
		底板	m^3	4.18	
6	特殊构筑物				
6.1	总事故油池	最小净空容积	m^3	15	钢筋混凝土结构
6.2	化粪池	整体玻璃钢化粪池	座	1	成品
7	大门		m	5m×2.3m	实体平开大门
8	消防砂池		个	1	成品
9	独立避雷针		t	2.356	
10	站区地坪	100mm 厚碎石+100mm 厚灰土	m^2	761.8	
二	建筑物部分				
1	35kV 配电楼				
1.1	建筑部分				
1.1.1	建筑面积	33m×16m（L 型）	m^2	408	以轴线计
1.1.2	建筑体积		m^3	1632	以轴线计
1.1.3	地面工程				
1.1.3.1	复杂地面	环氧砂浆自流平地面	m^2	353.73	配电装置室、二次室
	防水涂料	1.2mm 厚合成高分子防水涂料	m^2	115.26	
	地面垫层	150mm 厚碎石灌	m^3	17.29	
	地面垫层	60mm 厚 C15 混凝土	m^3	6.92	
	找平层	40mm 厚 C25 细石混凝土	m^2	115.26	
	地面面层	环氧树脂自流平地坪	m^2	115.26	
	踢脚线	面砖踢脚线	m	101.75	
	室内混凝土沟道	1.1m×1m	m	64.1	
		0.8m×0.8m	m	42.7	
	室内柜底沟	1.1m×1m	m	4.3	
		1.15m×1m	m	19.7	
		2.42m×1m	m	14.1	
		0.32m×0.8m	m	7.2	
		0.62m×0.8m	m	0.8	
1.1.3.2	普通地面	地砖地面	m^2	64.41	
	地面垫层	150mm 厚碎石灌	m^3	9.66	
	地面垫层	60mm 厚 C15 混凝土	m^3	3.87	
	找平层	20mm 厚水泥砂浆找平层	m^2	64.41	
	地面面层	地砖	m^2	64.41	
	踢脚线	面砖踢脚线	m	69.5	
1.1.4	屋面工程				

续表 15-3

序号	名称	规格	单位	数量	备注
1.1.4.1	屋面防水保温		m^2	404.09	12YJ1 屋 105A-1F1-50B1
	保护层	40mm 厚 C20 细石混凝土	m^2	404.09	
	防水层	SBS 改性沥青卷材	m^2	428.76	
	找平层	30mm 厚 C20 细石混凝土	m^2	404.09	
	保温层	聚苯乙烯挤塑板（XPS）	m^3	20.21	
	找平层	20mm 厚 1:2.5 水泥砂浆	m^2	404.09	
	找坡层	珍珠岩	m^3	59.85	
1.1.4.2	屋面有组织外排水		m^2	404.09	
	钢制雨水口	DN100 以内	个	8	
	UPVC 塑料雨水管	ϕ 100 以内	m	34.4	
1.1.5	墙体工程				
1.1.5.1	外墙	铝镁锰复合板	m^2	457.3	
1.1.5.2	外墙内侧	纤维水泥饰面板	m^2	256.66	
1.1.5.3	外墙内侧	一体化纤维水泥集成墙板	m^2	94.56	用于防火侧
1.1.5.4	女儿墙	150mm 厚 C30 钢筋混凝土	m^3	14.8	
1.1.5.5	外墙装饰	真石漆	m^2	44.13	外墙勒脚
1.1.5.6	内隔墙	一体化纤维水泥集成墙板	m^2	162.8	
1.2	结构部分				
1.2.1	钢柱	H 型钢综合	t	23.243	
1.2.2	钢梁	H 型钢综合	t	22.873	
1.2.3	钢支撑桁架		t	2.853	
1.2.4	屋面板面积	TD-90	m^2	427.76	
1.2.5	基础柱	C30 钢筋混凝土	m^3	16.99	基础层
1.2.6	基础梁	C30 钢筋混凝土	m^3	25.79	基础层
		C15 混凝土垫层	m^3	3.71	基础层
1.2.7	独立基础	C30 钢筋混凝土	m^3	93.34	基础层
		C15 混凝土垫层	m^3	22.78	基础层
1.2.8	条形基础	砖基础	m^3	53.99	基础层
1.2.9	土方		m^3	1241.49	
三	构筑物部分				
1	主变压器基础及油坑				
1.1	主变压器基础	C30 钢筋混凝土 （3.54m×3.3m×0.65m）	m^3	12.13	
1.2	主变压器基础垫层	C15 混凝土（3.74m×3.5m×0.1m）	m^3	1.31	
1.3	主变压器油坑				
1.3.1	油池池壁	150mm 厚 C30 钢筋混凝土	m^3	2.15	
1.3.2	油池底板	150mm 厚 C30 钢筋混凝土	m^3	7.98	
1.4	卵石		m^3	12.08	
1.5	预埋铁件		t	0.01	
2	主变压器构支架				

续表 15-3

序号	名称	规格	单位	数量	备注
2.1	支架				
2.1.1	母线桥支架	ϕ 273×6 圆形直缝钢管	t	0.334	
		C30 钢筋混凝土	m^3	4.32	
		C15 混凝土垫层	m^3	0.58	
2.1.2	电缆支架	ϕ 273×6 圆形直缝钢管	t	0.357	
		C30 钢筋混凝土	m^3	4.32	
		C15 混凝土垫层	m^3	0.58	
2.2	箱体				
2.2.1	端子箱	C25 混凝土	m^3	0.27	1 座
		C15 混凝土垫层	m^3	0.07	
2.2.2	动力箱	C25 混凝土	m^3	0.27	1 座
		C15 混凝土垫层	m^3	0.07	
3	10kV 部分				
3.1	10kV 电容器组				
3.1.1	电容器组基础	C30	m^3	8.54	
3.1.2	电容器组基础垫层	C15	m^3	1.82	
3.2	站用变压器				
3.2.1	站用变压器基础		m^3	3.07	
四	水工部分				
1	砖砌雨水口	$V \leqslant 10m^3$	个	4	
2	砖砌雨水检查井	$V \leqslant 10m^3$	个	9	
3	砖砌水封井	$V \leqslant 10m^3$	个	1	
4	U-PVC 排水管	ϕ 300mm	m	10	
5	钢筋混凝土排水管	DN70mm	m	25	
6	钢筋混凝土排水管	DN300mm	m	126	
7	钢筋混凝土排水管	DN200mm	m	30	
8	推车式干粉灭火器	MFT/ABC50	具	2	
9	消防砂池		个	1	成品
10	手提式干粉灭火器	MF/ABC4	具	20	
11	消防铲		把	4	
12	消防铅桶		个	5	
13	消防斧		把	2	
14	消防小间		座	1	成品
五	暖通部分				
1	屋顶玻璃钢轴流风机	DWT-I-#5，$n=960r/min$，$L=6700m^3/h$，$H=122PA$，$N=0.37kW$，380V	台	3	35/10kV 配电室屋顶出口设防雨百叶
2	柜式空调	风冷分体柜式空调，KFR-120LW	台	6	35/10kV 配电室、二次室
3	壁挂空调	壁挂式分体空调，KFR-32GW/Y-Z	台	1	工具间
4	钢制百叶窗	1500mm×600mm	套	4	
5	壁挂空调	壁挂式分体空调，KFR-32GW/Y-Z	台	1	保电值班室

15.1.4 预算书

预算投资为静态投资，编制依据为第4章要求，预算书附总预算表、安装工程部分汇总预算表、建筑工程部分汇总预算表、其他费用预算表，分别见表15-4～表15-7。

表 15-4　　通用方案 HA-35-E3-1 总预算表　　金额单位：万元

序号	工程或费用名称	金额	各项占静态投资比例（%）	单位投资（元/kVA）
一	建筑工程费	338	31.44	338
1	主要生产工程	271	25.21	271
2	辅助生产工程	67	6.23	67
3	与站址有关的单项工程			
二	安装工程费	124	11.53	124
1	主要生产工程	124	11.53	124
2	与站址有关的单项工程			
三	设备购置费	524	48.74	524
四	其他费用	78	7.26	78
五	基本预备费	11	1.02	11
六	特殊项目费用			
	工程静态投资	1075	100	1075
七	动态费用			
1	价差预备费			
2	建设期贷款利息			
	项目建设总费用（动态投资）	1075		
	其中：生产期可抵扣的增值税	103		

表 15-5　　通用方案 HA-35-E3-1 安装工程部分汇总预算表　　金额单位：元

序号	项目或费用名称	设备购置费	安装工程							
			分部分项工程费		措施项目费（一）	措施项目费（二）	施工企业配合调试费	规费	税金	合计
			小计	其中：装置性材料费						
	安装工程	5238791	1012257	517509	76064		4518	78966	70810	1242615
一	主要生产工程	5238791	1012257	517509	76064		4518	78966	70810	1242615
1	主变压器系统	834877	120980	81789	7115		446	5165	6764	140471
1.7	35kV 主变压器	834877	120980	81789	7115		446	5165	6764	140471
2	配电装置	2182068	211828	141534	12637		798	9797	8512	243572
2.1	屋内配电装置	2182068	211828	141534	12637		798	9797	8512	243572
3	无功补偿	162530	14865	451	1943		180	2395	1744	21128
3.3	低压电容器	162530	14865	451	1943		180	2395	1744	21128
4	控制及直流系统	1732745	82698		8259		681	11324	7017	109979
4.1	计算机监控系统	625045	66357		6079		475	8632	5089	86633
4.3	直流系统及不间断电源	151050	14559		1948		183	2414	1719	20823
4.4	智能辅助控制系统	956650	1782		233		23	277	208	2523
5	站用电系统	94356	27312	22826	1257		36	626	2631	31861
5.1	站用变压器	76230	758		110		9	154	93	1123
5.2	站用配电装置	18126	608		87		7	119	74	895

续表 15-5

序号	项目或费用名称	设备购置费	安装工程							
			分部分项工程费		措施项目费（一）	措施项目费（二）	施工企业配合调试费	规费	税金	合计
			小计	其中：装置性材料费						
5.3	站区照明		25947	22826	1060		20	353	2464	29843
6	电缆及接地	3535	453234	267701	31969		2103	29417	32015	548738
6.1	全站电缆	3535	375772	243085	23648		1505	19018	23304	443248
6.2	全站接地		77462	24616	8321		597	10399	8710	105490
7	通信及远动系统	228681	26815	3208	3475		275	4628	3167	38361
7.1	通信系统	1099	6858	3208	605		41	669	736	8909
7.2	远动及计费系统	227582	19957		2870		234	3959	2432	29452
8	全站调试		74524		9408			15615	8959	108506
8.1	分系统调试		44172		5762			9780	5374	65088
8.2	特殊调试		22359		2600			4053	2611	31623
8.3	整套启动调试		7992		1047			1781	974	11794
	合计	5238791	1012257	517509	76064		4518	78966	70810	1242615

表 15-6　　通用方案 HA-35-E3-1 建筑工程部分汇总预算表　　金额单位：元

序号	项目或费用名称	建筑工程						
		建筑设备费	分部分项工程费	措施项目费(一)	措施项目费（二）	规费	税金	合计
	建筑工程	98500	2717538	157038		146625	261471	3381172
一	主要生产工程	98500	2146855	129501		120913	218635	2714404
1	主要生产建筑	98500	1922475	119340		111426	202657	2454398
1.1	主控通信楼	98500	1922475	119340		111426	202657	2454398
2	配电装置建筑		194380	10161		9487	15979	230006
2.2	主变压器系统		72434	4191		3913	6676	87213
2.5	站用变压器系统		2590	145		135	258	3127
2.7	低压电容器		26226	1463		1366	2026	31081
2.10	避雷针塔		43392	2258		2108	2176	49934
2.11	电缆沟道		12599	746		696	1264	15305
2.12	栅栏及地坪		37140	1358		1268	3579	43345
4	消防系统		30000					30000
4.4	消防器材		30000					30000
二	辅助生产工程		570683	27538		25712	42835	666767
2	站区性建筑		570683	27538		25712	42835	666767
2.2	站区道路及广场		143219	7559		7057	14205	172040
2.3	站区排水		92998	5045		4711	9248	112002
2.4	围墙及大门		334466	14934		13944	19382	382725
	合计	98500	2717538	157038		146625	261471	3381172

表 15-7　　通用方案 HA-35-E3-1 其他费用预算表　　金额单位：元

序号	工程或费用名称	编制依据及计算说明	合价
2	项目建设管理费		627750
2.1	项目法人管理费	（建筑工程费+安装工程费）×0.9×3.73%	155221
2.2	招标费	（建筑工程费+安装工程费）×1.37%	63531
2.3	工程监理费	（建筑工程费+安装工程费）×7.75%	358343
2.4	设备材料监造费	（监造设备费）×0.87%	9966
2.5	施工过程造价咨询及竣工结算审核费	（建筑工程费+安装工程费）×0.88%	40689
3	项目建设技术服务费		99947
3.4	设计文件评审费		87000
3.4.1	可行性研究文件评审费		17000
3.4.2	初步设计文件评审费		30000
3.4.3	施工图文件评审费		40000
3.6	工程建设检测费		12947
3.6.1	电力工程质量检测费	（建筑工程费+安装工程费）×0.28%	12947
4	生产准备费		49937
4.2	工器具及办公家具购置费	（建筑工程费+安装工程费）×0.8×1.35%	49937
	小计		777634

15.2 子模块

15.2.1 主要技术条件

35kV 变电站通用方案 HA-35-E3-1 通用方案有 1 个子模块为：增加一台主变压器 10MVA，技术条件见表 15-8。

表 15-8　　通用方案 HA-35-E3-1 子模块技术条件

序号	子模块名称	子模块技术条件
一	增加一台主变压器 10MVA（HA-35-E3-1-ZB）	
1	规模	主变压器 1×10MVA，终期 2×20MVA。 主变压器间隔 35kV、10kV 侧进线间隔
2	接线	35kV：本期单母线分段接线，终期单母线分段接线。 10kV：本期单母线接线，终期单母线分段接线
3	短路电流水平	35、10kV 短路电流水平分别为 40、40kA
4	主要设备型式	主变压器：户外、油浸、低损耗、自冷型三相双绕组有载调压变压器。 35kV 开关柜：35kV 采用户内配电装置成套开关柜，真空断路器。 10kV 开关柜：10kV 采用户内配电装置成套开关柜，真空断路器
5	配电装置型式	35、10kV 布置于同一配电室内
6	计算机监控	计算机监控系统软件扩容 1 套。 主变压器测控柜 1 面，每面含测控装置 3 台。 保护及故障信息管理系统软件升级 1 套
7	电能计量	主变压器电能表柜：1 面，含 0.5 级电能表 2 块
8	继电保护	1 套
9	土建设施	构、支架基础均地脚螺栓重力式基础,主变压器基础采用钢筋混凝土整板式基础
10	其他	含控制、电力电缆、电缆管沟、配套

15.2.2 主要电气设备材料表

35kV 变电站通用方案 HA-35-E3-1 子模块主要电气设备材料表见表 15-9。

表 15-9　　　　通用方案 HA-35-E3-1 子模块主要电气设备材料表

序号	设备名称	规格	单位	数量	备注
一	主变压器系统				
1	主变压器	三相双绕组油浸自冷式有载调压变压器 SZ-10000/35	台	1	
2	氧化锌避雷器	YH5WZ-51/134，配在线监测仪	台	3	
3	支柱绝缘子	ZSW-35/12.5	支	3	
4	电缆接地保护箱		台	1	
5	钢芯铝绞线	JL/G1A-300/25，引下线 1 组	m	12	
6	35kV 电力电缆	YJV-26/35-1×300	m	180	
7	35kV 户外冷缩电缆终端	配 YJV-26/35-1×300 电缆用	套	3	
8	35kV 户内冷缩电缆终端	配 YJV-26/35-1×300 电缆用	套	3	
9	接地电缆	YJV-8.7/10-1×150	m	12	
10	铜排	TMY-100×10	m	36	
11	伸缩节	MST-100×10	套	6	
12	热缩绝缘护套	配 TMY-100×10	m	36	
13	热缩绝缘接头盒	配 TMY-100×10	只	12	
14	支柱绝缘子	ZSW-24/12.5	支	25	
15	避雷器	YH5WZ-17/45，配计数器 JS-8（S）	台	3	
16	铜排	TMY-30×4	m	3	配热缩绝缘护套
二	35kV 配电装置				
1	高压开关柜	KYN-40.5，1250A～31.5kA	台	1	主进
三	10kV 配电装置				
1	高压开关柜	KYN-12，3150A～40kA	台	1	主进
2	10kV 封闭母线桥	10kV，3150A	m	3.5	主进母线桥
3	10kV 封闭母线桥	10kV，3150A	m	9.5	联络母线桥
4	穿墙套管	CWW-24/2500	支	3	
四	防火材料及其他				
1	防火堵料		kg	100	
2	防火隔板		m^2	20	
3	防火涂料		kg	50	
4	电缆保护管	C-PVC100	m	27	
5	热镀锌钢管	DN80	m	20	
6	控制电缆		m	1230	
7	屏蔽双绞线		m	100	监控厂家供
8	超五类以太网线		m	100	监控厂家供
9	接地线	BVR-4mm² 黄绿线	m	300	
10	热镀锌钢管	DN80	m	20	二次埋管
九	计算机监控系统				
1	微机五防锁具	五防扩容	套	1	
十	继电保护				
1	主变压器保护测控柜	含主变压器差动保护装置 1 套、主变压器高后备保护测控装置 1 套、主变压器低后备保护测控装置 1 套、主变压器本体保护装置 1 套，主变压器综合测控装置 1 套，预留温度显示仪及有载调压控制器安装位置及接线	面	1	
十一	电能计费				
1	电能表	含 0.5S 多功能电能表	块	2	
十二	其他				
1	公用信息接入费		套	1	

15.2.3 建筑工程量表

35kV 变电站通用方案 HA-35-E3-1 子模块建筑工程量表见表 15-10。

表 15-10 通用方案 HA-35-E3-1 子模块建筑工程量表

序号	名称	规格	单位	数量	备注
一	增加一台 10MVA 主变压器（HA-35-E3-1-ZB）				
1	主变压器基础及油坑				
1.1	主变压器基础	C30 钢筋混凝土（3.54m×3.3m×0.65m）	m^3	12.13	
1.2	主变压器基础垫层	C15 混凝土（3.74m×3.5m×0.1m）	m^3	1.31	
1.3	主变压器油坑				
1.3.1	油池池壁	150mm 厚 C30 钢筋混凝土	m^3	2.15	
1.3.2	油池底板	150mm 厚 C30 钢筋混凝土	m^3	7.98	
1.4	卵石		m^3	12.08	
1.5	预埋铁件		t	0.01	
2	主变压器构支架				
2.1	支架				
2.1.1	母线桥支架	ϕ273×6 圆形直缝钢管	t	0.334	
		C30 钢筋混凝土	m^3	4.32	
		C15 混凝土垫层	m^3	0.58	
2.1.2	电缆支架	ϕ273×6 圆形直缝钢管	t	0.357	
		C30 钢筋混凝土	m^3	4.32	
		C15 混凝土垫层	m^3	0.58	

15.2.4 预算书

35kV 变电站通用方案 HA-35-E3-1 子模块总预算表、安装工程部分汇总预算表、建筑工程部分汇总预算表、其他费用预算表分别见表 15-11～表 15-14。

表 15-11 通用方案 HA-35-E3-1 总预算表 金额单位：万元

序号	工程或费用名称	金额	各项占静态投资比例（%）	单位投资（元/kVA）
一	建筑工程费	6	2.78	6
1	主要生产工程	6	2.78	6
2	辅助生产工程			
3	与站址有关的单项工程			
二	安装工程费	56	25.93	56
1	主要生产工程	56	25.93	56
2	与站址有关的单项工程			
三	设备购置费	138	63.89	138
四	其他费用	14	6.48	14
五	基本预备费	2	0.93	2
六	特殊项目费用			
	工程静态投资	216	100	216
七	动态费用			
1	价差预备费			
2	建设期贷款利息			
	项目建设总费用（动态投资）	216		
	其中：生产期可抵扣的增值税	22		

表 15-12　　**通用方案 HA-35-E3-1 安装工程专业汇总预算表**　　金额单位：元

序号	项目或费用名称	设备购置费	安装工程							
			分部分项工程费		措施项目费（一）	措施项目费（二）	施工企业配合调试费	规费	税金	合计
			小计	其中：装置性材料费						
	安装工程	1382393	468919	295372	42622		1390	20770	24379	558081
一	主要生产工程	1382393	468919	295372	42622		1390	20770	24379	558081
1	主变压器系统	834877	114257	74741	10330		413	4547	6919	136466
1.7	35kV 主变压器	834877	114257	74741	10330		413	4547	6919	136466
2	配电装置	416797	166065	141534	10230		187	2350	3452	182284
2.1	屋内配电装置	416797	166065	141534	10230		187	2350	3452	182284
4	控制及直流系统	123156	3893		801		37	733	492	5955
4.1	计算机监控系统	123156	3893		801		37	733	492	5955
6	电缆及接地	3535	142330	79097	14097		752	5905	8407	171492
6.1	全站电缆	3535	140676	77542	14009		752	5905	8250	169593
6.2	全站接地		1654	1555	88				157	1899
7	通信及远动系统	4028	93		20		1	20	12	146
7.2	远动及计费系统	4028	93		20		1	20	12	146
8	全站调试		42281		7144			7215	5098	61738
8.1	分系统调试		12092		2147			2271	1486	17996
8.2	特殊调试		25503		4160			4053	3034	36751
8.3	整套启动调试		4685		837			891	577	6991
	合计	1382393	468919	295372	42622		1390	20770	24379	558081

表 15-13　　**通用方案 HA-35-E3-1 建筑工程部分汇总预算表**　　金额单位：元

序号	项目或费用名称	建筑工程						
		建筑设备费	分部分项工程费	措施项目费（一）	措施项目费（二）	规费	税金	合计
	建筑工程		55284	4525		2640	4598	67048
一	主要生产工程		53555	4373		2552	4421	64901
2	配电装置建筑		48555	4373		2552	4421	59901
2.2	主变压器系统		48555	4373		2552	4421	59901
4	消防系统		5000					5000
4.4	消防器材		5000					5000
二	辅助生产工程		1729	152		89	177	2147
2	站区性建筑		1729	152		89	177	2147
2.3	站区排水		1729	152		89	177	2147
	合计		55284	4525		2640	4598	67048

表 15-14　　**通用方案 HA-35-E3-1 其他费用预算表**　　金额单位：元

序号	工程或费用名称	编制依据及计算说明	合价
2	项目建设管理费		88646
2.1	项目法人管理费	（建筑工程费+安装工程费）×0.9×3.36%	18904
2.2	招标费	（建筑工程费+安装工程费）×1.37%	8589

续表 15-14

序号	工程或费用名称	编制依据及计算说明	合价
2.3	工程监理费	（建筑工程费+安装工程费）×7.75%	48447
2.4	设备材料监造费	（监造设备费）×0.87%	7204
2.5	施工过程造价咨询及竣工结算审核费	（建筑工程费+安装工程费）×0.88%	5501
3	项目建设技术服务费		43750
3.4	设计文件评审费		42000
3.4.1	可行性研究文件评审费		7000
3.4.2	初步设计文件评审费		15000
3.4.3	施工图文件评审费		20000
3.6	工程建设检测费		1750
3.6.1	电力工程质量检测费	（建筑工程费+安装工程费）×0.28%	1750
4	生产准备费		5701
4.2	工器具及办公家具购置费	（建筑工程费+安装工程费）×0.8×1.14%	5701
	小计		138097